2019 China Biotechnology Talents Report

2019中国生物技术人才报告

中国生物技术发展中心　编著

科学技术文献出版社
SCIENTIFIC AND TECHNICAL DOCUMENTATION PRESS

·北京·

图书在版编目（CIP）数据

2019中国生物技术人才报告 / 中国生物技术发展中心编著. —北京：科学技术文献出版社，2019.12
ISBN 978-7-5189-6390-4

Ⅰ.①2… Ⅱ.①中… Ⅲ.①生物工程—技术人才—研究报告—中国—2019 Ⅳ.①Q81

中国版本图书馆CIP数据核字（2019）第287670号

2019中国生物技术人才报告

策划编辑：郝迎聪　　责任编辑：宋红梅　刘 亭　　责任校对：王瑞瑞　　责任出版：张志平

出　版　者	科学技术文献出版社	
地　　　址	北京市复兴路15号　邮编100038	
编　务　部	(010) 58882938，58882087（传真）	
发　行　部	(010) 58882868，58882870（传真）	
邮　购　部	(010) 58882873	
官 方 网 址	www.stdp.com.cn	
发　行　者	科学技术文献出版社发行　全国各地新华书店经销	
印　刷　者	北京时尚印佳彩色印刷有限公司	
版　　　次	2019 年 12 月第 1 版　2019 年 12 月第 1 次印刷	
开　　　本	787×1092　1/16	
字　　　数	322千	
印　　　张	19.25	
书　　　号	ISBN 978-7-5189-6390-4	
定　　　价	188.00元	

《2019中国生物技术人才报告》
编写人员名单

编委会

编委会主任：张新民

编委会副主任：沈建忠　范　玲　孙燕荣

主　　　编：孙燕荣

副　主　编：李萍萍

编　　　委：(按姓氏笔画排序)

马　涛　马嘉虹　王　阳　巩　玥　朱　敏　李　菲
吴函蓉　汪艳芳　张　鑫　张大璐　张俊祥　展　勇
曹　越

学术委员会

主任委员：张学敏　金　力　王广基　陆　林　王军志

委　　员：(按姓氏笔画排序)

王晓民　韦东远　卢阳旭　田亚平　刘彦君　许洪彬
李亦学　李储忠　李路明　李蔚东　杨国梁　沈　琳
张先恩　张宏翔　郝红伟　段黎萍　侯爱军　徐　峰
程　苹　熊　燕

前　言

当前，生物技术飞速发展，正广泛渗透于健康、农业、能源、环境等与国计民生和国家安全密切相关的重要领域，加速成为新一轮科技革命和产业变革的强大引擎，深刻改变世界经济发展模式和人类社会生活方式，引发世界经济格局的重大调整和国家综合国力的重大变化。

为抢占生物技术战略制高点，打造国家科技核心竞争力，世界主要发达国家纷纷部署生物技术人才发展战略，通过大力实施人才引进政策、完善人才评价机制、加大人才激励力度、营造人才发展环境等多项措施，积极建立高水平生物技术人才队伍。

习近平总书记指出，要加快实施人才强国战略，确立人才引领发展的战略地位。面对日益激烈的全球生物技术人才竞争形势，中国政府统筹社会发展科技布局，高度重视生物技术人才培养工作。2011 年发布的《国家中长期生物技术人才发展规划（2010—2020 年）》指出，到 2020 年应造就一支规模宏大、水平一流、结构合理、布局科学的生物技术人才队伍。2017 年科技部印发的《"十三五"国家科技人才发展规划》强调，"创新驱动实质上是人才驱动"，必须"建设一支数量与质量并重、结构与功能优化的科技人才队伍"。大力推进生物技术人才队伍建设，构建具有全球竞争力的人才制度体系，对提升我国生物技术领域创新能力具有重要意义。

2018 年，中国生物技术发展中心首次组织编写了《2018 中国生物技术人才报告》，对我国生物技术人才发展现状进行了梳理，较为全面地展示了我国生物技术人才的现状。为整体把握我国生物技术人才在全球人才竞争中的优势和短板位置，2019 年中国生物技术发展中心牵头组织编写了《2019 中国生物技术人才报告》。本书从高端人才、青年人才两个方面对中国及代表性国家生物技术人才发展现状进行了梳理，同时为进一步强调生物技术成果转移转化和应用的重要作用，本书还对技术人才进行了分析。

本书可为生物技术领域的科学家、企业家、管理人员和关心生命科学、生物技术与产业发展的各界人士提供参考。但受数据来源和编写定位所限，本书在人才分析的全面性、系统性方面仍存在不足，这些问题将在今后的工作中进一步完善。同时，由于编写人员水平有限，本书难免存在疏漏之处，敬请读者批评指正。

编　者

2019 年 12 月

目 录

第一章 总 论

进入 21 世纪以来，生物技术在引领未来经济社会发展中的战略地位日益凸显。生物产业正加速成为继信息产业之后又一个新的核心产业，将深刻改变世界经济发展模式和人类社会生活方式。生物技术人才作为生物技术创新的第一资源，在很大程度上决定了一个国家在全球生物产业竞争中的地位。

第一节 概 述

当前，我国已迈入全面建成小康社会和进入创新型国家行列的决胜阶段，在加快调整经济结构、转变经济发展方式的进程中，发展生物技术及推动战略性新兴产业，迫切需要培育创新型生物技术人才，迫切需要建立具有较强国际竞争力的生物技术人才队伍。面对新的形势，全面梳理中国和代表性国家的生物技术人才发展现状，可为分析中国生物技术人才发展现状的优势和不足提供依据，为生物技术人才未来发展的规划与布局提供基础数据支撑。本书对中国和代表性国家（如美国、日本和瑞士）的生物技术高端人才、青年人才及技术人才相关数据进行收集、整理与分析，力求系统、全面地展示当前生物技术领域人才队伍的总体规模和主要特点。

一、生物技术人才的界定

本书在编写过程中首先对"生物技术人才"进行了界定，在此基础上系统收集了生物技术人才数据，对生物技术人才规模和特点进行了展示和分析。

对于生物技术人才的阐述基于两个前提：一是"生物技术"的学科范畴。本书沿用了《2018 中国生物技术人才报告》广义的生物技术领域范畴，在不同人才类型遴选过程中根据基本科学指标数据库（Essential Science Indicators，ESI）、国家质量监督检验检疫总局和国家标准化管理委员会发布的国家标准《学科分类与代码》

（GB/T 13745—2008）及我国教育部一级学科的领域划分规则进行限定（附录1），同时根据相关人才的研究成果对其研究方向进行描述；二是"人才"的范畴。根据《国家中长期人才发展规划纲要（2010—2020年）》，人才是指具有一定的专业知识或专门技能，进行创造性劳动并对社会做出贡献的人，是人力资源中能力和素质较高的劳动者，主要包括经营人才、管理人才、技术人才和技能人才。

二、生物技术人才的范畴和数据来源

依据以上遴选标准，本书对生物技术高端人才和青年人才进行了数据的梳理和分析。在重点分析中国生物技术人才发展现状的同时，选取美国、日本、瑞士三国作为代表性国家，对其生物技术人才队伍发展现状进行分析[①]。同时，为进一步强调生物技术成果转移转化和应用的重要作用，本书从发明专利层面对生物技术领域技术人才进行了专门分析，以求更为全面地反映中国及代表性国家生物技术人才的总体情况（具体遴选方法见附录1）。生物技术人才数据主要来源于以下3个方面。

1. 高端人才

本书将生物技术高端人才分为顶尖人才和高层次人才两类（表1-1）。

顶尖人才的范畴包括两个方面：一是国际顶级奖项获奖人才（生物技术领域）；二是国家级科学技术奖项获奖人才（生物技术领域）。

高层次人才的范畴包括两个方面：一是发文被引频次为TOP 1%的高被引人才（生物技术领域）；二是获得国家级荣誉的高层次人才（生物技术领域）。

---

① 美国、日本、瑞士三国在生物技术发展方面具有鲜明的特征：美国作为现代生物技术的发源地，在该领域常年居于全球领先地位，在研究水平、投资强度、产业规模、人才建设等方面均具有明显的优势；日本政府在生物技术发展中积极发挥政策导向作用，加速实施生物技术立国战略，将生物技术产业作为国家核心产业加以发展；瑞士具有持续的科技创新能力，连续9年在全球创新指数排行榜上排名第一，拥有众多国际知名的制药企业，是全球生物制药领域重点研发中心之一，产学研紧密结合是瑞士生物技术产业发展的重要特征。

表 1-1 本书遴选的生物技术高端人才数据范畴

人才类型		人才范畴			时间范围
高端人才	顶尖人才	国际顶级奖项获奖人才（生物技术领域）		诺贝尔奖①	1901—2018 年
				克拉福德奖②	1982—2018 年
				达尔文奖③	1890—2018 年
				拉斯克奖④	1998—2018 年
				盖尔德纳奖⑤	1959—2018 年
		国家级科学技术奖项获奖人才（生物技术领域）	中国	国家最高科学技术奖⑥	2000—2019 年
			美国	国家科学奖⑦	1963—2019 年
			日本	文部科学大臣科学技术奖⑧	2012—2019 年
			瑞士	马塞尔·本努瓦奖⑨	1920—2019 年
	高层次人才	发文被引频次为 TOP 1% 的高被引人才（生物技术领域）	11 个 ESI 生物技术领域相关学科发文被引频次为本领域 TOP 1% 的高被引人才		2006—2016 年
		获得国家级荣誉的高层次人才（生物技术领域）	中国	科学院院士⑩	1955—2019 年
				工程院院士⑪	1994—2019 年

① The Nobel Prize. The award [EB/OL]. [2019-06-30]. https://www.nobelprize.org/.

② The Crafoord Prize. The award [EB/OL]. [2019-06-30]. https://www.crafoordprize.se/biosciences.

③ Darwin Medal. The award [EB/OL]. [2019-06-30]. https://royalsociety.org/grants-schemes-awards/awards/darwin-medal/.

④ The Lasker Awards. The award [EB/OL]. [2019-06-30]. http://www.laskerfoundation.org/awards/.

⑤ Gairdner. All Gairdner Winners [EB/OL]. [2019-06-30]. https://gairdner.org/winners/index-of-winners/.

⑥ 国家科学技术奖励办公室. 国家最高科学技术奖历届获奖人情况简介 [EB/OL]. [2019-11-30]. http://www.nosta.gov.cn/web/detail.aspx?menuID=145&contentID=762.

⑦ National Science Foundation. The President's National Medal of Science: Recipient Search Results [EB/OL]. [2019-11-30]. https://www.nsf.gov/od/nms/results.jsp.

⑧ 文部科学省. 文部科学大臣表彰 [EB/OL]. [2019-11-30]. https://www.mext.go.jp/a_menu/jinzai/hyoushou/1414653.htm.

⑨ Swiss Science Prize Marcel Benoist [EB/OL]. [2019-11-30]. https://marcel-benoist.ch/en/.

⑩ 中国科学院学部. 院士信息 [EB/OL]. [2019-11-30]. http://casad.cas.cn/ysxx2017/ysmdyjj/qtysmd_124280/.

⑪ 中国工程院. 院士队伍 [EB/OL]. [2019-11-30]. http://www.cae.cn/cae/html/main/col48/column_48_1.html.

续表

人才类型		人才范畴			时间范围
高端人才	高层次人才	获得国家级荣誉的高层次人才（生物技术领域）	美国	科学院院士①	1962—2019 年
				工程院院士②	1964—2019 年
				医学科学院院士③	2018—2019 年
			日本	学士院院士④	1982—2019 年
			瑞士	医学科学院院士⑤	1992—2019 年

2. 青年人才

本书将生物技术青年人才分为优秀青年人才和高潜力青年人才两类（表 1-2）。

优秀青年人才的范畴包括两个方面：一是国际知名青年奖项获奖人才（生物技术领域）；二是获得国家级青年人才荣誉 / 科学技术奖项的青年高层次人才（生物技术领域）。

高潜力青年人才的范畴：与美国科学院院士具有密切发文合作关系的青年人才（生物技术领域）。

表 1-2 本书遴选的生物技术青年人才数据范畴

人才类型		人才范畴		时间范围
青年人才	优秀青年人才	国际知名青年奖项获奖人才（生物技术领域）	青年科学家奖⑥	2013—2018 年
			世界经济论坛青年科学家奖⑦	2014—2018 年
			国际青年科学家奖⑧	2012—2018 年

① National Academy of Science. Member of National Academy of Science [EB/OL]. [2019-11-30]. http://www.nasonline.org/about-nas/membership/.

② National Academy of Engineering. Members [EB/OL]. [2019-11-30]. https://www.nae.edu/19581/MembersSection.

③ National Academy of Medicine. Membership [EB/OL]. [2019-11-30]. https://nam.edu/about-the-nam/.

④ 日本学士院 . 会员一览 . [EB/OL]. [2019-11-30]. https://www.japan-acad.go.jp/japanese/members/.

⑤ Swiss Academy of Medical Sciences. Members [EB/OL]. [2019-11-30]. https://www.feam.eu/abous-us/members/.

⑥ Science & SciLifeLab Prize for Young Scientists. Winners [EB/OL]. [2019-06-30]. https://scienceprize.scilifelab.se/winners-young-scientist-prize/.

⑦ World Economic Forum. Young Scientists [EB/OL]. [2019-06-30]. https://www.weforum.org/communities/young-scientists.

⑧ The Howard Hughes Medical Institute. Early Career Scientist Program [EB/OL]. [2019-06-30]. https://www.hhmi.org/news/world-class-scientists-chosen-hhmi-s-first-international-early-career-award.

人才类型		人才范畴			时间范围
青年人才	优秀青年人才	获得国家级青年人才荣誉/科学技术奖项的青年高层次人才（生物技术领域）	中国	国家杰出青年科学基金①	1994—2019 年
			美国	科学家及工程师早期职业总统奖②	1996—2019 年
			日本	文部科学大臣青年科学家奖③	2012—2019 年
			瑞士	潜力青年科学基金④	2008—2019 年
	高潜力青年人才	与美国科学院院士有密切发文合作关系的青年人才（生物技术领域）			2011—2017 年

3. 技术人才

本书将技术人才分为在生物技术领域专利发明方面持有较高授权专利数量的技术人才（技术发明人才）和所持有的专利转化运用比较频繁的技术人才（技术应用人才）。技术人才的数据主要来源于智慧芽全球专利数据库⑤，数据为 2010 年 1 月 1 日至 2019 年 7 月 23 日之间全球范围内公开的生物技术领域专利文摘、权利要求书和说明书⑥。

技术发明人才的遴选标准：拥有发明专利超过 5 项的发明人，同时满足其专利权人获得授权专利超过 10 项。

技术应用人才的遴选标准：持有专利不少于 3 项，且持有专利权发生过许可、诉讼、转让、无效、异议、质押等法律事件的人才。

---

① 国家自然科学基金委员会. 国家杰出青年科学基金 [FB/OL]. [2019-11-30]. http://www.nsfc.gov.cn/publish/portal0/tab315/.

② National Science Foundation. Presidential Early Career Awards for Scientists and Engineers [EB/OL]. [2019-11-30]. https://www.nsf.gov/awards/pecase.jsp.

③ 文部科学省. 文部科学大臣表彰 [EB/OL]. [2019-11-30]. https://www.mext.go.jp/a_menu/jinzai/hyoushou/1414653.htm.

④ Swiss National Science Foundation. Ambizone fellowship [EB/OL]. [2019-11-30]. http://www.snf.ch/en/funding/careers/ambizione/Pages/default.aspx.

⑤ PatSnap 智慧芽数据库是智慧芽信息科技公司自主研发近 12 年的数据库产品，其涵盖的专利数据来自全球 116 个国家（地区），包括中、美、日、韩、德、英、法、澳、欧专利局和 WIPO 等主要国家（组织），收录专利文献超过 1.4 亿条，并且包含 4.2 亿条生物序列及其与公开专利关联关系的数据，收录时间范围为 1970 年至今，更新频率为每周多次。

⑥ 本书的专利数据来源为智慧芽专利数据库，基于数据库高质量的底层数据（1/3 的数据为全文数据，包含可检索的中英文双语翻译文本），遵守数据全面、数据可比、数据统一的原则进行处理。

第二节　生物技术人才基本情况

一、生物技术人才总体规模

近 10 年来，随着世界各国对生物技术领域资助规模的扩大和科研创新环境的不断改善，全球生物技术人才队伍日渐壮大。截至 2019 年，全球生物技术从业人数超过 700 万人[①]。根据本书所述人才范畴、数据来源和遴选标准，共遴选出生物技术高端人才、青年人才和技术人才 3 万余人，并具体分析了中国、美国、日本、瑞士四国本土生物技术人才基本情况（表 1-3）。

表 1-3　本书遴选的全球生物技术人才分析数据概览

序号	人才类型		人才范畴	人才数量 / 人
1	高端人才	顶尖人才	诺贝尔奖	216
			克拉福德奖	18
			达尔文奖	69
			拉斯克奖	100
			盖尔德纳奖	388
			中国国家最高科学技术奖	9
			美国国家科学奖	144
			日本文部科学大臣科学技术奖	168
			瑞士马塞尔·本努瓦奖	65
		高层次人才	发文被引频次为 TOP 1% 的高被引人才	2375
			中国科学院院士	154
			中国工程院院士	210
			美国科学院院士	1300
			美国工程院院士	164
			美国医学科学院院士	165
			日本学士院院士	25
			瑞士医学科学院院士	136

---

① 中国生物技术发展中心 . 2018 中国生物技术人才报告 [M]. 北京：科学技术文献出版社，2018.

序号	人才类型		人才范畴	人才数量 / 人
2	青年人才	优秀青年人才	青年科学家奖	24
			国际青年科学家奖	69
			世界经济论坛青年科学家奖	78
			中国国家杰出青年科学基金	1297
			美国科学家及工程师早期职业总统奖	58
			日本文部科学大臣青年科学家奖	182
			瑞士潜力青年科学基金	290
			高潜力青年人才	22 213
3	技术人才		技术发明人才	6415
			技术应用人才	1275

二、生物技术人才发展的主要特点

本书系统梳理了全球生物技术人才发展现状，并从人才规模、研究领域、教育背景、年龄分布和人才流动等方面对调研数据进行整理、分析。目前全球生物技术人才的主要特征可总结为以下几个方面。

1. 全球生物技术人才规模不断壮大

当前全球生物技术行业发展迅速，2010—2016 年全球生物技术领域年均复合增长率为 3.7%，随着各国政府纷纷制定国家战略以推动生物技术发展，近年全球生物技术队伍渐趋壮大。截至 2019 年，全球生物技术从业人数超过 700 万人[①]。本书从中遴选出生物技术高端人才、青年人才、技术人才共计 3 万余人进行分析。总体来看，全球生物技术人才队伍已形成以高端人才为核心、带动青年人才快速成长的发展态势。在地域分布上，生物技术高端人才主要汇集于美国、英国等发达国家，随着中国政府加大对生物技术的重视程度，近年来中国生物技术青年人才发展迅速，尤其是获得国际知名青年奖项的优秀青年人才数量，位于世界前列。

---

① 中国生物技术发展中心 . 2018 中国生物技术人才报告 [M]. 北京：科学技术文献出版社，2018.

2. 全球生物技术人才研究领域覆盖全面

现代生物技术飞速发展，广泛应用于绿色制造、生物医药、健康、农业、能源和环境等与国计民生密切相关的重要领域。在此背景下，全球生物技术人才研究领域分布广泛，高端人才、青年人才以临床医学、生物学等研究领域为主，技术人才则偏向于生物工程领域。与此同时，随着生物技术与信息、材料、工程等学科交叉汇聚日益紧密，各国纷纷加大对复合型人才的培养力度。

3. 全球生物技术人才普遍具有较高学历背景，发达国家以本土人才培养为主

全球生物技术人才多具有博士教育背景，呈现高学历的特点。在高端人才方面，发达国家（如美国、日本、瑞士）均以本国培养为主，而中国对高端人才的培养以本科培养为主，在研究生阶段，超一半的高端人才选择到美国、英国、加拿大等发达国家就读。在青年人才方面，在美国接受博士研究生教育的高潜力青年人才占比超过八成。总体来看，以顶尖人才为核心的生物技术高端人才引领着生命科学与医学研究范式、疾病诊疗模式、颠覆性技术的发展，为人类生命科学和医学发展史上的重大突破做出了杰出贡献，影响深远。

4. 全球生物技术人才聚集于高校和科研院所，企业逐步成为技术人才的培育主体

高校和科研院所成为生物技术高端人才和青年人才汇聚高地。国际顶级奖项获奖人才、高被引人才与高潜力青年人才多分布于哈佛大学、加利福尼亚大学、牛津大学、美国国立卫生研究院等世界知名高校和科研院所；同时，各国本土生物技术高端人才、青年人才也多就职于本国的一流高校和科研院所。技术人才的机构分布具有鲜明的地区特色：以美国、日本、瑞士为代表的发达国家的技术人才多分布于企业，而中国则以高校和企业为主，企业逐渐成为技术人才的培养主体。

第三节　生物技术发展现状和趋势

当前，全球创新活动进入新的密集期，呈现多点突破、交叉汇聚的生动景象。生物技术在引领未来经济社会发展中的战略地位日益凸显，广泛渗透于生物医药和健康、生物农业、生物能源、生物环保、生物制造、生物安全等领域，逐渐成为世界新一轮科技革命和产业变革的核心，将深刻改变人们的生产和生活方式，引发世界经济格局的重大调整和国家综合国力的重大变化。

一、前沿生物技术持续取得新突破，颠覆性成果不断涌现

基因组学技术不断突破，CRISPR/Cas9 的出现引领了整个基因编辑领域的发展，将人类带入"精确调控生命"的时代；CAR-T 疗法等免疫疗法突破了传统的肿瘤治疗手段，并伴随适应证的不断拓展，进入了更加精准、联合、广谱的 2.0 阶段；合成生物技术研究推进认识、利用和改造自然的进程，人工设计细胞定时输送药物、基因设计控制昆虫发育性别、基因编辑提升育种速度等技术的突破使合成生物学的产业化发展迎来一个爆发期；以干细胞和组织工程为核心的再生医学将原有疾病治疗模式突破到"制造与再生"的高度；新药研发和治疗手段更聚焦于个性化精准医疗，以 mRNA 药物和 RNAi 药物为代表的核酸药物针对目标蛋白的靶向疗法及针对 DNA 突变的基因疗法不断突破；基因育种等技术引领传统农业向现代农业转变；微生物、酶等生物催化剂的功能更加智能高效，有望带来化学品和绿色制造的新变革。

二、生物技术与新兴技术交叉融合，孕育新的发展方向

随着人工智能技术、大数据技术的快速发展，生物技术与包括 3D 打印、人工智能、云计算、大数据、物联网、区块链、智能制造、机器人等在内的新技术交叉融合，孕育出数字医疗、基因疗法、CAR-T 等新技术。生物工程与互联网、高性能计算、人工智能和自动化技术交叉融合，大大提升了生物设计和筛选的效率及工业过程定制管理的科学性和安全性，有效驱动相关产业技术革新。数据融合和知识网络的发展为"精准医学"从生物分子数据、个人病史的收集到社会和物理环境信息及健康状况信息的综合利用提供了核心支撑，对实现生命科学、医学、行为学、社会学和系统科学的互相渗透具有重要意义，或将成为生命与健康领域发展的必要条件。

三、生物技术产业总规模保持快速增长，带动趋势日趋明显

随着新一轮工业革命的到来，生物技术领域技术创新为产业的发展与变革创造新机遇，生物医药、生物农业、生物能源、生物化工等领域重大成果频频涌现，在重塑未来经济社会发展格局中的引领性地位日益凸显。其中，在生物医药方面，以单抗药物、疫苗、蛋白药物、基因药物和小分子药物等为代表的产品发展迅速。数据显示，2018—2022年，全球医疗保健支出以每年5.4%的速度增长，相比于2013—2017年2.9%的增速，提速明显。在生物农业方面，2018年全球范围内共有87项关于转基因作物的批准，涉及70个品种，包括9个新品种。在生物能源方面，2018年全球燃料乙醇生产能力约为1100亿升，预计2050年全球生物燃料的产量达到每年11 200亿升。此外，生物医药及生物科技企业在资本市场备受瞩目。以中、美证券市场（美股、A股及港股）计，2018年相关IPO总募资规模达115亿美元，实现上市企业共74家，创10年来新高，同时，2018年全球并购市场维持强劲势头，公布的交易金额达到4.1万亿美元，为历史第三最高年份。

四、新技术应用速度加快，各国高度关注生物安全和伦理风险

近年来，随着合成病毒、基因筛查、胚胎干细胞等新兴生物技术加速走向应用，引发全社会对生物安全、生物伦理的关注。各国加快生物安全体系建设，通过加强对新生生物技术监管的立法、建立国家级生命科学与生物技术伦理委员会、健全伦理审查机构、加强媒体监管等措施应对全球生物安全的严峻形势。美国、英国和澳大利亚纷纷发布国家级生物安全战略，加强对国内外生物安全治理力量的统筹协调，建立全流程生物防御体系；多国通过支持生物医学基础研究加强生物安全能力建设。例如，美国国防威胁降低局、国土安全部、海军陆战队等政府部门合作开发了多项病毒监测和预警新技术，以期实现对生化威胁的及时响应，澳大利亚国防部和墨尔本大学联合开发出可实时评估疾病危害程度和可能传播路径的两套疾病检测系统EpiDedend和EpiFX。

五、转化型、复合型人才建设成为生物技术发展的新需求

作为 21 世纪最重要的创新技术集群之一，生物技术具有突破性、颠覆性、引领性等显著特点。近年来，生物技术的迅猛发展对人才的发展提出了新的需求：一方面，随着生物技术突破性科研攻关和战略性新兴产业的发展，对基础研发型人才和技术转化型人才的需求迅速增加；另一方面，生物技术的发展伴随日益凸显的学科交叉、知识融合和技术集成，对复合型人才的需求成为推动生物技术发展的必由之路。面对新的发展形势，各国政府纷纷将人才发展提升至国家战略层面，日本、瑞士等发达国家大力发展职业教育，形成了从基础研究到产业应用全链条的教育体系，为技术转化型人才的培养营造了良好的发展环境；美国通过跨学科生物医学研究生培养计划等多个项目加大对复合型人才的培养，英国发布《英国生物科学前瞻》报告，鼓励培养学科交叉人才，通过跨学科人才流动助推生物经济发展；近年来，中国政府高度重视生物技术人才的培养，先后出台多个政策文件，指出应加强对生物技术顶尖人才、领军人才、产业人才、管理人才等的培养。

第二章　生物技术人才发展政策现状

21 世纪以来，生物技术的发展突飞猛进，不断革新人类的生活与生产模式，对社会发展、经济增长起到了至关重要的作用。人才是科技创新发展的第一动力，各国通过实施各类战略规划和政策，加大对生物技术人才的培养，完善人才发展环境，激发人才创新活力，支撑生物技术领域不断进步。

第一节　概　述

纵观世界各国，纷纷将人才发展提升至国家战略层面，制定长远发展战略，通过完善人才培养机制、优化科研环境、打造人才引进项目，积极营造人才引、用、育、留的良好政策环境，保障本国的人才发展。

一、高等教育和职业教育协同促进创新人才培养

各国普遍通过 3 种途径培养生物技术人才：一是大力改革和发展普通高等教育，为生物技术人才的开发与培养奠定坚实基础；二是高度重视和积极发展职业教育与继续教育，充分发挥其在生物技术应用人才培养中的重要作用；三是积极培养复合型人才，为生物技术边缘学科和交叉学科的科研创新和产业创新提供保障。

（一）发展高等教育，培养创新型人才

在高等教育阶段，各国通过设立创新项目、制订学生培养计划、改革管理体制、大力发展研究生教育等措施，积极培养学生的创新能力，为本国生物技术研究储备力量。

美国通过设立多种创新项目和制订学生培养计划，加强各层次人才的培养。如美国国家科学基金会设立的研究生科研奖学金项目（Graduate Research Fellowship）、

研究生参与 K-12 教育系统教学津贴项目（NSF Graduator Teaching Fellows in K-12 Education），以及美国医学研究生教育委员会发布的医学研究生教育里程碑计划（Milestones）等，这些举措为美国生物技术领域大学生科研能力的培养发挥了重要作用[1][2]。

日本通过改革高等教育的管理体制，大力发展研究生教育：一是构建创新型研究生培养体制，如营造多学科交叉融合的人才培养环境，鼓励研究生参与产学官合作的项目；二是建设具有国际水平的研究生教育基地，为日本生物技术高层次人才的培养奠定坚实基础；三是实施多项科技人才专项培养计划，培育具有创造力的世界顶尖级研究人员，如 240 万科技人才综合开发计划等。2017 年，日本生物技术领域的在校注册学生达 45 万人[3]，构成了其生物技术人才的主要储备力量。

（二）重视职业教育，培养应用型人才

欧洲和日本等发达国家大力发展职业教育，形成了从基础研究到产业应用全链条的教育体系，为本国生物产业的发展培育了各类人才。

德国、瑞士等国建立了极具特色的"双轨制"教育制度，将职业教育和高等教育紧密衔接、彼此协调，通过企业和高校的双重培养，为本国生物产业的发展提供了高质量的从业人才。英国在 2018 年发布了《国家工业生物技术战略 2030》报告，强调紧贴生物产业发展需求，培养生物技术从业人才。

日本建立了包括企业承办形式[4]、企业外机构承办形式[5]、远程线上教育形式和自学 / 研究会形式等的终身职业教育体系，全面培养面向生物产业的应用人才。

---

① 尚智丛，王嵩. 关于 NSF 资助研究生创新活动的分析 [J]. 科学学与科学技术管理，2004，25（8）：100−104.

② 张小宁，王晓民. 美国医学研究生教育里程碑计划指南（2016）解读 [J]. 医学研究生学报，2017，30（8）：792−797.

③ 日本总务省统计局. 日本统计年鉴（平成 31 年）[EB/OL]. [2019−11−01]. http：//www.stat.go.jp/data/nenkan/index1.html.

④ 企业承办形式：企业内部职业训练的方式，企业作为职业训练的主体机构。

⑤ 企业外机构承办形式：由政府承办、高校、研究所和都市再生机构等独立行政法人承办，以及各省厅设立的培养学校承办。

（三）打破学科壁垒，培育复合型人才

除了培养生物技术领域的专业人才外，美国和欧洲等发达国家高度重视生物技术边缘学科和交叉学科的复合型人才培养。

美国研究生教育重视跨学科培养。美国国家科学基金会（National Science Foundation，NSF）和多个高校先后启动了研究生教育与科研训练一体化项目（Integrative Graduate Education and Research Traineeship，IGERT）、交叉学科博士研究生培养项目（Interdisciplinary Doctoral Education，IDE）、科学与技术跨学科融合研究者项目（Cross-Disciplinary Scholars in Science and Technology，CSST）和跨学科生物医学研究生培养计划（Interdisciplinary Biomedical Graduate Program，IBGP）等项目，旨在打破学科边界，推动学生思维创新，培养更具创新精神和宽广学术视野的创新人才[1][2]。同时，美国各高校内设跨学科教研单元，鼓励学生参与跨学科的课题，极大地促进了跨学科研究生的培养。

欧洲国家积极倡导对多技能和交叉领域人才的培养。2018 年，德国发布《高技术战略 2025》，增加了"国家 10 年"抗癌计划，为德国在信息与医学交叉领域的人才培养和科技创新制定了长远目标。同年，英国生物技术与生物科学研究理事会（Biotechnology and Biological Sciences Research Council，BBSRC）发布《英国生物科学前瞻》报告，鼓励培养学科交叉人才，通过跨学科人才流动助推生物经济发展。

二、激励与保障机制助推生物技术人才建设

各国的科技人才激励与保障机制一般包括 3 个方面：一是不断增加对科研经费的投入，营造宽松、稳定的科研环境；二是制定合理有效的科技人才薪酬和奖励制度，激发生物技术人才的创新活力；三是实施有效的科技成果转化措施，鼓励生物技术人才在应用领域开展研究。

---

① Digest of Education Statistics：2017[EB/OL]. [2019-07-14]. https：//nces.ed.gov/programs/digest/d17/.

② 何勇涛，赵航，秦永杰，等. 美国匹兹堡大学医学院"跨学科生物医学研究生培养计划"课程改革与启示 [J]. 中华医学教育杂志，2019，39（6）：475-480.

（一）加大经费投入，营造科研环境

各国持续加大对生物技术领域的经费投入，形成了政府引导、多方投入的多元化资助模式，为科研创新提供了有力保障。

美国已形成了覆盖政府、企业、民间基金会等机构的多元化科研经费投资体系。2010 年以来，美国联邦政府每年在生命科学和医学领域的资助项目数量达 30 万个，近几年年均投入约 300 亿美元；同时，美国企业和其他机构的研发投入所占份额不断攀升，占比达 70% 以上，为本国生物技术的快速发展提供了充足的资金保障[1][2]。

日本政府科研经费投入占 GDP 的比例长期稳定在 3% 以上，形成了以民间投资为主导、政府出资为引导的经费资助模式[3]。2001—2017 年，日本政府对生物技术领域的资助一直稳定在 3 万亿日元左右，约占总研发经费的 16%。日本高度重视对生物技术领域的发展，在发布的《第五期科学技术基本计划》中，针对日本人口老龄化问题重点部署了一批生物技术领域的重大课题，总投入约 2000 亿日元。

欧洲各国为生命科学和生物技术研究提供了充足的经费保障。德国近年对生物技术领域的经费投入持续增加，2017 年研发支出约 1320 亿美元（包括政府资助、产业资助和海外资助等），同比增长约 6%[4]，其中生物技术领域的投入占比约为20%。自 2010 年起，英国政府每年在生物技术领域的资助金额高达 10 亿英镑[5][6]。在政府的常规预算之外，英国每年还支出 1.8 亿英镑用以支持生命科学领域创新研

① 数据来源：National Science Foundation. 2017. National Center for Science and Engineering Statistics，National Patterns of R&D Resources（annual series）。

② Estimates of funding for various research，condition，and disease categories（RCDC）[EB/OL]. [2019−07−14]. https：//report.nih.gov/categorical_spending.aspx.

③ 总务厅统计局，总理府统计局，总务省统计局. 平成 30 年科学技術研究调查の结果 [R/OL]. [2019−07−15]. http：//www.stat.go.jp/data/kagaku/kekka/kekkagai/pdf/30ke_gai.pdf.

④ Datenband federal report on research and innovation 2018 [EB/OL]. [2019−07−15]. https：//www.datenportal.bmbf.de/portal/en/K13.html.

⑤ 中国社科院人事教育局. 发达国家人才战略与机制 [M]. 北京：中国社会科学出版社，2016.

⑥ Department for business，innovation and skills，the allocation of science and research funding 2011/12 to 2014/15：investing in world-class science and research[EB/OL]. [2019−07−10]. http：//gov.uk/government/uploads/system/uploads/attachment_data/file/32478/10−356-allocation-of-science-and-research-funding-2011−2015.pdf.

究的商业化。2017 年，英国在生物技术领域的融资总额约 12 亿英镑①。瑞士在 2017年投入 14 亿瑞士法郎用于生物技术领域的创新研究②③，充足的经费保障了其在生物医药领域长期处于世界领先地位。

（二）提高薪酬奖励待遇，激发创新活力

世界主要发达国家通过建立完善的科技人才奖励制度，提供具有竞争力的薪酬待遇及加强对青年人才的激励等措施，最大程度激发了科研人才的创新动力。

美国建立了与市场经济发展相适应的科技奖励机制，且授奖人数和奖励金额呈逐年增长的趋势。奖励涵盖 4 个层面：一是以总统名义设置的奖励，如国家科学奖、国家技术创新奖，科学家及工程师早期职业总统奖等；二是国家部委、国家科学基金会等机构设立的科技奖励；三是全国性自然科学学会和各州科学院设立的奖励；四是学会的下属分会、企业、个人设立的奖项。这些奖励已成为美国鼓励基础研究和引导技术创新的重要手段，有效激发了美国科研人员的创新活力，确保美国在科技领域保持全球领先地位④。

日本政府为研究人员提供具有竞争力的薪酬待遇。2012 年，日本学术会议提出"日本研究评价体系改革方案"报告，建议将研究人员个人绩效反映在其薪酬待遇和研究资源的分配上；2015 年，日本文部科学省发布了"关于文部科学省所管的独立行政法人的评价标准"，该标准指出，必须最大限度发挥管理能力，确保从事研究开发的优秀人才的切实利益。此外，日本政府全面推进科研经费的基金化改革，允许科研经费用于人员费并可跨年使用。数据显示，2018 年科研人员的人均年收入超过500 万日元，高于日本整个社会的平均水平⑤。

欧洲各国高度重视对青年科技人才的激励与保障。德国联邦政府专门设立了大

---

① UK Bioindustry Association，Pharma Intelligence. Pipeline progressing，the UK's global bioscience cluster in 2017，2018 [EB/OL]. [2019-07-16]. https：//www.hpcimedia.com/images/PDF/BIAPipeline%20 Progressing_webfinal.pdf.

② 瑞士每年发布的《瑞士生物技术报告》，对瑞士全国生物产业及科研进行统计分析。

③ Switzerland Global Enterprise. Swiss biotech report[R/OL].[2019-07-14]. https：//www.swissbiotech.org/report/#2019edition.

④ 李强，李晓轩，吴剑楣. 国外政府青年科技奖项设置及其启示 [J]. 中国科技奖励，2015（12）：64-70.

⑤ 国税厅. 平成 30 年分民間給与実態統計調査結果について [EB/OL]. [2019-01-15]. https：//www.nta.go.jp/information/release/kokuzeicho/2019/minkan/index.htm.

学英才资助机构，为优秀的大学生和青年学者提供奖学金，同时设立多项博士研究生项目和专项计划；联邦政府每年提供 1.8 亿欧元，为国内外 30 岁左右的优秀人才，尤其是生物技术领域相关人才提供开展研究和教学工作的机会；此外，为了鼓励中青年科研人才的创新，德国联邦政府还设立了多项高额科研奖励制度，如青年科研岗位、青年教授制度等。瑞士国家科学基金会每年资助约 5000 名 35 岁以下的博士研究生和青年研究人员开展相关研究项目，其中生物技术领域的项目数量占比超过 60%。

（三）多措并举，推动成果转化

世界主要发达国家高度重视与市场需求紧密结合的科研创新，通过建立完善的科技成果转化激励机制及完备的成果转化服务网络，鼓励生物技术人才的成果转化。

美国鼓励科研人员面向生物产业发展的具体需求开展研究。一是从宏观层面加强对科技和经济的调控，如增加应用研究开发的资金资助、减免企业的税收、颁布相关法律保护知识产权等；同时，建立了集企业、高校、政府、研究机构各方力量的研究开发集团，制定了共同合作、共担风险、共享收益的新模式。二是高度重视科研人员的成果转化。通过建立完善的利益分配机制，激发科研人员成果转化热情，使其成为推动科技成果转化的动力之源。

日本建立了完善的法律法规，激励科研人员科技成果转化。日本发布了《大学技术转让促进法》《产业活力再生特别促进法》《国立大学法人法》《专利法》等法律法规，规定科研人员可在企业兼职并获得收入（包括持有企业股份）；制定了《利益冲突管理办法》，保障科研人员持有企业股权或者其他收益的权利。此外，日本法人化的国立大学及科研机构也制定了相应的科技成果和发明补偿及奖励分配等相关规定，加强对科研人员创新的奖励力度。上述措施有效地促进了日本的基础研究向应用研究的转化，为推动日本生物产业的发展起到了十分重要的作用。

欧洲国家采取建设服务机构、设立资助等措施促进生物技术人才的成果转化。德国开设了大量的服务机构，以促进校企之间的人才流动，保障高校和科研机构的成果能够顺利实现转化；英国鼓励生物技术企业和研究机构联合开展创新，从国家层面到地区层面，形成了众多辅助高校、企业和研究技术组织紧密联系的网络，有效保障了以市场为导向、学术和能力相结合的应用人才的良性发展；瑞士联邦政府设立了联邦技术和创新委员会，每年投入约 6000 万瑞士法郎，资助高校和企业之间的合作研发（约 50%）。在其资助下，瑞士近年来涌现出 Cytos、Prionics 和 Glycart 等一批新兴生物技术企业。

三、吸引优秀人才，推动科研队伍的国际化

各国将吸引生物技术人才，促进研究队伍的国际化，作为全球人才竞争的重要战略。总体上各国采用的主要措施有两点：一是充分利用优质资源，大力吸引海外留学生，扩大人才储备；二是打造有吸引力的引才计划，完善科技人才移民制度。

（一）大力吸引留学生，扩大人才储备

美国、日本和瑞士将吸引留学生作为提升人才竞争力的重要战略之一，通过建立相关法案、设立具有吸引力的留学生计划及放宽绿卡政策等招揽全球的优秀留学生人才。

美国制定了完善的留学生政策与跨国企业人才吸引战略。一是美国政府制定并实施了一系列相关法案，扩大与国外交换留学生的规模。二是设立多项资助奖学金计划，为发展中国家的留学生提供了种类繁多的奖学金，为美国招收优秀青年人才奠定了基础。三是通过"绿卡制"等移民政策吸引优秀留学人才。此外，美国的跨国企业积极吸引全球顶尖研发人才，储备了大量优秀技术人才。

日本政府将外国留学生作为"高级人才后备军"，一方面从海外吸引大量留学生赴日学习，另一方面积极争取让优秀学生留日工作。2008 年，日本文部科学省、外务省等 6 个中央机关拟定并实施了《30 万留学生计划》，通过简化入境、推动大学国际化、提供生活就业支持等手段，吸引了大量海外留学人员。截至 2018 年 5 月，日本政府共吸引留学生约 29.9 万人，其中生物技术领域占比约 3.3%[①]。

瑞士联邦政府将推动国际合作交流视为其发展科学战略的关键，积极促进与其他国家的人才交流。2014 年起，瑞士成为欧盟"Erasmus Programme"（2014—2020 年）的伙伴国家，并设立了具有本国特色的补充计划（Swiss-European Mobility

---

① 平成 30 年度外国人留学生在籍状况调查结果 [EB/OL]. [2019-07-12]. https：//www.jasso.go.jp/sp/about/statistics/intl_student_e/2018/index.html.

Programme，SEMP），吸引来自欧盟国家的学生赴瑞士学习[①]。同时，瑞士联邦政府每年颁发优秀奖学金，吸引来自 180 多个国家（地区）的留学生前来交流，其中生物技术领域的奖学金主要资助瑞士 12 所国立（州立）大学的博士研究生。此外，瑞士的高校实行高度自治的奖励办法，为攻读硕士学位的优秀留学生提供高额奖学金。

（二）加大人才引进力度，凝聚全球智慧

各国通过实施灵活的人才引进措施，完善技术移民政策，加强国际合作，建立通畅的引才程序等招揽全球顶尖的生物技术人才。

美国多措并举吸引全球生物技术人才。一是实施科技人才引进专项计划，吸引顶尖人才。2011—2012 年，美国启动了"先进制造业伙伴计划"和"先进制造业国家战略计划"，吸引生物和纳米技术等重点领域的顶尖人才赴美工作。二是建立和完善科技人才移民与绿卡制度，为科技人才的国际流动提供政策基础。2013 年美国修改了移民法案，加大对杰出人才的引进力度。据不完全统计，超过 30% 的美籍诺贝尔生理学或医学奖获得者出生在国外。

日本在吸引顶尖人才方面，实施了全方位的科技人才引进制度。2007 年，日本内阁政府发布了长期战略方针——"创新 25 战略"，通过修订法规和设立人才计划等措施吸引国外高端人才。一方面，日本政府通过拟定和修改相关法规放宽国外研究人员的居留限制，如 2010 年的"高级人才优遇制度"，2011 年的针对科学技术和医疗人才的外国人才评分政策，2016 年的"创建世界最快的日本版高级人才绿卡制度"等，有效吸引了海外优秀人才，促进日本实现中长期的经济增长强化目标；另一方面，日本政府积极建立了如"外国人特别研究员"等引才制度，聘请发达国家的青年科研人员来日研究，通过国际合作交流来激发日本青年科研人员的研究热情。

欧洲国家采取一系列措施，加大人才引进力度并积极推动本国学者回流。英国致力于推动创新项目的国际合作，通过设立"科学与创新网络"来吸引国际的顶尖人才到英国工作。2017 年，英国修改了移民积分系统，对高层次的医学领域人才持明显开放的态度；2019 年发布的《国际研究和创新战略》中，英国提出将面向全世界的研究人员和企业创新者，建立全球性的未来人才网络，通过创立多个研究人才

---

① Swiss-European Mobility Programme（SEMP）[EB/OL]. [2019-11-16]. https：//www.uni-ulm.de/io/mob-out/ausland-semester-jahr/semp/.

基金、研究奖学金来吸引和留住世界一流人才；此外，英国政府为来英创业者提供了极具吸引力的待遇，如放宽移民政策、低税收保证等，吸引了大量资金和人才，为英国长期性和全局性的人才发展战略起到了重要作用。德国联邦政府设立的"国际研究基金奖"、洪堡基金会、弗朗霍夫协会制订的一系列吸引国际一流科学家的计划，在招揽全球高端创新人才、优秀青年人才中发挥了显著推动作用；通过打造德国学者国际网络，积极创造条件，推动德裔学者回流，辅之以配套的引进人才配偶和子女福利政策，解决了高级人才的后顾之忧。

第二节　中国生物技术人才发展政策措施

2016 年以来，党中央先后出台了多个政策文件，聚焦提高人才待遇水平、推进创新创业型人才工作等深层次问题，提出一系列精准、务实的改革举措，为全国科技人才的发展指明了方向。地方政府也积极推动人才发展改革，以政策突破带动体制机制创新，不断优化人才发展环境。近年来，中国生物技术产业获得长足发展，生物技术成果屡创佳绩，我国生物技术人才的相关政策在其中起到了"助推器"的关键作用。

一、政策规划助力生物技术人才发展

生物产业是我国战略性新兴产业的主攻方向，我国从中央到地方各层面均高度重视生物技术人才的培养，相继制定并出台了一系列促进生物技术人才发展切实可行的战略措施。

（一）国家开展顶层设计指引生物技术人才培养方向

党中央、国务院高度重视生物技术人才工作，在我国人才事业发展的重要战略机遇期内，制定了具有指导性意义的国家规划和相关政策。2010 年，中共中央、国务院颁布了《国家中长期人才发展规划纲要（2010—2020 年）》[①]，提出在生物

---

① 中共中央，国务院 . 国家中长期人才发展规划纲要（2010—2020 年）[EB/OL]. [2019−08−11]. http：//zzb.xju.edu.cn/info/1038/1081.htm.

技术等经济社会发展重点领域建成一批人才高地。2011 年，人力资源和社会保障部、教育部、中国科学院、中国工程院、国家自然科学基金委员会和中国科学技术协会共同制定了《国家中长期生物技术人才发展规划（2010—2020 年）》[①]，确立了我国生物技术人才发展的基本原则、总体目标、主要任务及具体措施。基本原则是以需求为导向，充分利用既有基础条件，人才开发和服务发展相结合；总体目标是建设生物技术人才金字塔，支撑生物技术强国、生物产业大国战略目标的全面实现，努力造就一支规模宏大、水平一流、结构合理、布局科学的生物技术人才队伍；主要任务是开展世界顶尖人才培养行动、国际一流创新人才和创新团队培养行动、领军人才培养行动、产业人才培养行动、生物技术管理人才培养行动。此外，该规划提出了行之有效的措施建议，包括促进生物技术人才创新、支持生物技术人才创业、促进生物技术人才在产学研各领域间的流动、促进生物技术人才向边远地区流动、促进生物技术人才发展的财税金融创新，支持生物技术人才参与国际合作 6 个方面。2016 年，发展改革委发布《“十三五”生物产业发展规划》[②]，该规划进一步指出生物技术人才队伍建设的新途径，即创新人才培养模式，加强人才培养能力建设，建立多层次人才培养基地，重点培养生物领域企业经营管理人才、原始创新人才、工程化开发人才、高技能人才等各类人才。通过实施引智工程、鼓励校企合作、建立健全收益分配机制、开展生物技术企业经营管理人员培训等方式为生物产业发展提供人才支撑。2017 年，科技部印发的《“十三五”国家科技人才发展规划》[③]，提出在生物技术等重点领域形成科技人才国际竞争优势、着力引进具有推动重大技术创新能力的科技领军人才（表2-1）。

———————————

① 中华人民共和国科学技术部 . 关于印发 2010—2020 年国家中长期生物技术人才发展规划的通知 [EB/OL]. [2019-08-11]. http://www.most.gov.cn/mostinfo/xinxifenlei/fgzc/gfxwj/gfxwj2011/201201/t20120104_91740.htm.

② 中华人民共和国国家发展和改革委员会 . “十三五”生物产业发展规划 [EB/OL]. [2019-08-11]. http://www.ndrc.gov.cn/fzgggz/fzgh/ghwb/gjjgh/201706/W020170605631348489715.pdf.

③ 中华人民共和国科学技术部 . “十三五”国家科技人才发展规划 [EB/OL]. [2019-08-11]. http://www.most.gov.cn/mostinfo/xinxifenlei/jyta/201807/t20180730_140935.htm.

表 2-1　2010 年以来中国生物技术人才相关政策规划

规划名称	颁布时间	颁布机构	人才相关内容
《国家中长期人才发展规划纲要（2010—2020 年）》	2010 年	中共中央、国务院	"在生物技术重点领域，建成人才高地"
《国家中长期生物技术人才发展规划（2010—2020 年）》	2011 年	人力资源和社会保障部、教育部、中国科学院、中国工程院、国家自然科学基金委员会和中国科学技术协会	"促进生物技术人才创新、支持生物技术人才创业、促进生物技术人才在产学研各领域间的流动、促进生物技术人才向边远地区流动、促进生物技术人才发展的财税金融创新"，"支持生物技术人才参与国际合作"
《"十三五"生物产业发展规划》	2016 年	国家发展和改革委员会	明确了生物技术的"创新人才培养模式"
《"十三五"国家科技人才发展规划》	2017 年	科学技术部	"在生物技术等重点领域加强科技人才队伍的建设和海外高层次人才的引进力度"

（二）地方出台相关政策加快本地生物技术人才队伍建设

我国各省市生物产业发展实力不均，导致生物技术人才地域分布不均衡。长期以来，东部在优先发展的战略导向下实现了跨越式发展，在经济实力、科研水平及人力资源等方面远超中、西部，始终走在经济发展的前列。此外，生物产业属于技术、知识密集型的产业，我国东部具备良好的发展基础和综合实力，生物技术人才也大多向东部流动，以上一系列因素推动了东部生物产业的蓬勃发展。中部和西部长期以发展能源、资源密集型产业为主，重化工业在产业结构中占比较大，且本地区经济发展水平不高，科技实力不强，人才培养机制不健全，导致大量中西部生物技术人才外流，从而形成中西部生物技术产业等新兴产业发展严重滞后于东部的现象[1]。

在国家生物技术产业战略和科技人才战略的指导下，各地方政府根据本地经济特色，纷纷出台建设生物技术人才队伍的政策措施。北京、广东、江苏、河北等东部地区，持续推进相关改革以保障其在生物技术领域科研水平与人力资源等方面的

---

[1]　中国科学技术协会. 中国科技人力资源发展研究报告 [M]. 北京：中国科学技术出版社，2008.

优势；四川、广西、湖南、安徽等中西部地区亦根据自身特点制定生物人才发展政策，有针对性地推动当地生物技术产业的发展，以缓解中国生物技术人才地域分布不均衡的现象（表2-2）。

表2-2　中国部分省市关于生物技术产业和生物技术人才的相关政策

政策名称	颁布时间	颁布机构
《广东省工业和信息化厅关于加快推进生物医药产业发展的实施意见》①	2019 年	广东省工业和信息化厅
《促进成都生物医药产业高质量发展若干政策》②	2019 年	四川省成都市人民政府
《省政府关于推动生物医药产业高质量发展的意见》③	2018 年	江苏省人民政府
《广西生物医药产业跨越发展实施方案》④	2018 年	广西壮族自治区人民政府
《广州市生物医药产业创新发展行动方案（2018—2020 年）》⑤	2018 年	广东省广州市科技创新委员会
《山东省人民政府关于印发山东省医养健康产业发展规划（2018—2022 年）的通知》⑥	2018 年	山东省人民政府
《北京市引进人才管理办法（试行）》⑦	2018 年	北京市人力资源和社会保障局
《关于加快发展湖南生物医药产业的建议》⑧	2018 年	湖南省人民政府

---

① 广东省工业和信息化厅. 广东省工业和信息化厅关于加快推进生物医药产业发展的实施意见[EB/OL]. [2019-08-15]. http：//www.gdei.gov.cn/ywfl/cyfz/201903/t20190307_131614.htm.

② 四川省成都市人民政府. 促进成都生物医药产业高质量发展若干政策[EB/OL]. [2019-08-15]. http：//gk.chengdu.gov.cn/govInfoPub/detail.action?id=108096&tn=6.

③ 江苏省人民政府. 省政府关于推动生物医药产业高质量发展的意见[EB/OL]. [2019-08-15]. http：//www.js.gov.cn/art/2018/12/11/art_64797_7951593.html.

④ 广西壮族自治区人民政府. 广西生物医药产业跨越发展实施方案[EB/OL]. [2019-08-15]. http：//www.gxzf.gov.cn/zwgk/zfwj/20180919-713802.shtml.

⑤ 广州市科技创新委员会. 广州市生物医药产业创新发展行动方案（2018—2020 年）[EB/OL]. [2019-08-15]. http：//www.gz.gov.cn/gzgov/gsgg/201809/2758b344b40d41e6ac002c8f786876fa.shtml?from=singlemessage.

⑥ 山东省人民政府. 山东省人民政府关于印发山东省医养健康产业发展规划（2018—2022 年）的通知[EB/OL]. [2019-08-15]. http：//www.shandong.gov.cn/art/2018/7/2/art_2259_28073.html.

⑦ 北京市人力资源和社会保障局. 北京市引进人才管理办法（试行）[EB/OL]. [2019-08-15]. http：//kw.beijing.gov.cn/art/2018/3/23/art_111_2344.html.

⑧ 湖南省人民政府. 关于加快发展南生物医药产业的建议[EB/OL]. [2019-08-15]. http：//www.hunan.gov.cn/topic/2018hnlh/hyl/201801/t20180121_4929772.html.

续表

政策名称	颁布时间	颁布机构
《哈尔滨市关于促进生物医药产业健康发展的若干政策》①	2017 年	黑龙江省哈尔滨市人民政府
《保定市加快生物医药产业发展若干措施》②	2017 年	河北省保定市人民政府
《云南省生物医药和大健康产业发展规划（2016—2020 年）》《云南省生物医药和大健康产业发展三年行动计划（2016—2018 年）》③	2016 年	云南省人民政府
《江西省生物医药产业发展行动计划（2016—2020 年）》④	2016 年	江西省人民政府
《四川省生物产业发展规划实施方案》⑤	2013 年	四川省人民政府
《陕西省生物医药产业发展专项规划（2010—2015 年）》⑥	2010 年	陕西省人民政府
《关于促进生物产业加快发展的实施意见》⑦	2010 年	陕西省发展改革委
《湖北省生物产业发展规划（2008—2015 年）》⑧	2008 年	湖北省发展改革委

1. 北京市

北京市人民政府为进一步优化人才队伍结构，加强首都经济社会发展的人才保障，满足多样化人才需求，于 2018 年制定了《北京市引进人才管理办法（试行）》，提出建立优秀人才引进的"绿色通道"，支持优秀创新创业团队引进人才，加大教

---

① 黑龙江省哈尔滨市人民政府. 哈尔滨市关于促进生物医药产业健康发展的若干政策 [EB/OL]. [2019−08−15]. http：//www.harbin.gov.cn/art/2017/7/12/art_13790_2111.html.

② 河北省保定市人民政府. 保定市加快生物医药产业发展若干措施 [EB/OL]. [2019−08−15]. http：//www.bd.gov.cn/content-888888016−115533.html.

③ 云南省人民政府. 云南省生物医药和大健康产业发展规划（2016—2020 年）[EB/OL]. [2019−08−15]. http：//www.yn.gov.cn/zwgk/zcwj/yzfb/201701/t20170110_144276.html.

④ 江西省人民政府. 江西省生物医药产业发展行动计划（2016—2020 年）[EB/OL]. [2019−08−15]. http：//www.jiangxi.gov.cn/art/2016/7/15/art_393_123359.html.

⑤ 四川省人民政府. 四川省生物产业发展规划实施方案 [EB/OL]. [2019−08−15]. http：//www.sc.gov.cn/10462/10883/11066/2013/6/23/10266801.shtml.

⑥ 陕西省人民政府. 陕西省生物医药产业发展专项规划 [EB/OL]. [2019−08−15]. http：//www.shaanxi.gov.cn/jbyw/ggjg/zxgg/65819.htm.

⑦ 陕西省发展和改革委员会. 关于促进生物产业加快发展的实施意见 [EB/OL]. [2019−08−15]. http：//www.shaanxi.gov.cn/gk/zfwj/51704.htm.

⑧ 湖北省发展和改革委员会. 湖北省生物产业发展规划 [EB/OL]. [2019−08−15]. http：//www.hubei.gov.cn/govfile/ezbf/201112/t20111208_1033469.shtml.

育、科学研究和医疗卫生健康等专业的人才引进力度等措施。

2. 河北省

2017 年 1 月，保定市人民政府印发了《保定市加快生物医药产业发展若干措施》，鼓励引进带项目团队，帮助其优先争取申报国家、省级战略性新兴产业、技术改造项目支持；支持专业人才的引进和培养，市财政给予创新创业事业研发资金支持；加大人才培养力度，培养一批能够参与行业顶层设计的高端人才。

3. 黑龙江省

2017 年 6 月，哈尔滨市人民政府发布了《哈尔滨市关于促进生物医药产业健康发展的若干政策》，提出要设立生物医药产业发展基金，按照市场化原则进行全产业链建设，用于园区基础设施和厂房建设、股权和债权投资、技术转移等研发服务、并购引导。

4. 江苏省

2018 年 12 月，江苏省人民政府根据本省生物医药产业原始创新能力不足的问题，在《省政府关于推动生物医药产业高质量发展的意见》中提出，绘制生物医药领域全球领军人才地图，畅通江苏省生物医药产业与全球顶尖产业人才（团队）对接渠道，形成高端生物医药产业人才集聚高地，并提出重点培养和引进一批具有世界前沿水平的战略科学家、行业领军专家和杰出中青年专家，加强青年人才队伍建设，组织骨干企业与重点高校院所之间的人才交流活动，积极推行"双聘"机制等相关举措。

5. 江西省

江西省人民政府在 2016 年 7 月印发的《江西省生物医药产业发展行动计划（2016—2020 年）》中提出，要把握发展趋势，加强人才与技术的对接合作，争取在生物技术医药重点领域取得突破；设立区域性生物医药产业发展基金，通过项目研发、平台建设、人才培养、专项资金等方面倾斜支持，鼓励新药研发生产。

6. 山东省

2018 年 7 月，山东省人民政府发布了《山东省人民政府关于印发山东省医养健康产业发展规划（2018—2022 年）的通知》，旨在全面深入实施健康中国战略，

加快推进新旧动能转换重大工程，将医养健康产业作为全省新旧动能转换"十强"产业之一。通知中提出集聚一批高层次人才，坚持人才链、产业链、创新链良性互动，大力培养、引进医养健康产业领军人才和创新团队，着力培养一批基础研究类、产业开发类及成果转化类的医养健康产业战略人才、领军人才、创新创业人才、青年科技人才和高技能人才等一系列与人才相关的举措，提高生物医药产业的创新能力和产业化发展水平。

7. 湖北省

湖北省发展改革委编制的《湖北省生物产业发展规划（2008—2015年）》中提出，建设集研究与开发、贸易与流通、人才培养与综合服务为一体的产业发展平台；加大招商引资力度，组织、承办、参与国内外生物产业展示会和发展论坛等，扩大对外影响和交流，吸引有实力的研究机构和企业到湖北设立研发中心或制造中心，支持部分落户和分步落户；加强对华人华侨专业人士的招商引资工作，通过建立台商工业园和华侨工业园等形式，实现人才资源的回归和聚集。

8. 湖南省

2018年1月，湖南省人民政府发布了《关于加快发展湖南生物医药产业的建议》，旨在推动本省生物医药产业转型升级，提升核心竞争力，突破发展瓶颈，壮大产业规模。该建议提出加强人才引进和培养，确保产业发展需求，加强对各类人才的延揽，健全医药产业人才培养成长和引进体系制度，激发人才的科研创新活力。

9. 广东省

广东省人民政府以产业园区和技术人才为抓手，加快生物技术产业的发展。一是通过建设一批重点生物医药产业园区，进一步提升生物医药产业集聚度和吸引力，促进人才集中；二是加强人才支撑，立足广州市生物与健康领域人才"富矿"，完善人才评价与激励机制，落实科技成果收益分配政策，充分调动行业积极性，促进人才集聚创新，加速创新产业化。

10. 广西壮族自治区

2018年9月，广西壮族自治区人民政府制定了《广西生物医药产业跨越发展实施方案》，提出加大高水平管理人才和科技人才的引进和培养力度，积极与医药领域知名院校开展人才培养合作，拓宽人才引进渠道，完善人才培养环境；加强本地技术人才的培养力度，激发人才创新活力，满足医药产业发展对各类人才的需求。

11. 四川省

2013 年 6 月，四川省人民政府发布了《四川省生物产业发展规划实施方案》，旨在加大生物人才的引进力度，重点培养生物产业相关人才及团队；提高产品经济性，推动生物制造产业规模化发展。2019 年 6 月，成都市人民政府为进一步加快和巩固生物技术产业的发展，在《促进成都生物医药产业高质量发展若干政策》中提出支持申报"蓉漂计划"、支持企业柔性引才、优化人才服务保障、完善人才培养体系等聚集产业人才的政策措施。

12. 云南省

2016 年 11 月，云南省人民政府印发了《云南省生物医药和大健康产业发展规划（2016—2020 年）》《云南省生物医药和大健康产业发展三年行动计划（2016—2018 年）》，提出人才团队培引工程，营造吸引生物医药和大健康领域的科技人才、知名创新团队入滇发展的优越环境；支持生物医药和大健康产业分领域构建技术专家服务团队，对做出突出贡献的专业技术人才和团队及企业家给予奖励。

13. 陕西省

陕西省人民政府于 2010 年先后发布了《关于促进生物产业加快发展的实施意见》和《陕西省生物医药产业发展专项规划（2010—2015 年）》，提出要加快生物科技人才培养，整合省内现有生物技术人才培训基地的教育资源，优化学科设置、扩大培训规模、加强校企合作，为企业输送符合需要的工程技术人才、经营管理人才和高级技能人才；建立全省生物医药产业人才库，通过进修、出国培训、参与国际科研合作和学术交流等多种途径，帮助现有人才加速知识更新，提高综合能力。一系列有关生物技术人才的积极措施，切实有效的提高了陕西省生物技术产业的"造血"能力。

（三）重视青年人才培养，建设生物技术人才储备库

我国从战略层面高度重视青年人才的培养工作，通过完善青年人才培养机制，加强我国生物技术人才储备建设。在《国家中长期人才发展规划纲要（2010—2020 年）》的指导下，中央组织部从 2011 年起实施青年拔尖人才支持计划，在自然科学、哲学

社会科学和文化艺术等重点学科领域，对国内 35 周岁以下的优秀青年人才给予重点培养，将其培养成为本专业领域品德优秀、专业能力突出、综合素质全面的学术技术带头人，形成我国各领域高层次领军人才的重要后备力量。此外，设立国家杰出青年科学基金，支持在基础研究方面已取得突出成绩的青年学者自主选择研究方向开展创新研究，促进青年科学技术人才的成长，培养造就一批进入世界科技前沿的优秀学术带头人。通过设置一系列青年人才支持计划，加强对青年人才早期职业生涯的资助，在生物技术青年人才方面，已初步形成了一定的集聚效应和较雄厚的储备力量。

同时，我国也设立了如中国青年科技奖、教育部青年科学奖等奖项以激励青年人才。中国青年科技奖是在钱学森、朱光亚等老一辈科学家提议下于 1987 年设立的，由中央组织部、人力资源社会保障部、中国科协、共青团中央共同举办，每两年评选一届，每届表彰不超过 100 个名额。截至 2019 年 7 月，在近 1500 位获奖者中，已有 60 位当选中国科学院院士，82 位当选工程院院士，所占比例近 10%[①]。这些奖项的设置有效地激发了青年科研人才的创新活力，为我国生物技术人才的储备注入了新鲜血液。

二、健全生物技术人才激励机制，提升科技创新效能

近年来，中央和地方各级政府进一步加大经费资助力度，激励生物技术人才创新创业。《国家中长期生物技术人才发展规划（2010—2020 年）》提出"设立创业启动资金等措施，支持高层次人才创办科技型企业；加强创业技能培训和创业服务指导，提高创业成功率；继续加大对生物技术创业孵化器等基础设施的投入，创建创业服务网络，探索多种组织形式，为人才创业提供服务；制定高等学校、科研机构的科技人员向科技型企业流动的激励保障政策"等一系列举措，从国家层面支持生物技术人才创新创业。各地方政府积极响应：江苏省对引进人才给予创业资金[②]并制定"双创计划"，按照创业类、企业创新类、高校创新类、科研院所创新类、

---

① 100 位科技工作者获第十五届中国青年科技奖 [N/OL]. 中国青年报，2019-07-01[2019-09-30]. http: //zqb.cyol.com/html/2019-07/01/nw.D110000zgqnb_20190701_2-04.htm.

② 苏州市人民政府 . 关于印发《江苏省高层次创业创新人才引进计划实施办法》和《江苏省高层次创业创新人才培育计划实施办法》的通知 [EB/OL]. [2019-08-15]. http: //www.suzhou.gov.cn/bmdw/skjj/xxgk_1027/kjww_2188/kjzccsjssqk_2189/201110/t20111013_24286.shtml.

卫生创新类、文化创新类、高技能创新类等对相关人才给予资金资助①。广东省对引进的具有国内先进水平、国际先进水平和世界一流水平的创新和科研团队给予专项工作经费资助，对引进的两院院士及同等级的科学家、技术和管理专家一次性提供专项工作经费和税后住房补贴等②。北京③、上海④等地通过在高新技术产业开发区、留学生创业园、大学科技园等园区中实施了较为完善的风险投资基金、创业种子资金、信用担保资金等资助措施，为生物技术人才的创业提供了完善的资本服务。

同时，我国积极开设科技人才分类评价试点，开展人才分类评价改革，以调动人才科研积极性，激励引导人才的健康发展。为推动高校科技人才分类评价改革，我国陆续出台《关于分类推进人才评价机制改革的指导意见》《高等学校科技分类评价指标体系及评价要点》《关于深化高校教师考核评价制度改革的指导意见》《关于改革完善技能人才评价制度的意见》等一系列文件，针对不同类型的人才，实行差别化技能评价，以促进建立科学的技能人才评价制度，激励引导技能人才成长成才。

三、加强生物技术人才引进，促进合作交流

近年来，我国人才流动日渐活跃。2019 年 3 月教育部发布的我国出国留学人员统计数据显示，2018 年度我国出国留学人数和留学归国人数均有显著增加⑤。这与我国制定的多样的引才政策密不可分，如国家自然科学基金委杰出青年科学基金、优秀青年科学基金，为快速提升我国的科技实力奠定了坚实的人才基础。与此同时，各省市陆续出台人才引进政策，营造良好的科研及创业环境，增强对科技人才

---

① 江苏省委组织部 . 2019 年江苏省高层次创新创业人才引进计划（双创计划）拟资助人选公示 [EB/OL]. [2019−10−15]. http：//www.jszzb.gov.cn/tzgg/info_112.aspx?itemid=27447.

② 广东省人民政府 . 中共广东省委广东省人民政府关于加快吸引培养高层次人才的意见 [EB/OL]. [2019−08−15]. http：//www.gd.gov.cn/zwgk/zcfgk/content/post_2531577.html.

③ 北京市通州区人民政府 . 关于促进股权投资基金业发展的意见 [EB/OL]. [2019−08−15]. http：//www.bjtzh.gov.cn/bjtz/c102890/201906/1241809.shtml.

④ 上海市人力资源和社会保障局 . 上海市人力资源和社会保障局关于延长《关于进一步完善本市创业扶持政策的若干意见》等 9 件行政规范性文件有效期的通知 [EB/OL]. [2019−08−15]. http：//service.shanghai.gov.cn/XingZhengWenDangKu/XZGFDetails.aspx?docid=REPORT_NDOC_003665.

⑤ 2018 年度我国出国留学人员总数为 66.21 万人，与 2017 年度的统计数据相比，2018 年度出国留学人数增加 5.37 万人、留学回国人数增加 3.85 万人。

的吸引力。北京为优秀人才的引进设立了"绿色通道"，支持优秀创新创业团队引进人才[1]。吉林省将人才类型细分为5类，特别强化了引才聚才的优惠政策，并提高了科技人才的薪酬待遇[2]。这些开放性的人才引进政策，有助于增加我国的优秀人才储备，提升国际核心竞争力。同时，我国积极开展国际交流，为生物技术人才的创新发展搭建平台。2017年，科技部印发了《"十三五"国际科技创新合作专项规划》[3]，指出要开展持久、广泛、深入的国际合作，加快培育和引进复合型国际化人才，提升科研创新人才国际化水平。此外，我国从2001年起举办中国国际人才交流大会（Conference on International Exchange of Professionals，CIEP），是我国目前唯一专门对国（境）外专家组织、培训机构、专业人才开放的规模最大、规格最高的国家级、国际化、综合性的人才与智力交流盛会[4]，逐渐成为中国乃至世界人才与智力交流的重要平台。

第三节　代表性国家生物技术人才发展政策措施

人才作为生物技术创新的第一资源，在国际竞争中具有重要意义。当前，全球生物技术人才竞争日趋激烈，各国政府高度重视生物技术人才的发展，纷纷从人才培养、人才激励与评价、人才引进等环节制定生物技术人才发展政策，确保本国在未来的国际竞争中占据优势地位。

一、美国生物技术人才发展政策措施

当前，美国生物技术领域研究水平国际领先，研发投入资金规模居全球首位。为进一步保持其在生物技术领域的绝对优势，美国高度重视生物技术人才工作，尤

———————————

① 北京市人力资源和社会保障局．关于印发《北京市引进人才管理办法（试行）》的通知 [EB/OL]．[2019-08-30]．http：//kw.beijing.gov.cn/art/2018/3/23/art_111_2344.html．

② 吉林省人民政府．《吉林省人才18条政策"1+3"配套实施细则》解读新闻发布会 [EB/OL]．[2019-08-30]．http：//www.jl.gov.cn/zw/xwfb/xwfbh/2019/2016sejesschy_157952/．

③ 中华人民共和国科学技术部．"十三五"国际科技创新合作专项规划 [EB/OL]．[2019-09-11]．http：//www.scio.gov.cn/xwfbh/xwbfbh/wqfbh/37601/38501/xgzc38507/Document/1631982/1631982.htm．

④ 中国国际人才交流大会．关于大会 [EB/OL]．[2019-08-30]．https：//ciep.sznews.com/content/2019-01/17/content_21355758.htm．

其注重将人才发展与国家战略相结合，将人才培养与产业需求相融合，从国家战略层面制定了一系列人才发展的政策措施，并形成了政策体系健全、奖励机制完备、研发环境优越的生物技术人才发展环境，为大力推动生物技术人才队伍的建设提供了坚实的保障。

（一）多措并举，聚焦生物技术人才培养

美国历届政府均将生物技术领域及其人才培养视为国家的战略重点，先后于 2009 年、2011 年、2015 年发布了《美国创新战略》（*A Strategy for American Innovation*），该战略将卫生健康列为重点优先发展领域，从战略高度重视生物技术人才的培养。2012 年发布的《国家生物经济蓝图》（*National Bioeconomy Blueprint*）将生物经济列为优先政策领域，加大了对生物技术领域基础研发的投入和生物技术人员的培训力度，有效促进了美国生物技术的市场化应用，为生物经济的发展提供了保障与支撑。与此同时，美国政府紧抓生物技术发展战略机遇，近年来在脑科学、合成生物学等新兴技术和交叉学科进行提前部署与资金投入，积极推动跨学科技术的发展和新兴技术人才的培养，为未来抢占生物技术及产业制高点奠定了坚实的基础。

此外，美国高度重视生物技术应用人才的培养。一是美国高等教育院校开设了培养创新、创业技能人才的相关课程，并且积极为学生提供生物技术领域企业实习或培训的机会。二是通过建立大学科技园、构建产业集群等方式，加速科技成果转移转化，推动生物技术产业的发展。以美国波士顿生物技术产业集群为例，该地区汇聚了哈佛大学、麻省理工学院等全球知名高校及百健公司、健赞公司等上百家生物医药企业，在集群平台的统筹规划下，形成以生物技术创新为核心的产业链条，为生物技术人才的培养提供了完善的科研条件。

（二）完善人才评价与激励机制，营造良好的人才发展环境

美国作为科技大国，是全球开展科技评价和推进科技评价制度化建设最早的国家之一。1993 年，美国国会颁布了《政府绩效与结果法案》，明确了美国政府机构的绩效评价以目标结果为导向[①]。在科技评价体系中，政府作为出资方，不参与

---

① 邱霈恩.美国《1993 政府绩效与结果法案》译文 [J]. 中国行政管理，2004（5）：28–28.

评价，由第三方机构、部门基于同行评议的方式，针对不同学科、不同评价目标选取一定的考评指标、设置评审委员来开展评价。这种出资方与执行方相分离的制度[①]，一定程度上保证了科技评价的公平性和合理性，为科技人才的发展提供了相对公平的环境。具体来说，美国秉承学术自由的原则，由各学术机构自主设立人才评价体系，开展人才评价工作。例如，美国国立卫生研究院设有专门的评聘专家组，负责科研人员的晋升考评。在人才评价实施过程中，专家组还注重听取参考外部同行专家意见，形成动态机制，以激发科研人才的热情。

同时，美国还建立了多样化的激励机制：一方面，加强知识产权保护。美国政府把知识产权保护问题作为贸易政策的基本组成，对申请专利的企业和个人提供便利和强有力的保护，形成了良好的创新生态环境，极大地激发了美国人才对专利申请的热情。2014—2017年，美国在生物技术领域共获批专利总量约为10.3万件[②]。另一方面，促进科技成果转化。美国政府制定了《拜杜法案》《技术转移商业化法》等一系列法案，指导技术成果转移转化工作。美国还通过成立国家技术转移中心，建立技术转移中介和风险投资机构等举措，有力推动了政府、企业、大学在技术转移转化领域的深入合作。此外，采取多元化的激励措施，除了为生物技术人才提供丰厚的薪酬待遇、奖金、股票期权等激励措施外，美国还设立了诸如美国国家科学奖、国家科学奖章等多种奖项、荣誉，以鼓励生物技术人才投身到科研中，为生物技术人才的发展提供了创新的动力。

（三）加强人才引进政策，吸引全球生物技术优秀人才

美国政府高度重视外来高素质人才的引进，推出一系列政策以汇聚全球优秀人才，包括1990年美国国会通过的新《移民法》，2011—2012年启动的"先进制造业伙伴计划"和"先进制造业国家战略计划"，2013年修订的《移民法案》等，从国家层面为美国所需的高科技移民开辟赴美渠道，鼓励包括医疗人才在内的各类杰出人才移民美国。同时，美国还通过制定较为完善的社会福利制度、退休金制度和医疗保险制度及构建较为成熟的住房市场等，为在美人才提供了良好的物质保障和

———————————
① 万昊，王忠明. 发达国家科技评估特点及其对我国林业项目评估启示 [J]. 世界林业研究，2013，26（3）：11–16.

② Georgia Bio. Investment, innovation and job creation in a growing U.S. bioscience industry 2018[EB/OL]. [2019–05–11]. https：//gabio.org/resources/industry-snapshot/.

就业环境①。虽然近几年，美国移民政策持续收紧，但美国政府仍然通过签证政策在全球范围内定向吸收生物技术领域的优秀留学生。2018 年，美国政府提出对包括优秀生物技术人才在内的"高技能"人才开放特别通道"建设美国签证"（Build America Visa）②，即这些人才将不需要抽签等候，只要在规定的记分系统中满足条件，就可以直接取得绿卡。

在留学生方面，自 20 世纪 60 年代起，美国政府先后推出《共同教育和文化交流》《国际教育法》等法案，大力推动与其他国家开展留学生交换计划，并且通过国际开发署和富布赖特基金、福特基金会、洛克菲勒基金会③等设立多样的奖学金计划，为外国留学生提供资金资助。各大学也相继制定了各自的留学教育政策，如为大部分在美攻读博士学位的外国留学生设立"研究助理"岗位，向其提供奖学金。同时，为了留住大量的留学生优秀人才，美国对其实行"绿卡制"，即对所有在美国大学接受科学、技术、工程与数学高级教育（硕士学位以上）的外国留学生尤其是医疗方面的特色人才，给予入籍优惠。根据《2018 美国门户开放报告》数据显示，在美留学生人数连续 3 年超过 100 万人，2018 年创下了 109 万人的历史新高。这些优秀的外国留学生充实了美国生物技术产业人才储备库，带动了美国生物技术产业的快速发展。

二、日本生物技术人才发展政策措施

近年来，日本一直将生物技术产业作为国家核心产业加以发展，尤其重视以产业需求为导向的人才培养模式，通过营造宽松稳定的科研环境，加强青年人才储备，促进国际合作与学术交流等措施，迅速跻身于世界生物技术强国之列。

（一）落实人才培养政策，加强生物技术人才梯队建设

日本高度重视生物技术人才梯队建设，从政策支持到经费资助等多方面为生物

---

① 蓝志勇，刘洋. 美国人才战略的回顾及启示 [J]. 国家行政学院学报，2017（1）：50−55.

② NERSWEEK. What is the 'build America VISA'? Donald Trump reveals new merit-based immigration plan[EB/OL]. [2019−05−20]. https：//www.newsweek.com/immigration-trump-kushner-merit-based-1428267.

③ 郑永彪，高洁玉，许睢宁. 世界主要发达国家吸引海外人才的政策及启示 [J]. 科学学研究，2013，31（2）：223−231.

技术人才提供坚实保障。

1. 多渠道多层次助推生物技术人才培养

为了全面实施"科学技术创新立国"战略，日本从 1996 年开始，分 3 期推出 3 个科学技术基本计划。涉及科技人才培养的计划包括《240 万科技人才综合开发计划》《科学技术人才培养综合计划》和《21 世纪卓越研究基地计划》。这 3 个计划各有侧重点，从尖端技术人才培养、社会产业型人才培养及一流人才培养基地的建立等方面提出国家层面的指导性战略规划[①]。2000 年以来，日本相继制定了《关于科学技术相关人才培养与使用意见》《以社会角度培养科学技术人才》等科技政策，进一步细化与生物技术人才培养相关的政策措施。

同时，日本也从基础研究和应用研究两个层面，制定详尽的生物技术人才的专项培养计划。如日本学术振兴会为了推动基础研究的发展，设立了多项基础研究相关的资助奖项类型，并将其细分成 S、A、B、C 4 类[②]，以此保证基础研究的延续性[③]。日本内阁会议发布的《创新综合战略 2019》中强调"以顺应市场的发展为基础，加强生物技术创新领域的人才培养"，如重点培养"临床研究人员（数据统计经理、临床研究协调员）、生物统计学家、生物技术产业项目经理"等[④]，有效促进了日本生物医药领域的创新人才发展（表 2-3）。

表 2-3 2000 年以来日本生物技术人才相关政策规划

政策名称	颁布时间	颁布机构	核心内容
《创新综合战略 2019》[⑤]	2019 年	日本内阁	强调"以顺应市场发展为基础，加强生物技术创新领域的人才培养"

---

① 刘小平，胡智慧，陈晓怡，等 . 国外卓越中心计划 [J]. 科技政策与发展战略，2013（8）：1-25.

② 按照项目执行时间和资助金额分类，S 类项目的执行时间为 5 年、经费为 5000 万～ 2 亿日元，A 类项目的执行时间为 3 ～ 5 年、经费为 2000 万～ 5000 万日元；B 类项目的执行时间为 3 ～ 5 年、经费 500 万～ 2000 万日元；C 类项目的执行时间为 3 ～ 5 年、经费少于 500 万。

③ 日本学术振兴会 . 特殊促进研究、基础研究、挑战性研究、青年研究种类说明 [EB/OL]. [2019-09-11]. https：//www.jsps.go.jp/j-grantsinaid/03_keikaku/index.html.

④ 日本文部科学省 . 日本医学研究开发机构概述 .[EB/OL]. [2019-09-27]. https：//www.lifescience.mext.go.jp/files/pdf/n1514_06.pdf.

⑤ 日本内阁府 . 创新综合战略 2019[EB/OL]. [2019-09-27]. https://www8.cao.go.jp/cstp/togo2019_honbun.pdf.

续表

政策名称	颁布时间	颁布机构	核心内容
《亚洲校园计划》①	2011 年	日本文部科学省 韩国教育科技部 中国教育部	促进中日韩 3 国学生在生物技术等学科的跨国交流学习
《30 万留学生计划》②	2008 年	日本文部科学省	提出到 2020 年，吸引 30 万留学生赴日留学
《科学技术人才培养综合计划》	2003 年	日本文部科学省	提出 4 个目标：培养富有创造性的世界顶尖级研究人员；培养社会产业所需人才；创造能吸引各种人才并能充分发挥其才能的环境；建设有利于科技人才培养的环境
《240 万科技人才综合开发计划》	2002 年	日本经济产业省 日本文部科学省	提出到 2006 年，培养生物技术等学科的尖端技术人才 240 万
《21 世纪卓越研究基地计划》	2002 年	日本文部科学省	提出到 2050 年，建立一流人才培养基地，培养世界顶尖级人才

2. 加强生物技术青年人才培养，筑牢人才发展高地

日本面向具有发展潜力的青年研究人员，制定了一系列行之有效的政策规划和项目措施。2019 年 1 月 17 日，日本开始实施修订后的《关于在推进研究开发体系改革中提高研究开发能力及研究开发效率的法律》，主要目的是通过促进竞争、改善研发经费使用、推进基础研究等措施增强日本的研发能力，并推动研发成果的转化效率。在新修订的法案中，强调了青年人才储备的重要性，提出通过调整绩效评价等措施为年轻的研究人员营造良好的科研环境。2019 年 11 月 11 日，日本科技政策的"司令部"内阁府综合科学技术创新会议（CSTI）举行全体会议，以日本科学家再次获得诺贝尔奖为契机，深入探讨了强化基础研究和支持青年研究人员的措施。会议针对当前日本青年科研人才发展面临的问题，提出 4 项发展目标：①全面强化面向青年人才的研究环境；②保障充分的研究与教学时间；③实现研究人员职业路

---

① 日本文部科学省 . 亚洲校园计划 [EB/OL]. [2019-09-27]. http://www.mext.go.jp/a_menu/kokusai/senryaku/1403250.htm.

② 日本文部科学省 . 30 万留学生计划 [EB/OL]. [2019-09-27]. http://www.mext.go.jp/a_menu/koutou/kaikaku/1383342.htm.

径的多元化；④提升博士课程的吸引力。通过实现上述目标，引导日本形成知识密集型的价值创造体系，为培养具有社会经济价值的研究人才营造良好生态环境。

此外，日本还积极扩充竞争性研究资金，促进青年研究人员创造更多具有独创性的研究成果。日本教育部早在2009年的预算案中便提出，将增加40%的经费用以资助年轻科学家的早期职业发展[①]。除国家层面，日本独立行政法人[②]也设立了多项人才培养基金，如日本学术振兴会为青年人才特别设立了两类专项资金，分别是青年科学家资助项目（Grant-in-Aid for Young Scientists）和科研早期资助项目（Grant-in-Aid for Early-Career Scientists）[③]，旨在为刚独立开展科研的年轻技术人员提供充足的科研启动资金，营造良好的学术研究环境，鼓励青年人才科研创新（表2-4）。

表2-4 日本学术振兴会设立的青年人才相关奖项

项目名称	项目基本信息
青年科学家资助项目 （Grant-in-Aid for Young Scientists）	1. 由39岁以下的研究人员进行的研究 2. 研究期限为2～4年 3. 资助金额分为A、B两类 　（A）500万～3000万日元 　（B）低于500万日元
科研早期资助项目 （Grant-in-Aid for Early-Career Scientists）	1. 获得博士学位后不到8年的研究人员 2. 研究期限为2～4年 3. 低于500万日元

（二）完善激励措施，营造良好的人才发展软环境

日本高度重视对生物技术人才的激励，从青年人才到顶尖人才，制定了多元化的扶持政策，并提供充足的科研经费。日本还建立了由中央政府、地方政府、民间团体和企业等主体组成的多元化科研奖励模式，极大地激励了生物技术人才的科研

① 中国科学院. 日本欲借国际化促进国内创新 [EB/OL]. [2019-09-26]. http://www.cas.cn/xw/kjsm/gjdt/200906/t20090608_634840.shtml.

② 20世纪末日本政府强力推动、建立了独立行政法人制度。独立行政法人分为特定独立行政法人（公务员型独立行政法人）和非特定独立行政法人（非公务员型独立行政法人）两类，多为科研院所、协会组织等机构。

③ 日本学术振兴会. 特殊促进研究、基础研究、挑战性研究、青年研究种类说明 [EB/OL]. [2019-09-11]. https://www.jsps.go.jp/j-grantsinaid/03_keikaku/index.html.

创新。

在中央政府层面，以《学术奖励审议会》和《发明奖励委员会条例》为指导思想、文部科学省作为实施主体，制定了多种表彰制度。文部科学省也设立了不同种类的科技奖励与资助制度，如"文部科学大臣表彰奖"，该奖项又细分为科学特别奖、科学技术奖、青年科学家奖、创意设想功劳者奖、创意设想培养功劳学校奖[①]。在社会科技团体组织和企业层面，日本科学界设立了多个生物技术领域的学会，如日本分子生物学会、日本基因组微生物学会、日本生物物理学会、日本食品微生物学会等。各学会每年都会颁布多种类型的奖项，如日本基因组微生物学会每年会选举出3名科研人员颁发"基因组微生物科研奖"，日本生物物理学会每年选举5名青年生物人才授予"青年科研人员奖"，三菱集团资助日本分子生物学会设立"三菱化学科研奖"等。日本学会实施的这些奖励措施都极大地鼓励了生物技术人才的科研创新。

此外，日本通过薪酬保障机制，为科研人员提供了宽松、稳定的科研环境，有效调动和激发了研究人员的工作积极性。从日本整个社会来看，独立行政法人[②]研究机构（类似于我国科研事业单位）的研究人员拥有中等或中等偏上的收入水平。相对较高的年收入、稳定的工作、自由宽松的科研环境及个人社会荣誉感，促使日本高质量人才选择在科研机构工作，为日本确保其科研实力处于世界领先地位奠定了坚实的人才基础。另外，日本在大学等机构对年长者采用年薪制和实行有任期的雇用转换，扩充面向青年的无任期职位，让青年研究人员在不同的职业阶段都能发挥能力和热情，并开展形式多样的科技奖励活动来激励人才积极投入科学研究中。

（三）通过大学国际化等措施汇聚全球生物技术优秀人才

在全球人才竞争日趋激烈的大背景下，日本以大学国际化为重点加强环境建设，通过官产学研紧密合作，共同完善留学生政策。通过扩招海外留学生、放宽工作签证限制条件等措施鼓励优秀留学生、技术人员在日就业，力争聚集全球优秀人才[③]。

---

① 吴香雷.日本科技奖励体系简析 [J].全球科技经济瞭望，2015，30（8）：60–67.

② 20世纪末日本政府强力推动、建立了独立行政法人制度。独立行政法人分为特定独立行政法人（公务员型独立行政法人）和非特定独立行政法人（非公务员型独立行政法人）两类，多为科研院所、协会组织等机构。

③ 王挺.日本吸引海外人才的政策与措施 [J].全球科技经济瞭望，2009，24（5）：28–36.

日本通过提升国际化的教育水平，制定留学生计划吸引国际生物技术人才交流学习。日本从 20 世纪 80 年代初期开始实施"10 万留学生计划"，2008 年又出台了"30 万留学生计划"① 以争夺国际优秀人才资源。为了实现吸引 30 万留学生的计划②，日本配套了"30 所国际大学"项目（Global 30，G30）③，以大学为载体引进优秀科技人员和留学生。G30 项目重视对生物技术领域人才的培养，多所大学制定了生物领域相关的课程计划，如筑波大学设立的"国际医学科学家培训计划"等④。此外，日本于 2010 年起开始实施吸引外国人才的"高级人才优遇制度"，即采用"积分制"引进人才，并将海外人才获得日本绿卡所需留日时间由 10 年缩短至 5 年。2011 年 12 月日本出台了吸引优秀技能外国人才的评分政策，该政策的主要目标人群是科学技术和医疗方面的高级人才。为了吸引海外人才，日本不断修订《出入国管理基本计划》，以延长各类人才的居留期限，并计划日本自 2019 年起的 5 年内引进人才 34.5 万人⑤（表 2-5）。

表 2-5　G30 项目中生物技术人才相关措施 / 项目

高校名称	措施 / 项目
筑波大学	设立包括"国际医学科学家培训计划"等 3 个项目，在此项目框架内开设了面向本硕博不同学生群体的共计 27 门课程
上智大学	开设了"绿色科学课程"研究生课程，探讨生物科学领域的环境问题
大阪大学	制定生物技术相关课程（如解剖实践课），提高学生之间对化学生物学等领域的学习和交流

与此同时，日本积极促进与各国人才之间的交流，深化学术合作和交流互动。在日本 G30 项目中，与海外高校开展生物技术领域的融合交流是工作重点之一。目

① 日本文部科学省 . 30 万留学生计划官网 [EB/OL]. [2019-08-14]. http：//www.mext.go.jp/a_menu/koutou/kaikaku/1383342.htm.

② 日本文部科学省 . 30 万留学生计划框架 [EB/OL]. [2019-08-23]. http：//www.mext.go.jp/component/a_menu/education/detail/_icsFiles/afieldfile/2017/03/30/1383779_02.pdf.

③ 日本文部科学省 . 30 所国际大学项目 [EB/OL]. [2019-08-23]. http：//www.mext.go.jp/component/a_menu/education/detail/_icsFiles/afieldfile/2017/03/30/1383779_01.pdf.

④ 日本文部科学省 . 30 所国际大学项目 2012 年总结报告 [EB/OL]. [2019-08-23]. http：//www.mext.go.jp/component/a_menu/education/detail/_icsFiles/afieldfile/2017/03/30/1383779_05_2.pdf.

⑤ 日本内阁府 . 出入国管理基本计划 [EB/OL]. [2019-08-03]. http：//jp.mofcom.gov.cn/article/k/201905/ 20190502865000.shtml.

前，通过 G30 项目，日本已经与中国台湾高雄医学大学、莫斯科国立大学等高校展开了多次深入的交流合作。日本还通过举办国际会议、科技论坛等形式，推动生物技术领域的学术交流，如举办"日俄医学论坛"等[①]。此外，日本也积极推动亚洲高校之间的学术交流和合作。2011 年 6 月，日本政府投入 13 亿日元推出"亚洲校园计划（CAMPUS Asia）"，旨在促进中日韩三国学生互动交流[②]。2018 年 3 月，在第二次中日韩教育部长会议中，中国、日本和韩国的教育部长共同签署了《第二次中日韩教育部长会议联合公报》，进一步扩大"亚洲校园计划"[③]。截至 2019 年 9 月，参与该计划的高校包括：日本的一桥大学、东京大学等 10 所高校，中国的清华大学、北京大学等 8 所高校，韩国的国立首尔大学、成均馆大学等 8 所高校[④]。

三、瑞士生物技术人才发展政策措施

瑞士是欧洲最具创新力的生物技术基地[⑤]，连续 9 年（2011—2019 年）位列世界知识产权组织全球创新指数榜首[⑥]。尽管瑞士生物技术人才数量在全球占比不大，但其创新成果和科研影响力却在全球处于领先地位，产生了如诺华、罗氏为代表的大型跨国生物医药企业。目前，瑞士已建立了从基础研发到应用开发全链条的人才培养体系，企业在其中扮演了重要角色。作为瑞士生物技术领域研发投入最大的主体，企业将基础研究与产业发展紧密结合，有效促进了生物技术应用型人才的培养。

---

① 日本文部科学省 . 30 所国际大学项目 2012 年总结报告 [EB/OL]. [2019-08-01]. http：//www.mext.go.jp/component/a_menu/education/detail/_icsFiles/afieldfile/2017/03/30/1383779_05_2.pdf.

② 郑晗 . 浅议中日韩高等教育合作发展方向：以"亚洲校园"计划为例 [J]. 教师教育论坛，2018，31（11）：63-68.

③ 日本文部科学省 . 第二次中日韩教育部长会议联合公报 [EB/OL]. [2019-08-01]. http：//www.mext.go.jp/a_menu/kokusai/senryaku/1403250.htm.

④ 郑觅 . 多边教育合作质量保障协同机制的创新与实践：基于"亚洲校园计划"联合质量评估的研究 [J]. 中南民族大学学报（人文社会科学版），2019，39（3）：176-180.

⑤ 驻瑞士经商参处 . 瑞士的生物制药产业 [EB/OL]. [2019-06-10]. http：//ch.mofcom.gov.cn/article/ztdy/201612/20161202099869.shtml.

⑥ WIPO. 2019 年全球创新指数（GII）[EB/OL]. [2019-06-10]. https：//www.wipo.int/global_innovation_index/zh/2019/.

（一）多路并进，推动生物技术人才的培养

自 20 世纪 90 年代起，瑞士联邦政府出台了一系列促进生物技术发展的战略计划，如《国家竞争研究教育中心资助计划》《风险实验室计划》《国家研究能力中心计划》《生物技术优先发展计划》等，加大对生物技术领域的资助，建立和完善生物技术研究体系，通过支持研究项目、建立研究中心等形式对生物技术重点领域进行提前布局，推动了技术向产业的转移转化，极大促进了瑞士生物技术的创新发展，保障了瑞士作为生物技术人才培养基地的长期吸引力（表 2-6）。

表 2-6　瑞士生物技术相关资助计划

计划	颁布时间	颁布机构	核心内容
《国家竞争研究教育中心资助计划》	2001 年	国家科学基金会	提供 4350 万瑞士法郎资助 14 个项目，其中半数为生命科学研究项目
《风险实验室计划》	1996 年	瑞士联邦技术和创新委员会	允许联邦实验室从事与大学和产业界的合作研究活动，成立国家技术转移中心
《国家研究能力中心计划》	1995 年	国家科学基金会	建立和完善研究体系，至今已在神经科学、遗传学、结构生物、癌症研究等领域建立了 20 个中心
《生物技术优先发展计划》	1992 年	国家科学基金会	投资 5780 万瑞士法郎促进大学和企业间的转移转化，共支持 251 个合作项目建立 18 个新的生物技术企业

瑞士尤其重视生物技术应用型人才的培养。一是瑞士形成了完善的双轨制教育体系，强调职业教育与普通教育并重发展。瑞士职业教育一方面由政府、企业、行业、职业协会与工会共同参与管理，从组织架构上确保了职业教育与经济社会的同步发展；另一方面，瑞士政府以市场为导向，通过收集企业用工信息并每年两次公开发布学徒供求信息的方式，确保职业教育与市场需求的动态吻合。目前，瑞士全国有 4 所职业院校开设生物技术相关专业，培养了包括健康专家、护理专家等在内的大量生物技术应用人才 [1]。二是瑞士高校高度重视基于市场需求的学术应用技能

---

[1]　中国驻瑞士大使馆. 瑞士教育：瑞士教育制度简介 [EB/OL]. [2010-06-10]. http://ch.china-embassy.org/chn/zl/rsgk/t902136.htm.

的培养。例如，苏黎世联邦理工学院面向全体学生设立创新与创业实验室，提供创业指导、培训与奖学金支持[①]。高校还积极与企业共建合作平台，协同培养应用型人才，如瑞士巴塞尔生物谷（BioValley Basel）汇聚了苏黎世联邦理工学院、巴塞尔大学等知名高校，以及诺华、罗氏等数百家企业，在转化促进机构的推动下将科技成果进行推广应用，在技术成果市场化的过程中培养了大批生物技术应用型人才。此外，瑞士科技创新署（INNOSUISSE）对生物技术成果转化进行项目经费支持，每年用于生物技术领域的预算高达近亿瑞士法郎[②]。瑞士通过建立高校、科研机构、企业和政府紧密合作的创新网络，促进了生物技术应用型人才队伍的建设。

另外，瑞士政府高度重视青年人才及女科学家的培养。2008 年，瑞士发布《教育、研究与创新促进委员会战略报告（2008—2011 年）》，强调通过设立"终身教职制度"提升科研助手的学术地位，为青年科研人员提供宽松优越的工作环境，促进青年人才的成长[③]。瑞士国家科学基金会每年资助的 7000 多名研究人员中，35 岁以下的青年研究人员占比高达 70%，且 60% 以上的资助项目为分子生物学、免疫学、传染病、生物化学、病理学等生物技术相关领域[④]。瑞士国家科学基金会对青年申请者的限制较少，原则上，只要是在瑞士境内开展研究工作，以瑞士大学科研机构博士研究生或博士后研究人员的身份即可以独立申报科研项目资助，没有国籍等其他外在限制条件，极大地提升了对全球青年人才的吸引力[⑤]。与此同时，为了促进研究团队的性别平衡，联邦政府在 2000 年启动"瑞士联邦大学机会均等计划"，积极优化研究人员的性别构成。该计划提出，到 2020 年，将瑞士大学女教授的比例提升至 25% 以上，女性助理教授比例提高到 40% 以上。瑞士国家科学基金会也专

---

① ETH Zurich. Fundings[EB/OL]. [2019−06−10]. https：//ethz.ch/en/industry-and-society/ Entrepreneurship-at-ETH/ielab.html.

② Innosuisse. Resultate und wirkung[EB/OL]. [2019−06−10]. https：//www.innosuisse.ch/inno/de/ home/resultateundwirkung.html.

③ 武学超. 瑞士卓越青年学术研究人才培育策略与启示 [J]. 国家教育行政学院学报，2014（9）：84−90.

④ SNSF. Careers[EB/OL]. [2019−06−10]. http：//www.snf.ch/en/funding/careers.

⑤ SBFI. International-cooperation-in-education[EB/OL]. [2019−06−10]. https：//www.sbfi.admin. ch/sbfi/en/home/education/international-cooperation-in-education/foerderung-des-wissenschaftlichen- nachwuchses.html.

门设立了女性科学家资助项目（PRIMA）[①] 以促进女性人才的发展。

（二）营造良好环境，为生物技术人才发展提供保障

瑞士高度自治的评价体系为生物技术人才提供宽松环境。瑞士科研评估工作通常由瑞士科技顾问委员会组织实施并起草科研评估总体方案。科研计划评估分为自评和外评两部分。其中，自评由科研计划（项目）实施单位进行，外评由科学顾问委员会组织外部专家小组开展。另外，瑞士赋予高校极大的自治权，各高校可基于自身实际情况自行制定人才考评机制并进行管理。在欧洲 29 个国家大学自治排名中，瑞士高校在人员聘任、薪金发放、职称晋升等方面享有的自主权位列欧洲第一[②]。这种灵活自治的评价机制，为生物技术人才的发展提供了较为宽松、自由的发展环境。

与此同时，充足的科研经费也为生物技术人才发展提供了强有力的保障。瑞士生物技术领域人均研发费用长年居世界首位[③]，每年研发投入约占国民生产总值的3.4%[④][⑤]，据《瑞士生物技术报告 2019》数据显示，2018 年瑞士在生物技术领域总投入约 30 亿瑞士法郎[⑥]，瑞士科研经费来源以企业投资为主，政府补贴和国际投资亦占一定比例。

2016 年，瑞士企业在全球医药、化学等领域的投资将近 60 亿瑞士法郎。此外，瑞士联邦政府每年分别通过国家科学基金会（Swiss National Science Fund，SNSF）与科技创新署（Innosuisse）对基础研究进行支持，并积极推动研究成果的转化[⑦]。瑞士国家科学基金会每年有大约 40% 的经费用于资助生物技术、生命科学、物理和

① SNSF. Prima [EB/OL]. [2019−06−10]. http：//www.snf.ch/en/funding/careers/prima/Pages/default. aspx.

② 武学超. 瑞士大学组织战略模式转型及思考 [J]. 比较教育研究，2015，37（8）：1−6.

③ OECD. Key biotechnology indicators[EB/OL]. [2019−06−10]. https：//www.oecd.org/innovation/ inno/keybiotechnologyindicators.htm.

④ Federal Statistical Office. Science and technology[EB/OL]. [2019−06−10]. https：//www.bfs.admin. ch/bfs/en/home/statistics/education-science/technology.html#accordion1571998213258.

⑤ UNESCO. R&D spending by country[EB/OL]. [2019−06−14]. http：//uis.unesco.org/apps/ visualisations/research-and-development-spending/#!lang=en.

⑥ Switzerland Global Enterprise. Swiss biotech report[EB/OL]. [2019−06−14]. https：//www. swissbiotech.org/report/#2019edition.

⑦ 邱丹逸，袁永，廖晓东. 瑞士主要科技创新战略与政策研究 [J]. 特区经济，2018（1）：39−42.

化学等领域的科研项目；瑞士科技创新署每年有约 2 亿瑞士法郎用于扶持高等教育机构与商业合作伙伴共同参与的联合研发项目。目前，在瑞士联邦政府的资助下，已涌现出 Cytos、Prionics 和 Glycart 等一批新兴生物技术企业。

（三）大力开展国际合作，培养国际化生物技术人才

瑞士政府高度重视国际化生物技术人才的培养。瑞士积极参与欧盟研究框架项目"愿景 2020"和教育、职教和青年项目"Erasmus+"计划等[①]，同时，还与国际研究机构合作共同出台国际科技攻关计划，如欧洲联盟研究和技术开发框架计划、人类前沿科学计划等[②]，并通过国际合作项目支持政府间的国际合作，现有伙伴包括中国、印度、俄罗斯、南非、日本、韩国和巴西等国。此外，瑞士积极建立外部合作网络，先后设立了 5 家科技文化中心以支持瑞士企业、高校和研究机构开展国际合作[③]。在与中国的国际合作方面，瑞士于 2008 年在上海设立科技文化中心 Swissnex China，促进形成了中国与瑞士大学、研究机构和企业间的合作网络，推动了两国生物技术科技资源的共享，为国际化生物技术人才的培养提供了良好条件。

① 中华人民共和国商务部. 瑞士的科研与创新体系 [EB/OL]. [2019−06−10]. http：//www.mofcom.gov.cn/article/i/dxfw/jlyd/201612/20161202099870.shtml.

② 赵清华，范明杰，李玉洁，等. 瑞典生物科技及产业现状与特点 [J]. 中国生物工程杂志，2008，28（7）：6−9.

③ 分别是：Swissnex China（中国，上海）、Swissnex Boston（美国，波士顿）、Swissnex San Francisco（美国，旧金山）、Swissnex India（印度，班加罗尔）、Swissnex Brazil（巴西，里约热内卢）。

第三章　高端人才发展现状

高端人才是推动生物技术科技创新、产出突破性成果的决定性力量，对生物技术发展具有关键性作用，对人才队伍建设具有引领性作用。本书将生物技术高端人才分为顶尖人才和高层次人才两类，其中，对顶尖人才现状的分析来源于两个方面：一是国际顶级奖项生物技术领域获奖人才；二是各国国家级科学技术奖项生物技术领域获奖人才。对高层次人才现状的分析来源于两个方面：一是发文被引频次为 TOP 1% 的生物技术领域高被引人才；二是各国获得国家级荣誉的生物技术领域高层次人才。

第一节　生物技术顶尖人才发展现状

在国际顶级奖项生物技术领域获奖人才方面，本书共遴选出获奖人才727名[①]，分布于 31 个国家（地区），研究领域以临床医学为主，多在高校就职，获奖时年龄集中于46～65岁年龄段。同时，为更加全面地反映生物技术领域顶尖人才的全貌，本书对中国、美国、日本、瑞士四国国家级科学技术奖项生物技术领域获奖人才进行了梳理与分析。

一、概　述

（一）国际顶级奖项获奖人才国别分布特征

对获取国别信息的690名国际顶级奖项获奖人才[②]的分析显示，获奖人才主要分布于 31 个国家（地区），其中半数人才来自美国（345 人），其后是英国和加拿大，人才数量分别为 129 人和 64 人（图 3-1）。

[①]　本书中国际顶级奖项的获得者存在一名获奖者获得多个奖项的情况。其中，共有 216 人次获得诺贝尔生理学或医学奖，18 人次获得克拉福德奖，69 人次获得达尔文奖，100 人次获得拉斯克奖，388 人次获得盖尔德纳国际奖。

[②]　在 727 名国际顶级奖项生物技术领域获奖人才中，共获得 690 人获奖时的国别信息。

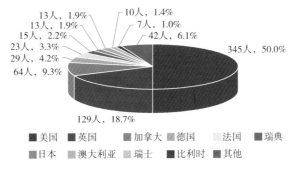

图 3-1　国际顶级奖项生物技术领域获奖人才国家（地区）分布

（二）国际顶级奖项获奖人才领域分布特征

国际顶级奖项获奖人才的研究领域分布广泛，其中，临床医学占比为 27.9%，分子生物学与遗传学占比为 24.5%，生物学与生物化学占比为 19.9%，三者总人数之和占比近 3/4（图 3-2）。

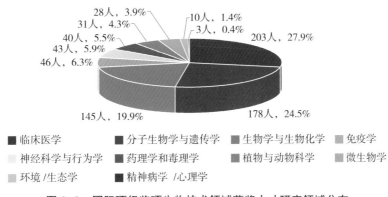

图 3-2　国际顶级奖项生物技术领域获奖人才研究领域分布

（三）国际顶级奖项获奖人才机构分布特征

对获取机构数据的 604 名国际顶级奖项获奖人才[①]的分析显示，哈佛大学是拥有获奖人才数量最多的机构，人数为 28 人；排名第 2 位的机构是加利福尼亚大学（24人）；排名第 3 位的机构为剑桥大学和洛克菲勒大学，人数均为 22 人（表 3-1）。

――――――――――

① 在 727 名国际顶级奖项生物技术领域获奖人才中，共获得 604 人的机构数据。

表 3-1　国际顶级奖项生物技术领域获奖人才数居前 10 位的机构分布

机构名称	所属国家	获奖人才数 / 人
哈佛大学	美国	28
加利福尼亚大学	美国	24
剑桥大学	英国	22
洛克菲勒大学	美国	22
牛津大学	英国	21
华盛顿大学	美国	19
美国国立卫生研究院	美国	13
哥伦比亚大学	美国	13
斯坦福大学	美国	12
多伦多大学	加拿大	11

（四）国际顶级奖项获奖人才教育背景特征

对获取受教育信息的 643 名国际顶级奖项获奖人才[①]的分析显示，在美国接受高等教育的人数多达 606 人次，其次是英国 266 人次，之后为加拿大 105 人次。大多数获奖人才拥有博士学位，其中，美国培养的博士数量最多且远超其他国家（图 3-3）。

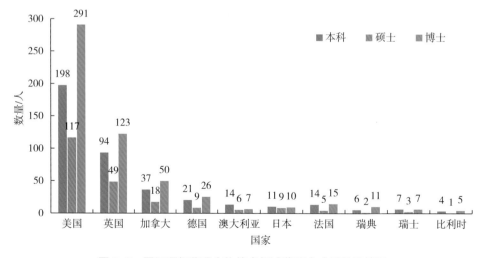

图 3-3　国际顶级奖项生物技术领域获奖人才受教育情况

---

① 在 727 名国际顶级奖项生物技术领域获奖人才中，共获得 643 人的教育背景相关数据。

（五）国际顶级奖项获奖人才年龄特征

对获取获奖年龄数据的693名国际顶级奖项获奖人才[①]的分析显示，获奖年龄主要分布在46～65岁年龄段，占比61.3%；45岁及以下中青年获奖人才数量为81人，占比11.7%（图3-4）。

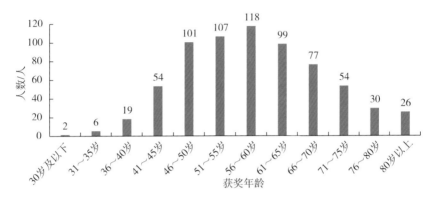

图 3-4　国际顶级奖项生物技术领域获奖人才获奖年龄分布

（六）国际顶级奖项获奖人才流动特征

对获取人才流动信息的685名国际顶级奖项获奖人才[②]的分析显示，到美国任职的获奖人才数量最多，达到50人，远超其他国家；而从美国到其他国家任职的获奖人才数量为6人（图3-5）。

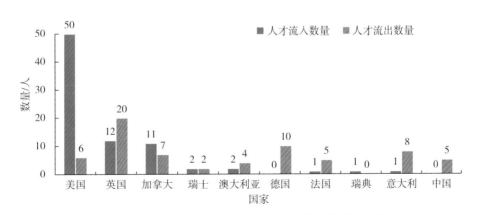

图 3-5　国际顶级奖项生物技术领域获奖人才国家间的流动情况

---

① 在 727 名国际顶级奖项生物技术领域获奖人才中，共获得 693 人的获奖年龄数据。
② 在 727 名国际顶级奖项生物技术领域获奖人才中，共获得 685 人的人才流动相关数据。

二、中国生物技术顶尖人才发展现状

从生物技术领域国际顶级奖项获奖人才和中国国家级科学技术奖项获奖人才维度对中国生物技术顶尖人才进行分析：在国际顶级奖项获奖人才方面，中国拥有1名国际顶级奖项获奖人才——屠呦呦；在中国国家级科学技术奖项获奖人才方面，本书选取国家最高科学技术奖生物技术领域获得者作为中国国家级科学技术奖项获奖人才进行分析，截至 2019 年 11 月，生物技术领域国家最高科学技术奖获得者共计 9 人，占总获奖人数的 29.0%。

（一）国际顶级奖项获奖人才发展现状

中国拥有 1 位国际顶级奖项生物技术领域获奖人才——屠呦呦。屠呦呦先驱性地发现了青蒿素，开创了疟疾治疗新方法，为人类健康和中医药科技创新做出了重要的贡献，分别于 2011 年获得拉斯克奖（获奖时年龄为 81 岁），2015 年获得诺贝尔生理学或医学奖（获奖时年龄为 85 岁）。屠呦呦是第一位获得诺贝尔科学奖项的中国本土科学家、第一位获得诺贝尔生理学或医学奖的华人科学家。

屠呦呦多年从事中药和中西药结合研究。1969 年屠呦呦参与抗疟药物研究项目，该项目是由中国科学院生物物理所、中国科学院上海有机所、广州中医药大学、上海药物所、军事医学科学院等全国几十家单位 500 余位专家组成的疟疾防治药物研究团队，屠呦呦被任命为中药抗疟科研组组长，1972 年成功提取青蒿素，有效降低了疟疾患者的死亡率。

（二）中国国家级科学技术奖项获奖人才发展现状

选取国家最高科学技术奖获奖人才作为中国国家级科学技术奖项获奖人才进行分析。国家最高科学技术奖于 2000 年由中华人民共和国国务院设立，是中国科技界的最高荣誉，授予在当代科学技术前沿取得重大突破或在科学技术发展中有卓越建树，在科学技术创新、科学技术成果转化和高技术产业化中创造巨大经济效益或社会效益的科学技术工作者。截至 2019 年 11 月，中国国家最高科学技术奖获奖者共计 31 人，生物技术领域获奖者共计 9 人，占总获奖人数的 29.0%。

1. 领域分布特征

9 名国家最高科学技术奖获奖人才 [①] 研究方向包括农学、外科学、遗传学等（表
3-2）。

表 3-2　中国国家最高科学技术奖生物技术领域获奖人才研究方向分布

姓名	获奖时间	研究方向
袁隆平	2000 年	杂交水稻
刘东生	2003 年	地球环境
吴孟超	2005 年	肝脏外科
李振声	2006 年	小麦遗传育种
吴征镒	2007 年	植物学
王忠诚	2008 年	神经外科
王振义	2010 年	血液学
屠呦呦	2016 年	药学
侯云德	2017 年	分子病毒学

2. 机构分布特征

9 名国家最高科学技术奖获奖人才 [②] 获奖时所在机构以科研院所为主（表 3-3）。

表 3-3　中国国家最高科学技术奖生物技术领域获奖人才机构分布

姓名	获奖时所属机构
袁隆平	湖南省农业科学院
刘东生	中国科学院地质与地球物理研究所
吴孟超	中国人民解放军第二军医大学
李振声	中国科学院遗传与发育生物学研究所
吴征镒	中国科学院昆明植物研究所

---

①　在 9 名中国国家最高科学技术奖获奖者中，共获得 9 人的研究领域数据。

②　在 9 名中国国家最高科学技术奖获奖者中，共获得 9 人获奖时所在机构数据。

续表

姓名	获奖时所属机构
王忠诚	北京市神经外科研究所、首都医科大学附属北京天坛医院
王振义	上海交通大学医学院附属瑞金医院
屠呦呦	中国中医科学院
侯云德	中国疾病预防控制中心病毒病预防控制所

3. 年龄特征

9 名国家最高科学技术奖获奖人才[①]获奖时年龄均在 70 岁以上，其中，70 ～ 80 岁年龄段和 81 ～ 85 岁年龄段各有 2 人，86 ～ 90 岁年龄段有 4 人，90 岁以上年龄段有 1 人。

三、代表性国家生物技术顶尖人才队伍发展现状

对美国、日本、瑞士三国生物技术顶尖人才进行分析，在国际顶级奖项获奖人才方面，美国、日本、瑞士三国获奖人才分别为 345 人、13 人和 10 人；在国家级科学技术奖项获奖人才方面，分别选取美国国家科学奖、日本文部科学大臣科学技术奖、瑞士马塞尔·本努瓦奖获奖人才进行分析。

（一）美国生物技术顶尖人才发展现状

从生物技术领域国际顶级奖项获奖人才和美国国家级科学技术奖项获奖人才维度对美国生物技术顶尖人才进行分析：在国际顶级奖项获奖人才方面，本书共遴选出 345 名美国国际顶级奖项获奖人才；在美国国家级科学技术奖项获奖人才方面，本书选取美国国家科学奖获得者作为美国国家级科学技术奖项获奖人才进行分析，截至 2019 年，美国国家科学奖生物技术领域获奖人才共计 144 名，占总获奖人数的 28.5%。

[①]　在 9 名中国国家最高科学技术奖获奖者中，共获得 9 人的获奖年龄数据。

1.美国国际顶级奖项获奖人才发展现状

美国国际顶级奖项生物技术领域获奖人才共有 345 人，其中，共有 102 人次获得诺贝尔生理学或医学奖，13 人次获得克拉福德奖，7 人次获得达尔文奖，51 人次获得拉斯克奖，182 人次获得盖尔德纳国际奖。获奖人才获奖时年龄多分布于46～60 岁年龄段，主要就职于高校，研究领域以临床医学、分子生物学与遗传学、生物学与生物化学为主。

（1）领域分布特征

对获取研究领域信息的 345 名国际顶级奖项获奖人才[①] 的分析显示，临床医学、分子生物学与遗传学、生物学与生物化学是美国获奖人才研究最为集中的领域，占比分别为 29.0%、27.8% 和 21.7%（图 3-6）。

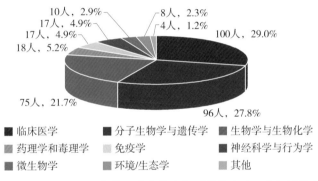

图 3-6　美国国际顶级奖项生物技术领域获奖人才研究领域分布

（2）机构分布特征

对获取机构信息的 345 名国际顶级奖项获奖人才[②] 的分析显示，其大多就职于高校，排名前 3 位的机构分别为哈佛大学（23 人）、加利福尼亚大学（21 人）与华盛顿大学（19 人），排名前 10 位的机构中高校占比达 90%（表 3-4）。

表 3-4　美国国际顶级奖项生物技术领域获奖人才数居前 10 位的机构分布

机构名称	所属国家	获奖人才数 / 人
哈佛大学	美国	23
加利福尼亚大学	美国	21

---

① 在 345 名美国国际顶级奖项生物技术领域获奖人才中，共获得 345 人的研究领域数据。
② 在 345 名美国国际顶级奖项生物技术领域获奖人才中，共获得 345 人的机构数据。

续表

机构名称	所属国家	获奖人才数 / 人
华盛顿大学	美国	19
洛克菲勒大学	美国	18
美国国立卫生研究院	美国	12
斯坦福大学	美国	10
芝加哥大学	美国	10
麻省理工学院	美国	9
加州理工学院	美国	8
耶鲁大学	美国	7

（3）教育背景特征

对获取受教育信息的310名国际顶级奖项获奖人才[1]的分析显示，其大多在美国本土完成教育，在本科、硕士、博士阶段接受美国本土教育的获奖人才所占比例分别为85.5%、87.6%、86.9%（表3-5）。

表3-5　美国国际顶级奖项生物技术领域获奖人才受教育情况

本科		硕士		博士	
就读国家[a]	人数 / 人	就读国家[b]	人数 / 人	就读国家[c]	人数 / 人
美国	189	美国	106	美国	259
英国	7	英国	4	英国	14
德国	4	澳大利亚	3	加拿大	5
加拿大	4	意大利	1	德国	4
法国	3	西班牙	1	意大利	2
南非	2	印度	1	澳大利亚	2
瑞士	2	法国	1	捷克	2

a：另包含10位美国国际顶级奖项获奖人才在捷克、澳大利亚等8个国家就读本科；b：另包含4位美国国际顶级奖项获奖人才在德国、英国、瑞士、荷兰4个国家就读硕士；c：另包含10位美国国际顶级奖项获奖人才在瑞士、芬兰等9个国家就读博士。

---

[1]　在345名美国国际顶级奖项生物技术领域获奖人才中，共获得310人的教育背景相关数据。

（4）年龄特征

对获取获奖年龄数据的327名国际顶级奖项获奖人才[1]的分析显示，其获奖年龄主要分布于46～60岁年龄段，占获奖总人数的46.5%，其中，分布在56～60岁年龄段的获奖人才数量最多，为56人；45岁及以下美国中青年获奖人才数量为40人，占比为12.2%（图3-7）。

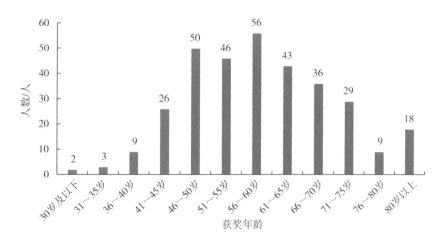

图3-7　美国国际顶级奖项生物技术领域获奖人才获奖年龄分布

2. 美国国家级科学技术奖项获奖人才发展现状

美国国家科学奖（National Medal of Science），又称总统科学奖（Presidential Medal of Science），于1959年设立，该奖项原本是奖励在"物理、生物、数学、科学或工程"领域做出重要贡献的美国科学家，1979年，由美国科学促进会建议将奖项扩大到社会及行为科学。奖项自设立以来，共有506名杰出科学家和工程师获奖，其中，生物技术领域获奖者为144人，占比达28.5%，其中有28人获得了诺贝尔生理学或医学奖。

（1）时间分布特征

对获取获奖时间信息的144名美国国家科学奖生物技术领域获奖人才[2]的分析显示，自2001年起获奖人才数量每年维持在2～3名。

---

① 在345名美国国际顶级奖项生物技术领域获奖人才中，共获得327人的获奖年龄数据。

② 在144名美国国家科学奖获奖人才中，共获得144人的获奖时间数据。

（2）机构分布特征

对获取机构信息的144名美国国家科学奖生物技术领域获奖人才[①] 的分析显示，获奖人才大多就职于高校，排名前3位的机构分别为加利福尼亚大学（11人）、洛克菲勒大学（9人）、哈佛大学（9人），排名前10位的机构中高校占比达80%（表3-6）。

表3-6　美国国家科学奖生物技术领域获奖数居前10位的机构分布

机构名称	所属国家	人数/人
加利福尼亚大学	美国	11
洛克菲勒大学	美国	9
哈佛大学	美国	9
麻省理工学院	美国	7
美国国立卫生研究院	美国	7
斯坦福大学	美国	6
加州理工学院	美国	5
美国农业部	美国	5
威斯康星大学	美国	5
约翰斯·霍普金斯大学	美国	5

（二）日本生物技术顶尖人才发展现状

从生物技术领域国际顶级奖项获奖人才和日本国家级科学技术奖项获奖人才维度对日本生物技术顶尖人才进行分析：在国际顶级奖项获奖人才方面，本书共遴选出13名日本国际顶级奖项获奖人才；在日本国家级科学技术奖项获奖人才方面，本书选取日本文部科学大臣科学技术奖获得者作为日本国家级科学技术奖项获奖人才进行分析，截至2019年，日本文部科学大臣科学技术奖生物技术领域获奖人才共计168名，占总获奖人数的10.4%。

1. 日本国际顶级奖项获奖人才发展现状

日本国际顶级奖项生物技术领域获奖人才13人，占全球获奖人才总数的2.0%。其中，5人次获得诺贝尔生理学或医学奖，2人次获得拉斯克奖，1人次获得达尔文奖，

---

① 在144名美国国家科学奖获奖人才中，共获得144人的机构数据。

10 人次获得盖尔德纳国际奖。获奖人才研究领域集中在生物学与生物化学、免疫学等方向，多就职于高校和科研机构，年龄均在 55 岁以上。

（1）领域分布特征

对获取研究领域信息的 13 名国际顶级奖项获奖人才[①] 的分析显示，研究领域为生物学与生物化学、免疫学的日本获奖人才的数量最多，均为 4 人，各占 30.8%（图 3-8）。

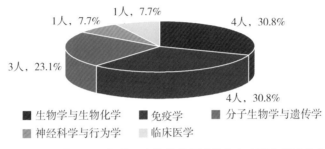

图 3-8   日本国际顶级奖项生物技术领域获奖人才研究领域分布

（2）机构分布特征

对获取机构信息的 13 名国际顶级奖项获奖人才[②] 的分析显示，其所在机构主要为高校和科研机构，人数排名前 3 位的机构分别是京都大学（3 人）、国立遗传学研究所（2 人）和大阪大学（2 人）（表 3-7）。

表 3-7   日本国际顶级奖项生物技术领域获奖人才机构分布

机构名称	所属国家	人数／人
京都大学	日本	3
国立遗传学研究所	日本	2
大阪大学	日本	2
北里大学	日本	1
东京工业大学	日本	1
神户大学	日本	1
东京农业技术大学	日本	1
巴塞尔市免疫学研究所	瑞士	1
小川脑功能研究实验室	日本	1

① 在 13 名日本国际顶级奖项生物技术领域获奖人才中，共获得 13 人的研究领域数据。

② 在 13 名日本国际顶级奖项生物技术领域获奖人才中，共获得 13 人的机构数据。

（3）教育背景特征

对获取受教育信息的 13 名国际顶级奖项获奖人才[①] 的分析显示，日本获奖人才多为本土培养。本科阶段，日本获奖人才均在本国就读；硕士阶段，有 1 人到美国留学；博士阶段，有 2 人获得日本、美国双学位。

（4）年龄特征

对获取获奖年龄数据的 13 名国际顶级奖项获奖人才[②] 的分析显示，其获奖年龄均在 55 岁以上，其中，66 ～ 70 岁年龄段有 4 人，56 ～ 60 岁年龄段、61 ～ 65 岁年龄段、71 ～ 75 岁年龄段和 80 岁以上均有 2 人，76 ～ 80 岁年龄段有 1 人。

2. 日本国家级科学技术奖项获奖人才发展现状

日本文部科学省为了提高科研人员从事科学技术研究的积极性，于 2004 年通过科学技术领域文部科学大臣表彰规程，设立了文部科学大臣奖，以奖励为日本科技发展、科技研发和科普等做出突出贡献的本国科研人员，主要包括科学特别奖、科学技术奖、青年科学家奖等[③]。其中，科学技术奖以提高科学技术水平为宗旨，表彰在推动科学研究和普及方面取得卓越成果的个人或团体。2012—2019 年，共有 1622 名科学家获得日本文部科学大臣科学技术奖，其中 168 名为生物技术相关研究领域，占比达 10.4%。

（1）时间分布特征

对获取获奖时间信息的 168 名日本文部科学大臣科学技术奖生物技术领域获奖人才[④] 的分析显示，2014 年获奖人数最多，为 36 人，占当年总获奖人数的 21.4%，自 2015 年起，生物技术领域获奖人数呈缓慢下降的趋势，2019 年生物技术领域获奖人数为 16 人，占当年总获奖人数的 9.5%（图 3-9）。

---

① 在 13 名日本国际顶级奖项生物技术领域获奖人才中，共获得 13 人的教育背景相关数据。
② 在 13 名日本国际顶级奖项生物技术领域获奖人才中，共获得 13 人的获奖年龄数据。
③ 吴香雷. 日本科技奖励体系简析 [J]. 全球科技经济瞭望，2015，30（8）：60-67.
④ 在 168 名日本文部科学大臣科学技术奖生物技术领域获奖人才中，共获得 168 人的获奖时间数据。

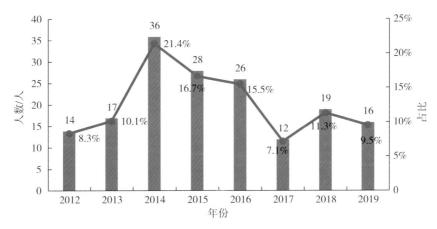

图 3-9　日本文部科学大臣科学技术奖生物技术领域获奖人才年度变化趋势

（2）领域分布特征

对获取研究领域信息的 168 名日本文部科学大臣科学技术奖生物技术领域获奖人才①的分析显示，其研究领域主要集中在临床医学领域，占比为23.8%。此外，分子生物学与遗传学（20.2%）、药理学和毒理学（17.3%）、生物学与生物化学（10.7%）的占比均超过 10%（图 3-10）。

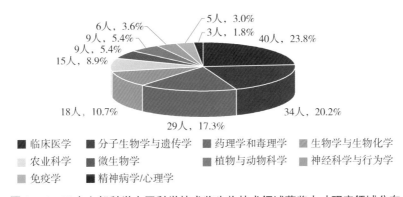

图 3-10　日本文部科学大臣科学技术奖生物技术领域获奖人才研究领域分布

（3）机构分布特征

对获取机构信息的 168 名日本文部科学大臣科学技术奖生物技术领域获奖人才②的分析显示，其所在机构主要包括高校、科研机构和公司，东北大学和日本理化学

①　在 168 名日本文部科学大臣科学技术奖生物技术领域获奖人才中，共获得 168 人的研究领域数据。

②　在 168 名日本文部科学大臣科学技术奖生物技术领域获奖人才中，共获得 168 人的机构数据。

研究所拥有的获奖人才数量最多，均为 13 人（表 3-8）。

表 3-8　日本文部科学大臣科学技术奖生物技术领域获奖数居前 10 位的机构分布

机构名称	所属国家	人数／人
东北大学	日本	13
日本理化学研究所	日本	13
大阪大学	日本	10
大冢制药	日本	9
京都大学	日本	9
九州大学	日本	7
金泽大学	日本	6
岩手大学	日本	5
帝人株式会社	日本	4
农业食品产业技术综合研究机构	日本	4
日本原子能研究开发机构	日本	4
新潟大学	日本	4

（4）年龄特征

对获取获奖年龄数据的 168 名日本文部科学大臣科学技术奖生物技术领域获奖人才[1]的分析显示，其获奖年龄集中于 46～60 岁年龄段，占比达 66.1%（图 3-11）。

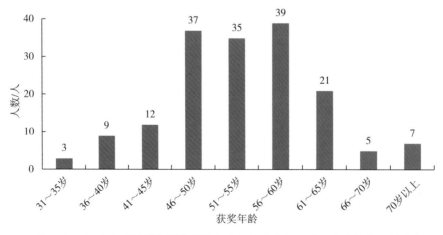

图 3-11　日本文部科学大臣科学技术奖生物技术领域获奖人才获奖年龄分布

---

[1]　在 168 名日本文部科学大臣科学技术奖生物技术领域获奖人才中，共获得 168 人的获奖年龄数据。

（三）瑞士生物技术顶尖人才发展现状

从生物技术领域国际顶级奖项获奖人才和瑞士国家级科学技术奖项获奖人才维度对瑞士生物技术顶尖人才进行分析：在国际顶级奖项获奖人才方面，本书共遴选出 10 名瑞士国际顶级奖项获奖人才；在瑞士国家级科学技术奖项获奖人才方面，本书选取瑞士马塞尔·本努瓦奖获得者作为瑞士国家级科学技术奖项获奖人才进行分析，截至 2019 年，瑞士马塞尔·本努瓦奖生物技术领域获奖人才共计 65 名，占总获奖人数的 57.0%。

1. 瑞士国际顶级奖项获奖人才发展现状

瑞士国际顶级奖项生物技术领域获奖人才共计 10 人，占全球获奖人才总数的 1.5%，其中，诺贝尔生理学或医学奖获得者 6 人，盖尔德纳国际奖获得者 4 人。瑞士获奖人才获奖年龄集中于 46～60 岁年龄段，主要就职于高校，研究领域以生物学与生物化学为主。

（1）领域分布特征

对获取研究领域信息的 10 名国际顶级奖项获奖人才 [①] 的分析显示，其研究领域以生物学与生物化学为主，占比为 50.0%（图 3-12）。

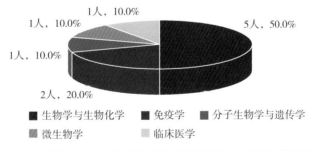

图 3-12　瑞士国际顶级奖项生物技术领域获奖人才研究领域分布

（2）机构分布特征

对获取机构信息的 10 名国际顶级奖项获奖人才 [②] 的分析显示，其大多就职于高校，排名前 3 位的机构分别为巴塞尔大学（4 人）、苏黎世大学（2 人）和伯尔尼大学（2 人）（表 3-9）。

[①] 在 10 名瑞士国际顶级奖项生物技术领域获奖人才中，共获得 10 人的研究领域数据。
[②] 在 10 名瑞士国际顶级奖项生物技术领域获奖人才中，共获得 10 人的机构数据。

表 3-9　瑞士国际顶级奖项生物技术领域获奖人才机构分布

机构名称	所属国家	人数 / 人
巴塞尔大学	瑞士	4
苏黎世大学	瑞士	2
伯尔尼大学	瑞士	2
米德尔塞克斯医院	英国	1
盖基染料公司实验室	瑞士	1

2.瑞士国家级科学技术奖项获奖人才发展现状

马塞尔·本努瓦奖（Marcel Benoist Prize）于 1920 年由 Marcel Benoist 基金会设立，旨在表彰在推动瑞士科技创新方面具有杰出贡献的瑞士国籍或居住地为瑞士的科学家，被称为"瑞士诺贝尔奖"，该奖项每年颁发一次。截至 2019 年，共有 114 名科学家获得瑞士马塞尔·本努瓦奖，其中 65 名为生物技术相关研究领域，占比达 57.0%。

（1）领域分布特征

对获取研究领域信息的 65 名瑞士马塞尔·本努瓦奖生物技术领域获奖人才[①] 的分析显示，其研究领域集中于生物学与生物化学、临床医学领域，占比分别为 29.2%、24.6%（图 3-13）。

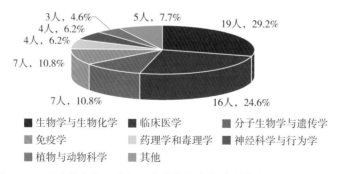

图 3-13　瑞士马塞尔·本努瓦奖生物技术领域获奖人才研究领域分布

---

① 在 65 名瑞士马塞尔·本努瓦奖生物技术领域获奖人才中，共获得 65 人的研究领域数据。

（2）机构分布特征

对获取机构信息的 65 名瑞士马塞尔·本努瓦奖生物技术领域获奖人才[①] 的分析显示，其主要就职于高校，排名前 3 位的机构分别为苏黎世大学（14 人）、洛桑大学（12 人）与苏黎世联邦理工学院（10 人）（表 3-10）。

表 3-10　瑞士马塞尔·本努瓦奖生物技术领域获奖人才机构分布

机构名称	所属国家	人数 / 人
苏黎世大学	瑞士	14
洛桑大学	瑞士	12
苏黎世联邦理工学院	瑞士	10
日内瓦大学	瑞士	9
伯尔尼大学	瑞士	9
巴塞尔大学	瑞士	7
洛桑理工学院	瑞士	2
世界卫生组织	瑞士	1
山德士制药有限公司	瑞士	1

第二节　生物技术高层次人才发展现状

在发文被引频次为 TOP 1% 的生物技术领域高被引人才方面，本书共遴选出全球生物技术高被引人才 2375 名，分布于 54 个国家（地区），研究领域以临床医学为主，多在高校和科研机构就职，年龄集中于 51 ~ 65 岁年龄段。同时，本书以各国院士为代表，对中国、美国、日本、瑞士四国本土生物技术领域高层次人才进行了分析，以更加全面地反映各国生物技术领域高层次人才的全貌。

---

① 在 65 名瑞士马塞尔·本努瓦奖生物技术领域获奖人才中，共获得 65 人的机构数据。

一、概　述

（一）高被引人才国别分布特征

对获取国籍信息的 2303 名生物技术领域高被引人才 [①] 分析显示，其主要分布于 54 个国家（地区），美国高被引人才占比近半（1143 人），其后是英国和德国，人才数量分别为 230 人和 131 人（图 3-14）。

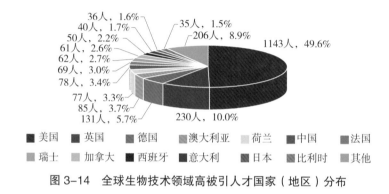

图 3-14　全球生物技术领域高被引人才国家（地区）分布

（二）高被引人才领域分布特征

全球生物技术高被引人才的研究领域分布较为均衡。临床医学占比为 20.9%，其后是生物学与生物化学（10.7%）、分子生物学与遗传学（10.5%）、植物与动物科学（9.4%），上述领域的总人数之和占比超过一半（图 3-15）。

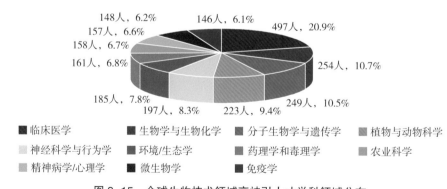

图 3-15　全球生物技术领域高被引人才学科领域分布

[①]　在 2375 名生物技术领域高被引人才中，共获得 2303 人调研期间的国籍信息（调研时间为 2019 年 6 月）。

（三）高被引人才机构分布特征

对获取机构信息的 1869 名生物技术领域高被引人才[①] 的分析显示，哈佛大学拥有高被引人才最多，为 144 人。排名前 3 位的机构还包括加利福尼亚大学（99 人）和美国国立卫生研究院（93 人）（表 3-11）。

表 3-11　全球生物技术领域高被引人才数居前 10 位的机构分布

机构名称	所属国家	人数/人
哈佛大学	美国	144
加利福尼亚大学	美国	99
美国国立卫生研究院	美国	93
华盛顿大学	美国	58
剑桥大学	英国	44
斯坦福大学	美国	31
杜克大学	美国	27
牛津大学	英国	27
欧洲分子生物学实验室	英国	26
梅奥医学中心	美国	22
北卡罗来纳大学	美国	22

（四）高被引人才教育背景特征

对获取受教育信息的 1438 名生物技术领域高被引人才[②] 的分析显示，在美国接受高等教育的人数多达 1274 人次，其中，美国培养的博士生数量远超其他国家。此外，在英国接受高等教育的高被引人才数量为 286 人次，位于第 2 位。相比之下，中国对高被引人才在本科、硕士和博士阶段的培养人数呈现递减的趋势（图 3-16）。

---

① 在 2375 名生物技术领域高被引人才中，共获得 1869 人的机构数据。
② 在 2375 名生物技术领域高被引人才中，共获得 1438 人的教育背景相关数据。

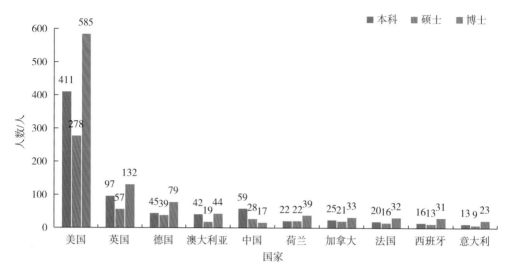

图 3-16 全球生物技术领域高被引人才受教育情况

（五）高被引人才年龄特征

对获取年龄数据的 662 名生物技术领域高被引人才[①] 的分析显示，高被引人才的年龄主要分布在 51～65 岁年龄段，占比 50.2%，45 岁及以下中青年人才数量为 114 人，占比 17.2%（图 3-17）。

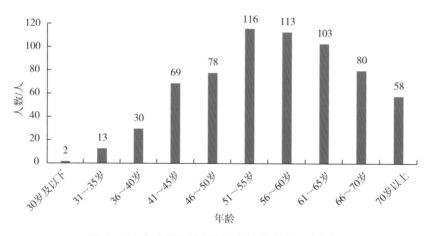

图 3-17 全球生物技术领域高被引人才年龄分布

---

① 在 2375 名生物技术领域高被引人才中，共获得 662 人的年龄数据。

（六）高被引人才流动特征

对获取人才流动信息的 2302 名生物技术领域高被引人才[①]的分析显示，到美国任职的高被引人才数量为 60 人，而从美国到其他国家任职的高被引人才数量为 19 人，反映美国高被引人才流动呈现高吸引、低流失的特征。英国、德国、法国、意大利和加拿大等国的高被引人才流入和流出数据相差不大（图 3-18）。

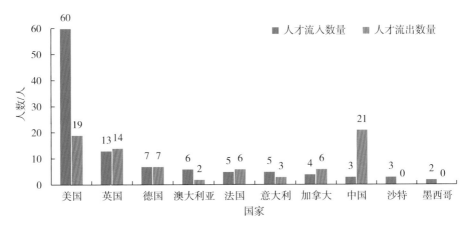

图 3-18　全球生物技术领域高被引人才国家间的流动情况

二、中国生物技术高层次人才发展现状

从发文被引频次为 TOP 1% 的生物技术领域高被引人才和获得中国国家级荣誉的高层次人才维度对中国生物技术领域高层次人才进行分析：在发文被引频次为 TOP 1% 的生物技术领域高被引人才方面，本书共遴选出 78 名中国高被引人才；在获得中国国家级荣誉的高层次人才方面，本书选取中国科学院院士和中国工程院院士作为获得中国国家级荣誉的高层次人才进行分析，截至 2019 年，生物技术领域中国科学院院士共计 154 名，占中国科学院院士总人数的 18.5%，生物技术领域中国工程院院士共计 210 人，占中国工程院院士总人数的 22.7%。

（一）中国生物技术高被引人才发展现状

进入 2018 年度 ISI Highly Cited Researchers 榜单的中国生物技术领域高被引人才为 78 人，研究领域分布较广，以生物学与生物化学为主，多就职于高校和科研机

[①]　在 2375 名生物技术领域高被引人才中，共获得 2302 人的人才流动相关数据。

构，年龄集中于 51 ～ 60 岁。

1. 领域分布特征

对获取研究领域信息的 78 名生物技术领域高被引人才 [①] 的分析显示，其研究领域分布较广，涵盖 11 个领域。其中，生物学与生物化学是研究最为集中的领域，占比 25.6%；此外，农业科学（19.2%）、植物与动物科学（17.9%）、分子生物学与遗传学（12.8%）的占比均超过 10%（图 3-19）。

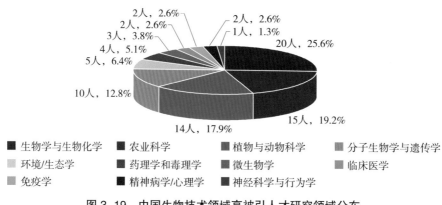

图 3-19　中国生物技术领域高被引人才研究领域分布

2. 机构分布特征

对获取机构信息的 78 名生物技术领域高被引人才 [②] 的分析显示，其主要分布于高校和科研机构。中国科学院下属 30 余所与生物技术相关的科研机构，拥有 14 名高被引人才，是中国高被引人才就职人数最多的机构。在就职人数排名前 10 位的机构中，有 7 家机构为中国的高校和科研院所，占比超过 50%，但目前我国高被引人才发展环境相较美国还有一定差距（表 3-12）。

表 3-12　中国生物技术领域高被引人才数居前 10 位的机构分布

机构名称	所属国家	人数 / 人
中国科学院	中国	14
哈佛大学	美国	4

---

① 在 78 名中国生物技术领域高被引人才中，共获得 78 人的研究领域数据。

② 在 78 名中国生物技术领域高被引人才中，共获得 78 人的机构数据。

续表

机构名称	所属国家	人数 / 人
苏州大学	中国	3
香港大学	中国	3
马萨诸塞大学	美国	3
加利福尼亚大学	美国	3
香港中文大学	中国	2
乔治城大学	美国	2
美国戈登生命科学研究所	美国	2
南昌大学	中国	2
佐治亚大学	美国	2
浙江大学	中国	2
北京大学	中国	2

3. 教育背景特征

对获取受教育信息的54名生物技术领域高被引人才[1]的分析显示，中国高被引人才本科阶段多在本国就读，研究生阶段倾向于出国深造。具体表现为，高被引人才在中国就读的人数由本科阶段的44人（占比95.7%）递减至博士阶段的10人（占比23.3%），中国高被引人才留学的国家以美国、英国、加拿大为主（图3-20）。

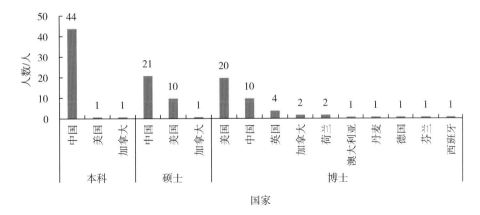

图 3-20 中国生物技术领域高被引人才受教育国家分布

---

[1] 在78名中国生物技术领域高被引人才中，共获得54人的教育背景相关数据。

4.年龄特征

对获取年龄数据的 30 名生物技术领域高被引人才[①]的分析显示，其当前年龄主要集中于 51 ～ 60 岁的年龄段，占比 60.0%，23.3% 的人才年龄分布在 45 岁以下，另有 4 人年龄分布于 46 ～ 50 岁年龄段，1 人年龄分布于 66 ～ 70 岁年龄段，所占比例分别为 13.3% 和 3.3%。

（二）中国本土生物技术高层次人才发展现状

选取生物技术领域中国科学院院士和中国工程院院士作为获得中国国家级荣誉的高层次人才进行分析。

1.中国科学院院士发展现状

中国科学院院士是中华人民共和国设立的科学技术方面的最高学术称号，是中国大陆最优秀的科学精英和学术权威群体。中国科学院院士从全国最优秀的科学家中选出，每两年增选一次。现设有数学物理学部、化学部、生命科学和医学学部、地学部、信息技术科学部、技术科学部 6 个学部。截至 2019 年 11 月，中国科学院院士共计 831 人，其中，生物技术领域的院士包括生命科学和医学学部 154 位院士，占中国科学院院士总人数的 18.5%。

（1）时间分布特征

对获取入选年份信息的 154 名生物技术领域中国科学院院士[②]的分析显示，中国科学院院士采取严格的准入制度，每两年增选一次。1980 年至今，特别是 1993 年以来，每年生物技术领域中国科学院院士入选人数基本维持在 10 人左右（图 3-21）。

（2）领域分布特征

对获取研究领域信息的 154 名生物技术领域中国科学院院士[③]的分析显示，研究领域以生物学、临床医学、基础医学为主，占比分别为 66.2%、13.0% 和 9.7%（图 3-22）。

① 在 78 名中国生物技术领域高被引人才中，共获得 30 人的年龄数据。
② 在 154 名生物技术领域中国科学院院士中，共获得 154 人的入选年份数据。
③ 在 154 名生物技术领域中国科学院院士中，共获得 154 人的研究领域数据。

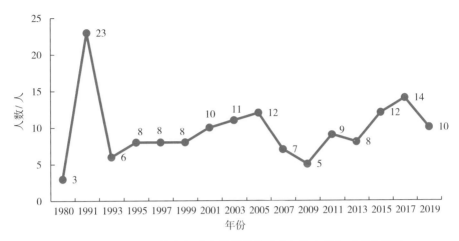

图 3-21　中国生物技术领域中国科学院院士入选人数年度变化趋势

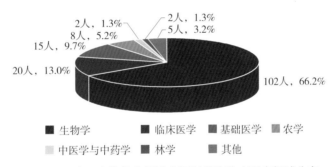

图 3-22　中国生物技术领域中国科学院院士研究领域分布

（3）机构分布特征

对获取机构信息的 154 名生物技术领域中国科学院院士[①]的分析显示，中国科学院院士主要分布于高校和科研机构。中国科学院是中国科学院院士就职人数最多的机构，共有 56 人，其中，中国科学院上海生命科学研究院的院士人数最多，为 20 人，中国科学院生物物理研究所和中国科学院微生物研究所拥有的院士人数分别为 9 人和 6 人；排名第 2 位的机构为北京大学和清华大学，院士数量均为 9 人；复旦大学排名第 4 位，院士数量为 6 人（表 3-13）。

---

① 在 154 名生物技术领域中国科学院院士中，共获得 154 人的机构数据。

表 3-13　中国生物技术领域中国科学院院士机构分布 [①]

机构名称	所属国家	人数 / 人
中国科学院	中国	56
北京大学	中国	9
清华大学	中国	9
复旦大学	中国	6
中国农业大学	中国	5
中国医学科学院	中国	4
军事医学科学院	中国	4
上海交通大学	中国	4
首都医科大学	中国	3

（4）国外学历特征

对获取国外教育信息的 154 名生物技术领域中国科学院院士 [②] 的分析显示，57 人拥有国外学历，占比 37.0%，其中，美国 20 人（35.1%），英国 7 人（12.3%）（图 3-23）。

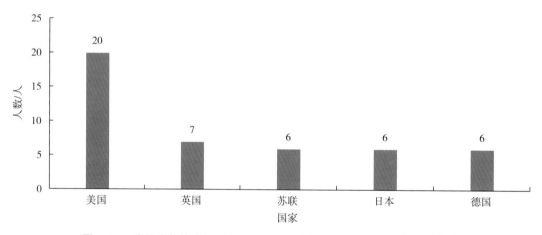

图 3-23　中国生物技术领域中国科学院院士国外留学居前 5 位的国家分布

---

① 本表仅列出生物技术领域中国科学院院士人数超过 2 人（不包括 2 人）的机构数据。

② 在 154 名生物技术领域中国科学院院士中，共获得 154 人的国外教育信息。

（5）年龄特征

对获取年龄数据的154名生物技术领域中国科学院院士[1]的分析显示，评为院士时的年龄均在35岁以上，主要集中于51～60岁年龄段，占比达到41.6%，其中，在56～60岁年龄段评为院士的人数最多，为33人（图3-24）。

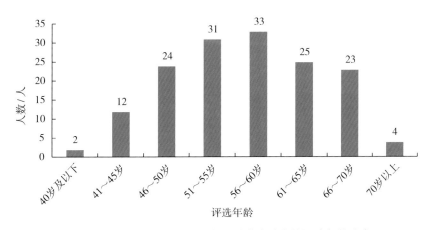

图 3-24　中国生物技术领域中国科学院院士的评选年龄分布

2. 中国工程院院士发展现状

中国工程院于1994年6月3日在北京成立，是中国工程技术界的最高荣誉性和咨询性学术机构。中国工程院院士由选举产生，为终身荣誉。现设有机械与运载工程学部，信息与电子工程学部，化工、冶金与材料工程学部，能源与矿业工程学部，土木、水力与建筑工程学部，环境与轻纺工程学部，农业学部，医药卫生学部，工程管理学部9个学部。截至2019年11月，中国工程院院士共计924人，其中，生物技术领域的院士包括医药卫生学部和农业学部210位院士，占中国工程院院士总人数的22.7%。

（1）时间分布特征

对获取入选年份信息的210名生物技术领域中国工程院院士[2]的分析显示，中国工程院院士采取严格的准入制度，每两年增选一次。1994年至今，生物技术领域中国工程院院士入选人数基本维持在10～20人的范围（图3-25）。

①　在154名生物技术领域中国科学院院士中，共获得154人的年龄数据。

②　在210名生物技术领域中国工程院院士中，共获得210人的入选年份数据。

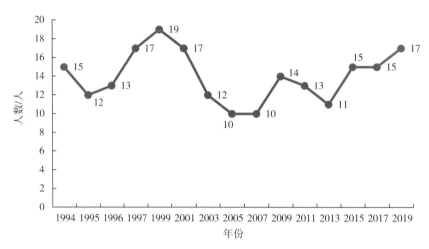

图 3-25　中国生物技术领域中国工程院院士入选人数年度变化趋势

（2）领域分布特征

对获取研究领域信息的 210 名生物技术领域中国工程院院士[①] 的分析显示，研究领域以临床医学、农学、基础医学为主，占比分别为 31.4%、26.2% 和 14.8%（图 3-26）。

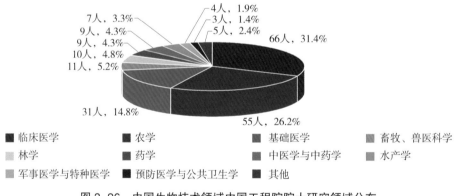

图 3-26　中国生物技术领域中国工程院院士研究领域分布

（3）机构分布特征

对获取机构信息的 210 名生物技术领域中国工程院院士[②] 的分析显示，中国工程院院士主要分布于高校和科研机构。中国医学科学院是中国工程院院士就职人数最

---

① 在 210 名生物技术领域中国工程院院士中，共获得 210 人的研究领域数据。
② 在 210 名生物技术领域中国工程院院士中，共获得 210 人的机构数据。

多的机构，共有 13 名，其次为中国科学院和中国农业科学院，院士数量分别为 9 人（表 3-14）。

表 3-14 中国生物技术领域中国工程院院士数居前 10 位的机构分布

机构名称	所属国家	人数 / 人
中国医学科学院	中国	13
中国科学院	中国	9
中国农业科学院	中国	9
上海交通大学	中国	7
北京大学	中国	6
中国农业大学	中国	6
复旦大学	中国	4
第二军医大学	中国	3
河北医科大学	中国	3
华中农业大学	中国	3
解放军军事医学科学院	中国	3
兰州大学	中国	3
中国海洋大学	中国	3
中国林业科学研究院	中国	3
首都医科大学	中国	3

（4）国外学历特征

对获取国外教育信息的 210 名生物技术领域中国工程院院士[1] 的分析显示，50 人拥有国外学历，占比 23.8%，其中，日本 13 人（26.0%），苏联 8 人（16.0%），美国 7 人（14.0%）（图 3-27）。

---

[1] 在 210 名生物技术领域中国工程院院士中，共获得 210 人的国外教育信息。

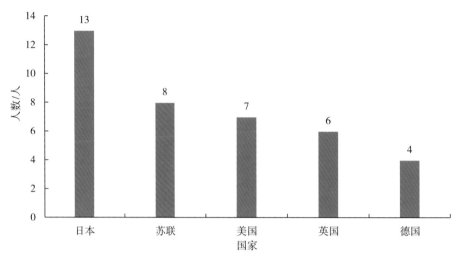

图 3-27　中国生物技术领域中国工程院院士国外留学居前 5 位的国家分布

（5）年龄特征

对获取年龄数据的 210 名生物技术领域中国工程院院士[①]的分析显示，评为院士时的年龄均在 40 岁以上，主要集中于 56 ～ 65 岁年龄段，占比为 51.0%（图 3-28）。

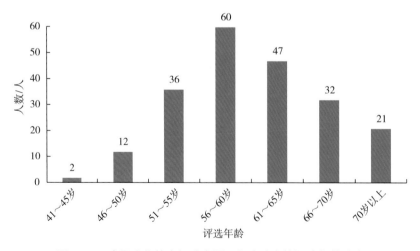

图 3-28　中国生物技术领域中国工程院院士的评选年龄分布

---

① 在 210 名生物技术领域中国工程院院士中，共获得 210 人的年龄数据。

三、代表性国家生物技术高层次人才发展现状

对美国、日本、瑞士三国生物技术高层次人才进行分析，在发文被引频次为 TOP 1% 的生物技术领域高被引人才方面，美国、日本、瑞士三国高被引人才分别为 1143 人、36 人和 62 人，所在机构以高校为主；在获得国家级荣誉的高层次人才方面，分别选取美国科学院院士、美国医学科学院院士、美国工程院院士、日本学士院院士、瑞士医学科学院院士进行分析。

（一）美国生物技术高层次人才发展现状

从发文被引频次为 TOP 1% 的生物技术领域高被引人才和获得美国国家级荣誉的高层次人才维度对美国生物技术领域高层次人才进行分析：在发文被引频次为 TOP 1% 的生物技术领域高被引人才方面，本书共遴选出 1143 名美国高被引人才。在获得美国国家级荣誉的高层次人才方面，本书选取美国科学院院士、美国医学科学院院士和美国工程院院士作为获得美国国家级荣誉的高层次人才进行分析，截至 2019 年，生物技术领域美国科学院院士共计 1300 名，占美国科学院院士总人数的 45.9%；2018—2019 年度美国医学科学院院士新增 165 人；生物技术领域美国工程院院士共计 164 人，占美国工程院院士总人数的 7.2%。

1. 美国生物技术领域高被引人才发展现状

美国生物技术领域高被引人才共有 1143 人，占全球高被引人才总人数的 49.6%。美国高被引人才研究领域分布相对均衡，临床医学人才数量最多，主要就职于高校和科研机构，年龄多在 50 岁以上。

（1）领域分布特征

对获取研究领域信息的 1143 名生物技术领域高被引人才[①]的分析显示，其研究领域分布广泛且相对均衡。其中，临床医学领域人才最多，占总人数的 23.0%，其后为神经科学与行为学（11.5%）、生物学与生物化学（10.7%）（图 3-29）。

---

① 在 1143 名美国生物技术领域高被引人才中，共获得 1143 人的研究领域数据。

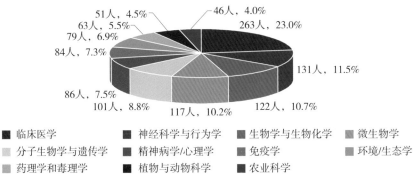

图 3-29　美国生物技术领域高被引人才研究领域分布

（2）机构分布特征

对获取机构信息的 1143 名生物技术领域高被引人才 [①] 的分析显示，其大多就职于高校和科研机构。其中，哈佛大学、加利福尼亚大学与美国国立卫生研究院是拥有美国高被引人才最多的 3 个机构（表 3-15）。

表 3-15　美国生物技术领域高被引人才数居前 10 位的机构分布

机构名称	所属国家	人数／人
哈佛大学	美国	144
加利福尼亚大学	美国	99
美国国立卫生研究院	美国	93
华盛顿大学	美国	58
斯坦福大学	美国	31
杜克大学	美国	27
梅奥医学中心	美国	22
北卡罗来纳大学	美国	22
康奈尔大学	美国	19
密歇根大学	美国	18

① 在 1143 名美国生物技术领域高被引人才中，共获得 1143 人的机构数据。

（3）教育背景特征

对获取受教育信息的817名生物技术领域高被引人才[1]的分析显示，其大多在美国接受教育，在本科、硕士、博士阶段接受美国本土教育的高被引人才所占比例分别为81.0%、82.8%和80.3%（表3-16）。

表3-16　美国生物技术领域高被引人才受教育国家分布

本科		硕士		博士	
就读国家[a]	人数／人	就读国家[b]	人数／人	就读国家[c]	人数／人
美国	388	美国	241	美国	515
英国	21	英国	14	英国	28
中国	14	中国	6	德国	11
印度	8	以色列	4	加拿大	10
以色列	6	德国	4	法国	9
法国	6	加拿大	4	俄罗斯	9
加拿大	5	荷兰	2	中国	6

a：另包含31位美国高被引人才在南非、俄罗斯等20个国家就读本科；b：另包含16位美国高被引人才在印度、瑞典等14个国家就读硕士；c：另包含53位美国高被引人才在意大利、印度等23个国家就读博士。

（4）年龄特征

对获取年龄数据的324名生物技术领域高被引人才[2]的分析显示，其年龄分布主要在50岁以上年龄段，占美国高被引人才总数的74.4%。其中，51～60岁年龄段美国高被引人才数量最多，为111人，占比34.3%；45岁以下美国中青年高被引人才为49人，占比为15.1%（图3-30）。

---

① 在1143名美国生物技术领域高被引人才中，共获得817人的教育背景相关数据。
② 在1143名美国生物技术领域高被引人才中，共获得324人的年龄数据。

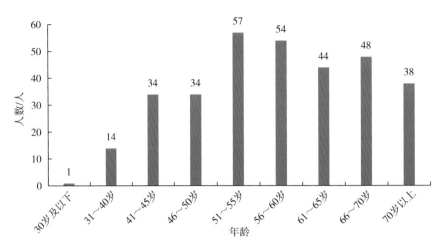

图 3-30　美国生物技术领域高被引人才年龄分布

2. 美国本土生物技术领域高层次人才发展现状

选取生物技术领域美国科学院、美国医学科学院和美国工程院院士作为获得美国国家级荣誉的高层次人才进行分析。

（1）美国科学院院士发展现状

美国科学院成立于 1863 年，由当时的美国总统林肯授权创建，是一家由科学家和工程师组成的私立机构，致力于为美国联邦政府提供科学技术方面的咨询和建议，当选院士被认为是美国学术界最高荣誉之一。美国科学院院士每年增选一次。每年 4 月底，美国科学院都在华盛顿举行年会，并在会议最后一天公布本年度新当选的院士及外籍院士名单。截至 2019 年 11 月，美国科学院院士共计 2835 人，其中，生物技术领域院士有 1300 人，占美国科学院院士总人数的 45.9%。

1）时间分布特征

对获取入选年份信息的 1300 名生物技术领域美国科学院院士[①]的分析显示，近20 年美国科学院院士每年增选人数呈逐年上升趋势，2019 年增选人数达到 57 人（图3-31）。

---

①　在 1300 名生物技术领域美国科学院院士中，共获得 1300 人的入选年份信息。

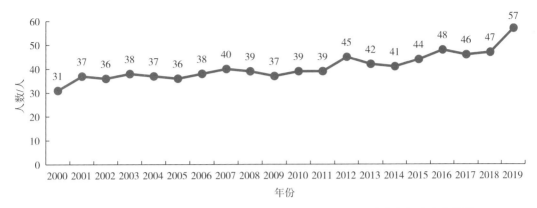

图 3-31　2000 年以来美国生物技术领域美国科学院院士入选人数年度变化趋势

2）领域分布特征

对获取研究领域信息的 1300 名生物技术领域美国科学院院士[①] 的分析显示，其研究领域分布较为均衡，研究领域为生物化学，医学遗传学、血液学和肿瘤学，遗传学的人数较多，占比分别为 9.5%、8.3% 和 8.2%[②]（图 3-32）。

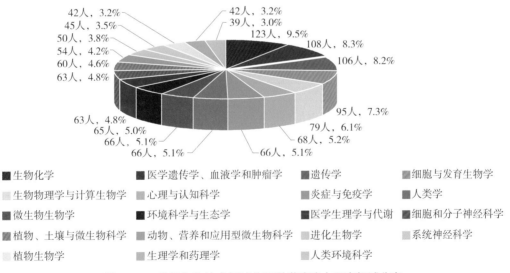

图 3-32　美国生物技术领域美国科学院院士研究领域分布

[①]　在 1300 名生物技术领域美国科学院院士中，共获得 1300 人的研究领域数据。

[②]　领域划分为美国科学院官方公布。

3）机构分布特征

对获取机构信息的 1300 名生物技术领域美国科学院院士[①]的分析显示，其所在机构以高校为主，人数排名前 3 位的机构分别是加利福尼亚大学、哈佛大学和斯坦福大学（表 3-17）。

表 3-17　美国生物技术领域美国科学院院士数居前 10 位的机构分布

机构名称	所属国家	人数/人
加利福尼亚大学	美国	196
哈佛大学	美国	104
斯坦福大学	美国	82
华盛顿大学	美国	52
美国国立卫生研究院	美国	49
麻省理工学院	美国	44
耶鲁大学	美国	40
得克萨斯大学	美国	31
洛克菲勒大学	美国	29
哥伦比亚大学	美国	26

（2）美国医学科学院院士发展现状

美国医学科学院成立于 1970 年，是美国科学界最高水平的四大学术机构之一，当选美国医学科学院院士被认为是科学家在医学领域的最高荣誉之一。截至 2019 年 11 月，美国医学科学院院士共计 2245 人，其中，2018—2019 年增选的美国医学科学院院士为 165 人[②]，占总人数的 7.3%。

对获取机构信息的 165 名美国医学科学院院士[③]的分析显示，其主要集中于高校，人数排名前 3 位的机构分别是加利福尼亚大学、哈佛大学和约翰斯·霍普金斯

[①]　在 1300 名生物技术领域美国科学院院士中，共获得 1300 人的机构数据。

[②]　仅获取 2018—2019 年度美国医学科学院增选院士信息，2018 年新增院士 85 名，其中 10 名为外籍院士，2019 年新增院士 100 名，其中 10 名为外籍院士，本节仅对美国国籍美国医学科学院院士进行分析。

[③]　在 165 名生物技术领域美国医学科学院院士中，共获得 165 人的机构数据。

大学（表3-18）。

表3-18 美国生物技术领域美国医学科学院院士数居前10位的机构分布

机构名称	所属国家	人数/人
加利福尼亚大学	美国	18
哈佛大学	美国	16
约翰斯·霍普金斯大学	美国	11
宾夕法尼亚州大学	美国	11
耶鲁大学	美国	7
美国国立卫生研究院	美国	6
西北大学	美国	5
密歇根大学	美国	5
哥伦比亚大学	美国	5
斯坦福大学	美国	4

（3）美国工程院院士发展现状

美国工程院成立于1964年12月，是美国工程技术界最高水平的学术机构，也是世界上较有影响的工程院之一。美国工程院院士是工程技术界最高荣誉，授予那些在工程技术领域从事研究、实践和教育并做出卓越贡献的人士。截至2019年11月，美国工程院院士共计2290名，其中，生物技术领域美国工程院院士164名，占总人数的7.2%。

对获取机构信息的164名美国工程院院士[①]的分析显示，美国工程院院士主要集中于高校，人数排名前3位的机构分别是麻省理工学院、加利福尼亚大学和斯坦福大学（表3-19）。

---

① 在157名生物技术领域美国工程院院士中，共获得157人的机构数据。

表 3-19　美国生物技术领域美国工程院院士数居前 10 位的机构分布

机构名称	所属国家	人数／人
麻省理工学院	美国	11
加利福尼亚大学	美国	11
斯坦福大学	美国	9
华盛顿大学	美国	6
佐治亚理工学院	美国	4
芝加哥大学	美国	3
康奈尔大学	美国	3
加州理工学院	美国	3
哈佛大学	美国	3
哥伦比亚大学	美国	3
宾夕法尼亚州立大学	美国	3

（二）日本生物技术高层次人才发展现状

从发文被引频次为 TOP 1% 的生物技术领域高被引人才和获得日本国家级荣誉的高层次人才维度对日本生物技术领域高层次人才进行分析：在发文被引频次为 TOP 1% 的生物技术领域高被引人才方面，本书共遴选出 36 名日本高被引人才；在获得日本国家级荣誉的高层次人才方面，本书选取日本学士院院士作为获得日本国家级荣誉的高层次人才进行分析，截至 2019 年，生物技术领域日本学士院院士共计 25 名，占日本学士院院士总人数的 19.7%。

1. 日本生物技术领域高被引人才发展现状

日本生物技术领域高被引人才共有 36 人，研究领域以植物与动物科学为主，多就职于高校和科研机构，年龄多在 50 岁以上。

（1）领域分布特征

对获取研究领域信息的 36 名生物技术领域高被引人才[①]的分析显示，其研究领域主要为植物与动物科学、免疫学，占比分别为 61.1% 和 25.0%（图 3-33）。

---

① 在 36 名日本生物技术领域高被引人才中，共获得 36 人的研究领域数据。

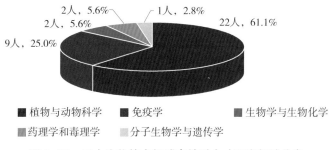

图 3-33　日本生物技术领域高被引人才研究领域分布

（2）机构分布特征

对获取机构信息的 36 名生物技术领域高被引人才[①] 的分析显示，其大多分布于科研机构和高校。日本理化学研究所拥有高被引人才的数量最多，为 7 人；东京大学（5 人）和大阪大学（4 人）分别位于第 2 位和第 3 位（表 3-20）。

表 3-20　日本生物技术领域高被引人才机构分布[②]

机构名称	所属国家	人数 / 人
日本理化学研究所	日本	7
东京大学	日本	5
大阪大学	日本	4
国际农林水产业研究中心	日本	2
京都大学	日本	2
东北大学	日本	2

（3）教育背景特征

对获取受教育信息的 17 名生物技术领域高被引人才[③] 的分析显示，日本高被引人才多为本土培养。本科、硕士阶段均在本土就读；博士阶段，有 2 人分别到美国和瑞士留学（图 3-34）。

---

① 在 36 名日本生物技术领域高被引人才中，共获得 36 人的机构数据。
② 表中仅列出拥有 2 名及以上日本生物技术领域高被引人才的机构。
③ 在 36 名日本生物技术领域高被引人才中，共获得 17 人的教育背景相关数据。

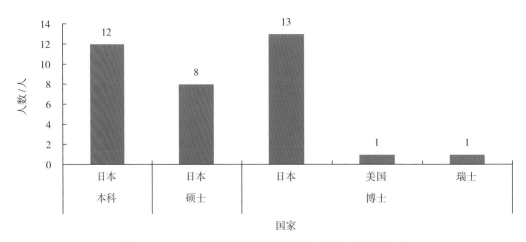

图 3-34　日本生物技术领域高被引人才受教育国家分布

（4）年龄特征

对获取年龄数据的 12 名生物技术领域高被引人才[①] 的分析显示，其当前年龄主要分布在 50 岁以上，占比 91.7%。其中，4 人在 61～65 岁年龄段，51～55 岁和 70 岁以上年龄段各有 3 人，41～45 岁和 66～70 岁年龄段各有 1 人。

2. 日本本土生物技术领域高层次人才发展现状

日本学士院院士由日本学士院根据相关章程从取得杰出成就的学者中选举产生，院士为终身制，并以兼职国家公务员的身份获取会员年金。此外，日本学士院院士实行定员制，从最初 1879 年的定员 40 人到目前定员 150 人。截至 2019 年，日本学士院院士共计 127 人，其中，与生物技术领域相关的农学和医学、药学、牙医学两个学部的院士人数共计 25 人，占比为 19.7%。

（1）时间分布特征

对获取入选年份信息的 25 名生物技术领域日本学士院院士[②] 的分析显示，日本采取严格的准入制度，不定期开展院士的入选工作，两个学部入选的院士人数一年不超过 3 人（表 3-21）。

---

① 在 36 名日本生物技术领域高被引人才中，共获得 12 人的年龄数据。
② 在 25 名生物技术领域日本学士院院士中，共获得 25 人的入选年份数据。

表 3-21　日本生物技术领域日本学士院院士入选时间分布

| 年份 | 日本学士院学部人数 / 人 | | 合计 / 人 |
	医学、药学、牙医学	农学	
1982	1	0	1
1993	1	0	1
1994	1	0	1
1995	2	1	3
2000	0	2	2
2001	0	2	2
2004	1	1	2
2005	2	1	3
2006	0	1	1
2007	1	1	2
2008	1	0	1
2009	1	0	1
2013	1	0	1
2014	1	0	1
2017	1	1	2
2018	0	1	1
合计	25		

（2）领域分布特征

对获取研究领域信息的 25 名生物技术领域日本学士院院士[1]的分析显示，其研究领域主要集中于基础医学和生物学，其中，基础医学占比为 28.0%，生物学占比 24.0%（图 3-35）。

---

① 在 25 名生物技术领域日本学士院院士中，共获得 25 人的研究领域数据。

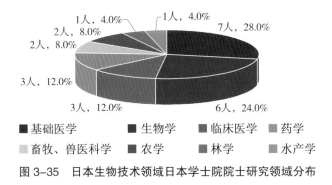

图 3-35　日本生物技术领域日本学士院院士研究领域分布

（3）机构分布特征

对获取机构信息的 25 名生物技术领域日本学士院院士[①]的分析显示，其所在机构以高校为主，人数排名前 3 位的机构分别为京都大学、东京大学、北海道大学和范德堡大学（表 3-22）。

表 3-22　日本生物技术领域日本学士院院士机构分布

机构	所属国家	人数 / 人
京都大学	日本	8
东京大学	日本	5
北海道大学	日本	2
范德堡大学	美国	2
北卡罗来纳大学	美国	1
大阪大学	日本	1
东京医科大学	日本	1
九州大学	日本	1
美国动物卫生研究所	美国	1
琦玉医科大学	日本	1
日本冲绳科学技术研究所	日本	1
石川县立大学	日本	1

---

① 在 25 名生物技术领域日本学士院院士中，共获得 25 人的机构数据。

（4）年龄分布特征

对获取入选时年龄数据的 23 名生物技术领域日本学士院院士[①] 的分析显示，评为院士时的年龄均在 55 岁以上，主要集中于 71 ～ 90 岁年龄段，占比达 78.3%，其中，在 81 ～ 90 岁年龄段的院士人数最多，为 11 人（图 3-36）。

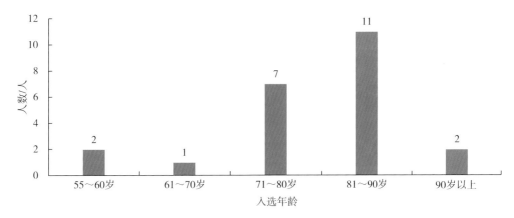

图 3-36　日本生物技术领域日本学士院院士入选年龄分布

（三）瑞士生物技术高层次人才发展现状

从发文被引频次为 TOP 1% 的生物技术领域高被引人才和获得瑞士国家级荣誉的高层次人才维度对瑞士生物技术领域高层次人才进行分析：在发文被引频次为 TOP 1% 的生物技术领域高被引人才方面，本书共遴选出 62 名瑞士高被引人才；在获得瑞士国家级荣誉的高层次人才方面，本书选取瑞士医学科学院院士作为获得瑞士国家级荣誉的高层次人才进行分析，截至 2019 年，瑞士医学科学院院士共计 136 名。

1. 瑞士生物技术领域高被引人才发展现状

瑞士生物技术领域高被引人才共有 62 人，研究领域以生物学和生物化学为主，主要就职于高校和科研机构。

（1）领域分布特征

对获取研究领域信息的 62 名生物技术领域高被引人才[②] 的分析显示，其研究领

---

① 在 25 名生物技术领域日本学士院院士中，共获得 23 人入选时的年龄数据。

② 在 62 名瑞士生物技术领域高被引人才中，共获得 62 人的研究领域数据。

域以生物学与生物化学为主，所占比例为53.2%（图3-37）。

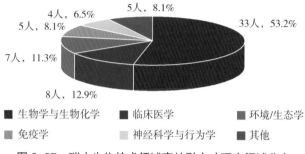

图 3-37　瑞士生物技术领域高被引人才研究领域分布

（2）机构分布特征

对获取机构信息的62名生物技术领域高被引人才[①]的分析显示，其主要就职于高校和科研机构，其中，瑞士生物信息学研究所是拥有瑞士生物技术领域高被引人才最多的机构（23人，占比37.1%）（表3-23）。

表 3-23　瑞士生物技术领域高被引人才机构分布[②]

机构名称	所属国家	人数／人
瑞士生物信息学研究所	瑞士	23
苏黎世大学	瑞士	6
伯尔尼大学	瑞士	6
日内瓦大学	瑞士	6
弗里堡大学	瑞士	4
巴塞尔大学	瑞士	3
洛桑大学	瑞士	3
苏黎世联邦理工学院	瑞士	2
贝林佐纳生物医学研究所	瑞士	2

① 在62名瑞士生物技术领域高被引人才中，共获得62人的机构数据。

② 表中仅列出拥有2名及以上瑞士生物技术领域高被引人才的机构。

（3）教育背景特征

对获取受教育信息的 25 名生物技术领域高被引人才[1]的分析显示，其博士阶段以瑞士本土培养为主，同时有一部分在美国、德国、法国等国家就读。

2. 瑞士本土生物技术领域高层次人才发展现状

瑞士医学科学院是瑞士科学院的四大分支机构之一。瑞士医学科学院成立于 1943 年，致力于为卫生系统中的专业人员提供支持，为社会提供医学专业知识和建议。瑞士医学科学院院士每年选举一次。截至 2019 年 11 月，瑞士医学科学院共有院士 136 人。

对获取入选年份信息的 136 名瑞士医学科学院院士[2]的分析显示，瑞士医学科学院院士增选数量呈现波动性变化，近 20 年来，瑞士医学科学院院士每年增选人数基本维持在 5 ～ 7 人（图 3-38）。

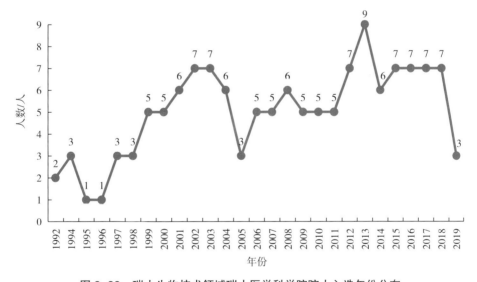

图 3-38　瑞士生物技术领域瑞士医学科学院院士入选年份分布

---

① 在 62 名瑞士生物技术领域高被引人才中，共获得 25 人的教育背景相关数据。

② 在 130 名瑞士医学科学院院士中，共获得 130 人入选年份的数据。

第四章　青年人才发展现状

青年人才是人才队伍中的主力军。习近平总书记在党的十九大报告中指出，青年兴则国家兴，青年强则国家强。青年一代有理想、有本领、有担当，国家就有前途，民族就有希望。国际经验亦表明，青年一代的理想信念、精神状态、综合素质是一个国家是否具有发展活力的重要体现，也是一个国家是否具备核心竞争力的重要因素。本书将生物技术青年人才分为优秀青年人才和高潜力青年人才两类，其中，对优秀青年人才现状的分析来源于两个方面：一是国际知名青年奖项获奖人才（生物技术领域）；二是各国获得国家级青年人才荣誉／科学技术奖项的青年高层次人才（生物技术领域）。对高潜力青年人才现状的分析依托与美国科学院院士有密切发文合作关系的青年人才。

第一节　生物技术优秀青年人才发展现状

在国际知名青年奖项获奖人才方面，本书共遴选出生物技术领域青年获奖人才171 名，分布于 37 个国家（地区），超 60% 的青年人才来自高校。同时，本章对中国、美国、日本、瑞士四国获得国家级青年人才荣誉／科学技术奖项的青年高层次人才进行了分析，以期更为全面地反映生物技术领域优秀青年人才的全貌。

一、概　述

（一）国际知名青年奖项获奖人才国别分布特征

对获取国别信息的 171 名国际知名青年奖项获奖人才[①]的分析显示，获奖人才主要分布于美国、中国、澳大利亚、英国、葡萄牙等 37 个国家（地区），其中共有 41

---

① 在 171 名国际青年奖项获奖人才中，共获得 171 人获奖时的国籍信息。

人来自美国，30 人来自中国，中、美两国获奖人才占比超过 40%（表 4-1）。

表 4-1 国际知名青年奖项生物技术领域获奖人才居前 5 位的国别分布

奖项名称	国家				
	美国	澳大利亚	中国	葡萄牙	英国
青年科学家奖 / 人	17	—	1		4
世界经济论坛青年科学家奖 / 人	24	32	15		2
国际青年科学家奖 / 人	—	6	14	8	—
合计 / 人	41	38	30	8	6

（二）国际知名青年奖项获奖人才机构分布特征

对获取机构信息的 171 名国际知名青年奖项获奖人才[①]的分析显示，获奖人才主要来自高校，占比超过 60%（表 4-2）。

表 4-2 国际知名青年奖项生物技术领域获奖人才机构分布

奖项名称	类型			
	高校	研究机构	医院	企业
青年科学家奖 / 人	14	6	3	1
国际青年科学家奖 / 人	28	40	1	—
世界经济论坛青年科学家奖 / 人	61	17	—	—
合计 / 人	103	63	4	1

二、中国生物技术优秀青年人才发展现状

从国际知名青年奖项获奖人才和获得国家级青年人才荣誉 / 科学技术奖项的青年高层次人才维度对中国生物技术优秀人才进行分析：在国际知名青年奖项获奖人才方面，本书共遴选出 30 名中国国际知名青年奖项获奖人才，其中 1 人获青年科学家奖，15 人获世界经济论坛青年科学家奖，14 人获国际青年科学家奖；在获得国

---

① 在 171 名国际青年奖项获奖人才中，共获得 171 人的机构数据。

家级青年人才荣誉 / 科学技术奖项的青年高层次人才方面，本书选取国家自然科学基金委杰出青年科学基金生物技术领域获得者作为中国本土青年高层次人才进行分析，截至 2019 年，生物技术领域杰出青年科学基金资助获得者共计 1297 人，占总人数的 30.0%。

（一）中国国际知名青年奖项获奖人才发展现状

中国 30 名国际知名青年奖项生物技术领域获奖人才所在机构以科研机构和高校为主，研究领域集中于生物医学、分子生物学等基础学科。其中，中国科学院拥有的国际青年奖项获奖人才最多，共计 8 人；北京生命科学研究所、清华大学各拥有 4 名国际青年奖项获奖人才。上述科研机构和高校均在生物技术领域较早布局并广泛开展国际合作，其生物技术科研实力整体较强、国际影响力也较大（表 4-3）。

表 4-3　国际知名青年奖项生物技术领域中国获奖人才机构分布

机构名称	青年科学家奖 / 人	世界经济论坛青年科学家奖 / 人	国际青年科学家奖 / 人	合计 / 人
中国科学院	0	2	6	8
北京生命科学研究所	0	0	4	4
清华大学	1	0	3	4
上海交通大学	0	3	0	3
北京大学	0	1	1	2
大连理工大学	0	2	0	2
浙江大学	0	2	0	2
大连星海古生物化石博物馆	0	1	0	1
复旦大学	0	1	0	1
南开大学	0	1	0	1
天津大学	0	1	0	1
香港科技大学	0	1	0	1
合计	1	15	14	30

（二）中国杰出青年科学基金资助人才发展现状

选取国家自然科学基金委杰出青年科学基金生物技术领域获得者作为中国本土青年高层次人才进行分析。杰出青年科学基金于 1994 年由国务院批准设立，每年受理 1 次，是为促进青年科学和技术人才的成长、鼓励海外学者回国工作、加速培养造就一批进入世界科技前沿的优秀学术带头人而特别设立的。截至 2019 年，杰出青年科学基金资助获得者共计 4322 人，其中生物技术相关研究领域获得者共计 1297 人，占比 30.0%。

1. 领域分布特征

对获取研究领域信息的 1297 名杰出青年科学基金资助获得者[①]的分析显示，其研究领域以生物学（36.3%）、临床医学（22.6%）和基础医学（13.2%）为主（图 4-1）。

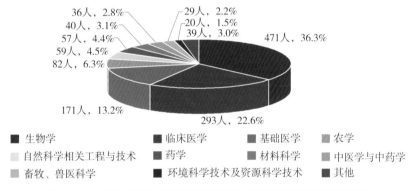

图 4-1　中国杰出青年科学基金生物技术领域获得者的领域分布

2. 机构分布特征

对获取机构信息的 1297 名杰出青年科学基金资助获得者[②]的分析显示，其主要分布于科研机构和高校，人数排名居前 3 位的机构分别为中国科学院（254 人）、北京大学（84 人）和复旦大学（55 人）（表 4-4）。

---

① 在 1297 名杰出青年科学基金资助获得者中，共获得 1297 人的学科领域数据。
② 在 1297 名杰出青年科学基金资助获得者中，共获得 1297 人的机构数据。

表4-4　中国杰出青年科学基金生物技术领域获得者居前10位的机构分布

机构名称	所属国家	人数／人
中国科学院	中国	254
北京大学	中国	84
复旦大学	中国	55
浙江大学	中国	47
中山大学	中国	47
清华大学	中国	45
中国医学科学院	中国	40
中国农业大学	中国	39
上海交通大学	中国	38
华中科技大学	中国	28

三、代表性国家生物技术优秀青年人才发展现状

对美国、日本、瑞士三国生物技术优秀青年人才进行分析，在国际知名青年奖项获奖人才方面，美、瑞两国获奖人才分别为41人和3人，主要来自高校；在获得国家级青年人才荣誉／科学技术奖项的青年高层次人才方面，分别选取美国科学家及工程师早期职业总统奖、文部科学大臣青年科学家奖、瑞士潜力青年科学基金获得人才进行分析。

（一）美国生物技术优秀青年人才发展现状

从国际知名青年奖项获奖人才和美国本土青年高层次人才维度对美国生物技术优秀青年人才进行分析：在国际知名青年奖项获奖人才方面，本书共遴选出41名美国国际知名青年奖项获奖人才，其中24人获世界经济论坛青年科学家奖、17人获国际青年科学家奖；在美国本土青年高层次人才方面，本书选取美国科学家及工程师早期职业总统奖生物技术领域获奖人才作为美国本土青年高层次人才进行分析，截至2019年，美国科学家及工程师早期职业总统奖生物技术领域获奖人才共计58

人，占总获奖人数的 15.3%。

1. 美国国际知名青年奖项获奖人才发展现状

美国 41 名国际知名青年奖项获奖人才主要来自高校（67.3%）和科研机构（26.9%），大部分从事与医学、生物学、生态学相关的研究（表 4-5）。

表 4-5　美国国际知名青年奖项生物技术领域获奖人才机构分布①

机构名称	所属国家	人数／人
加利福尼亚大学	美国	3
劳伦斯伯克利国家实验室	美国	2
牛津大学	英国	2
伦斯勒理工学院	美国	2
哈佛大学	美国	2
美国自然历史博物馆	美国	2
康奈尔大学	美国	2

2. 美国科学家及工程师早期职业总统奖获奖人才发展现状

美国科学家及工程师早期职业总统奖（Presidential Early Career Awards for Scientists and Engineers，PECASE）由克林顿总统于 1995 年设立，1996 年正式实施，每年颁发一次，是美国政府授予处于职业早期的青年科学家和工程师，鼓励其独立开展研究的最高奖。截至 2014 年 ②，共有 380 名科研人员获得该奖，其中 58 名为生物技术相关研究领域的，占比 15.3%。

（1）时间分布特征

对获取获奖时间信息的 58 名美国科学家及工程师早期职业总统奖获奖人才 ③ 的分析显示，自 2001 年来，每年获奖人才数量维持在 2 ～ 3 名（图 4-2）。

---

① 表中仅列出拥有 2 名及以上美国优秀青年人才的机构。
② 美国国家科学基金会（National Science Foundation，NSF）官方网站信息仅公布 1996—2014 年的获奖信息。
③ 在 58 名美国科学家及工程师早期职业总统奖获奖人才中，共获得 58 人的获奖时间信息。

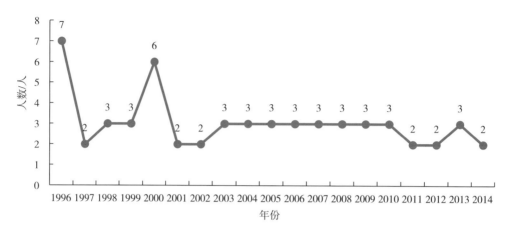

图 4-2 美国科学家及工程师早期职业总统奖生物技术领域获奖人数年度变化趋势

（2）领域分布特征

对获取研究领域信息的 58 名美国科学家及工程师早期职业总统奖获奖人才[1] 的分析显示，其研究领域以生物学（44.8%）和自然科学相关工程与技术（36.2%）为主（图 4-3）。

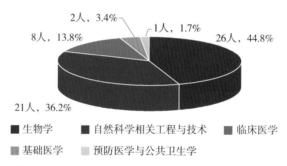

图 4-3 美国科学家及工程师早期职业总统奖生物技术领域获奖人才领域分布

（3）机构分布特征

对获取机构信息的 58 名美国科学家及工程师早期职业总统奖获奖人才[2] 的分析显示，主要分布于高校，人数排名居前 3 位的机构分别为加利福尼亚大学、詹姆斯麦迪逊大学和纽约城市大学（表 4-6）。

---

[1] 在 58 名美国科学家及工程师早期职业总统奖获奖人才中，共获得 58 人的学科领域数据。

[2] 在 58 名美国科学家及工程师早期职业总统奖获奖人才中，共获得 58 人的机构数据。

表 4-6　美国科学家及工程师早期职业总统奖生物技术领域获奖人才居前 10 位的机构分布

机构名称	所属国家	人数 / 人
加利福尼亚大学	美国	4
詹姆斯麦迪逊大学	美国	3
纽约城市大学	美国	3
伊利诺伊大学厄巴纳 – 香槟分校	美国	2
杨百翰大学	美国	2
锡耶纳学院	美国	2
西北大学	美国	2
威斯康星大学麦迪逊分校	美国	2
威廉玛丽学院	美国	2
佐治亚大学	美国	2

（二）日本生物技术优秀青年人才发展现状

从日本本土青年高层次人才维度对日本生物技术优秀青年人才进行分析，日本文部科学大臣青年科学家奖是由日本文部科学省设立，每年评选一次，评选体量在 200 人左右，用以表彰年龄在 40 岁以下的具备较强研发能力的年轻科学家，激励他们投身到科研事业中。2012—2019 年，共有 768 名科学家获得青年科学家奖，其中 182 名为生物技术相关研究领域的，占比达 23.7%。

1. 时间分布特征

对获取获奖时间信息的 182 名日本文部科学大臣青年科学家奖获奖人才[①] 的分析显示，自 2012 年起获奖人数呈现缓慢上升的趋势，到 2017 年达到峰值（34 人），占当年总获奖人数的 34.3%。近两年，获奖人才数量保持在 23 人，分别占当年总获奖人数的 23.2%（图 4-4）。

---

① 在 182 名日本文部科学大臣青年科学家奖生物技术领域获奖人才中，共获得 182 人的获奖时间数据。

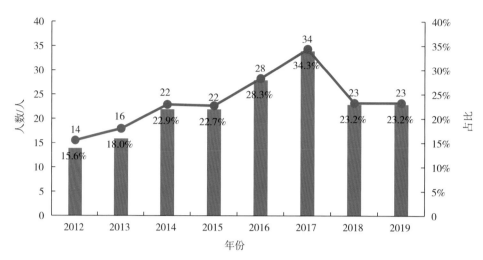

图 4-4 日本文部科学大臣青年科学家奖生物技术领域获奖人数年度变化趋势

2. 领域分布特征

对获取领域信息的 182 名青年科学家奖获奖人才[1]的分析显示，研究领域主要集中于生物学和基础医学领域，占比分别为 53.3% 和 28.6%（图 4-5）。

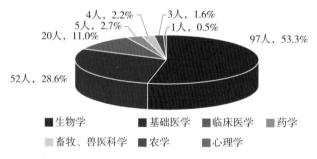

图 4-5 日本文部科学大臣青年科学家奖生物技术领域获奖人才研究领域分布

3. 机构分布特征

对获取机构信息的 182 名日本文部科学大臣青年科学家奖获奖人才[2]的分析显

---

[1] 在 182 名日本文部科学大臣青年科学家奖生物技术领域获奖人才中，共获得 182 人的学科领域数据。

[2] 在 182 名日本文部科学大臣青年科学家奖生物技术领域获奖人才中，共获得 182 人的机构数据。

示，主要分布于高校，东京大学拥有 47 名青年科学家奖获奖人才，其数量居第 1 位
（表 4-7）。

表 4-7　日本文部科学大臣青年科学家奖生物技术领域获奖人才居前 10 位的机构分布

机构名称	所属国家	人数/人
东京大学	日本	47
东北大学	日本	12
京都大学	日本	11
名古屋大学	日本	11
日本理化学研究所	日本	11
大阪大学	日本	7
冈山大学	日本	6
岩手大学	日本	5
东京工业大学	日本	4
九州大学	日本	4
庆应义塾大学	日本	4

4. 年龄特征

对获取年龄信息的 182 名日本文部科学大臣青年科学家奖获奖人才[①] 的分析显
示，其获奖年龄主要集中于 36 ～ 40 岁年龄段，总人数为 147 人，占比达 80.8%；
其次 31 ～ 35 岁年龄段共计 34 人，占比为 18.7%；在 30 岁以下的人才仅有 1 人。

（三）瑞士生物技术优秀青年人才发展现状

从国际知名青年奖项获奖人才和瑞士本土青年高层次人才维度对瑞士生物技术
优秀人才进行分析：在国际知名青年奖项获奖人才方面，本书共遴选出 3 名瑞士国
际青年科学家奖获奖人才；在瑞士本土青年高层次人才方面，本书选取瑞士潜力青
年科学基金资助获得者作为瑞士本土青年高层次人才进行分析，截至 2019 年，生物
技术领域获得者共计 290 人，占总人数的 38.0%。

---

① 在 182 名日本文部科学大臣青年科学家奖生物技术领域获奖人才中，共获得 182 人的年龄数据。

1. 瑞士国际知名青年奖项获奖人才发展现状

瑞士 3 名国际知名青年奖项生物技术领域获奖人才获奖时所在机构均为高校，研究领域为微生物学、植物学、分子生物学，研究方向为霍乱弧菌、植物感知、蛋白质和 RNA 分子表达。

2. 瑞士潜力青年科学基金资助人才发展现状

为了加强和培育瑞士青年科研力量，2008 年瑞士国家科学基金会设立了瑞士潜力青年科学基金（Ambizone fellowship）。其主要资助对象为瑞士各研究机构中的优秀青年研究人员，每年评选一次，资助周期为 4 年。截至 2019 年，瑞士潜力青年科学基金资助获得者共计 763 人[①]，其中 290 人为生物技术相关研究领域，占比为 38.0%。

（1）时间分布

对获取获奖时间信息的 290 名瑞士潜力青年科学基金资助获得者[②]的分析显示，获得者人数每年维持在 25 人左右，2017 年以来生物技术领域资助获得者所占比例有所下降（图 4-6）。

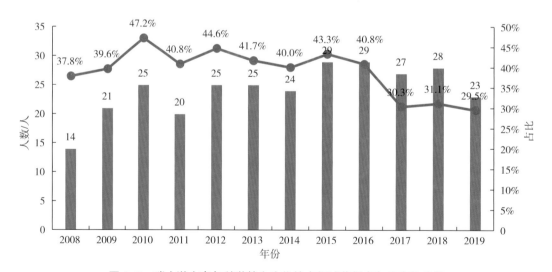

图 4-6　瑞士潜力青年科学基金生物技术领域获得者年度变化趋势

---

① NSNF. Ambizione [EB/OL]. [2019－07－30]. http：//www.snf.ch/SiteCollectionDocuments/ambizione_liste_beitragsempfangende_e.pdf.

② 在 290 名瑞士潜力青年科学基金资助获得者中，共获得 290 人的资助时间数据。

（2）领域分布

对 290 名瑞士潜力青年科学基金资助获得者[1]的领域信息的分析显示，其研究领域集中于生物学、基础医学、临床医学和心理学，占比分别为 35.9%、22.4%、17.6% 和 15.9%（图 4-7）。

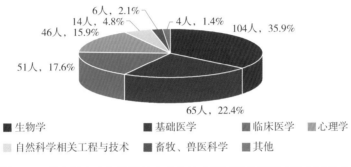

图 4-7　瑞士潜力青年科学基金生物技术领域资助获得者的领域分布

（3）机构分布

对 290 名瑞士潜力青年科学基金资助获得者[2]所在机构信息进行分析，被资助者主要分布于高校，人数排名居前 3 位的机构分别为苏黎世大学、伯尔尼大学和巴塞尔大学（表 4-8）。

表 4-8　瑞士潜力青年科学基金生物技术领域资助获得者居前 10 位的机构分布

机构名称	所属国家	人数 / 人
苏黎世大学	瑞士	49
伯尔尼大学	瑞士	46
巴塞尔大学	瑞士	42
洛桑大学	瑞士	38
日内瓦大学	瑞士	32
苏黎世联邦理工学院	瑞士	31
洛桑联邦理工学院	瑞士	12

[1]　在 290 名瑞士潜力青年科学基金资助获得者中，共获得 290 人的学科领域数据。

[2]　在 290 名瑞士潜力青年科学基金资助获得者中，共获得 290 人的机构信息。

续表

机构名称	所属国家	人数／人
纽沙泰尔大学	瑞士	9
弗里堡大学	瑞士	8
弗里德里希·米舍尔生物医学研究所	瑞士	7

第二节　生物技术高潜力青年人才发展现状

在生物技术高潜力青年人才方面，本书共遴选出青年人才 22 213 名，分布于 65
个国家（地区），近 3/4 位于美国，研究领域以生物学为主，主要分布于高校。

一、概　述

（一）高潜力青年人才国别分布特征

对获取国别信息的 21 738 名高潜力青年人才[①] 分析显示，其主要分布于美国、
中国、德国、英国等 65 个国家（地区），有 3/4 以上的青年人才来源于美国，人数
达 15 933 人（图 4-8）。

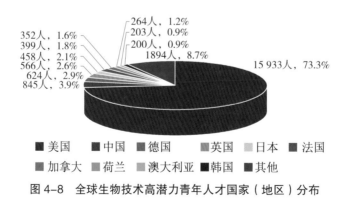

图 4-8　全球生物技术高潜力青年人才国家（地区）分布

---

① 在 22 213 名高潜力青年人才中，共获得 21 738 人的发文机构所属国家信息。

（二）高潜力青年人才领域分布特征

对 2 万余名高潜力青年人才研究领域的分析显示，其研究领域主要集中于生物学、临床医学和基础医学等，生物学占比超半数，达 58.9%，其中，生物物理学等二级交叉学科的聚集趋势明显；其次为临床医学（13.9%）和基础医学（13.9%），3个领域的总人数之和占比近 90%（图 4-9）。

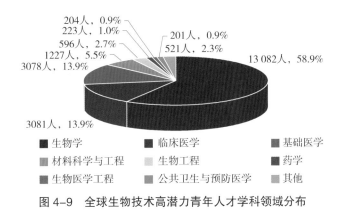

204人，0.9%
223人，1.0%
596人，2.7%
1227人，5.5%
3078人，13.9%
201人，0.9%
521人，2.3%
13 082人，58.9%
3081人，13.9%

■ 生物学　　　　　　■ 临床医学　　　　　　■ 基础医学
■ 材料科学与工程　　■ 生物工程　　　　　　■ 药学
■ 生物医学工程　　　■ 公共卫生与预防医学　■ 其他

图 4-9　全球生物技术高潜力青年人才学科领域分布

（三）高潜力青年人才机构分布特征

对获取机构信息的 22 213 名高潜力青年人才[①] 的分析显示，高潜力青年人才主要来自高校，其中，加利福尼亚大学以拥有 2094 名青年人才的数量居第 1 位，哈佛大学以 1476 名的数量居第 2 位，前两家机构的高潜力人才数量均超过千人（表 4-9）。

表 4-9　全球生物技术高潜力青年人才居前 10 位的机构分布

机构名称	所属国家	人数 / 人
加利福尼亚大学	美国	2094
哈佛大学	美国	1476
华盛顿大学	美国	885
斯坦福大学	美国	851
美国国立卫生研究院	美国	615
麻省理工学院	美国	515

① 在 22 213 名高潜力青年人才中，共获得 22 213 人的机构数据。

续表

机构名称	所属国家	人数/人
得克萨斯大学	美国	451
耶鲁大学	美国	412
约翰斯·霍普金斯大学	美国	335
洛克菲勒大学	美国	309

（四）高潜力青年人才教育背景特征

2万余名生物技术高潜力青年人才多为博士。其中，在美国接受博士研究生教育的高潜力青年人才占比超过八成。

二、中国生物技术高潜力青年人才发展现状

中国生物技术高潜力青年人才共计845人，主要来自科研机构和高校，研究方向以生物学、临床医学等领域为主。

（一）领域分布特征

对获取领域信息的845名高潜力青年人才[①]的分析显示，生物学是中国生物技术高潜力青年人才最为集中的研究领域，占比为57.9%。其次是临床医学，占比为17.3%。此外，基础医学和材料科学与工程的占比也均超过7%（图4-10）。

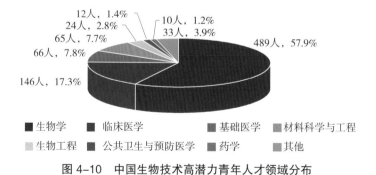

图 4-10　中国生物技术高潜力青年人才领域分布

---

① 在845名中国生物技术高潜力青年人才中，共获得845人的学科领域数据。

（二）机构分布特征

对获取机构信息的845名中国生物技术高潜力青年人才[①]的分析显示，178人（约1/5）来自中国科学院，其余均来自高校。其中，上海交通大学（57人）、清华大学（45人）、香港大学（44人）和北京大学（40人）占据排行榜第2至第5位（表4-10）。

表4-10 中国生物技术高潜力青年人才居前10位的机构分布

机构名称	所属国家	人数/人
中国科学院	中国	178
上海交通大学	中国	57
清华大学	中国	45
香港大学	中国	44
北京大学	中国	40
台湾大学	中国	31
华中农业大学	中国	25
中国农业科学院	中国	22
台湾阳明大学	中国	22
浙江大学	中国	22

（三）发文特征

对获取发文信息的845名高潜力青年人才[②]的分析显示，中国生物技术高潜力青年人才在影响因子≥10的期刊上共计发文142篇，其中，发表在三大顶级期刊的文章共计23篇，包括 *Nature* 发文3篇、*Science* 发文2篇、*Cell* 发文18篇。

三、代表性国家生物技术高潜力青年人才发展现状

对美国、日本、瑞士三国生物技术高潜力青年人才进行分析，其中，美国、日

---

① 在845名中国生物技术高潜力青年人才中，共获得845人的机构数据。

② 在845名中国生物技术高潜力青年人才中，共获得845人的发文数据。

本、瑞士生物技术高潜力青年人才分别有 15 933 人、458 人和 188 人，所在机构以高校为主，研究领域集中在生物学、基础医学和临床医学。

（一）美国生物技术高潜力青年人才发展现状

美国生物技术高潜力青年人才共计 15 933 人，主要分布于加利福尼亚大学和哈佛大学，研究方向以生物学、临床医学和基础医学为主。

1. 领域分布特征

对获取研究领域信息的 15 933 名美国高潜力青年人才[①]的分析显示，其研究领域主要集中在生物学（60.7%），其次为临床医学（15.6%）和基础医学（12.3%）（图 4-11）。

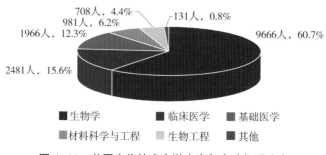

图 4-11　美国生物技术高潜力青年人才领域分布

2. 机构分布特征

对获取机构信息的 15 933 名美国高潜力青年人才[②]的分析显示，青年人才主要来自高校，加利福尼亚大学是拥有美国生物技术高潜力青年人才最多的机构，哈佛大学居第 2 位，排名居前 10 位的机构中高校占比达 90%（表 4-11）。

表 4-11　美国生物技术领域高潜力青年人才居前 10 位的机构分布

机构名称	所属国家	人数 / 人
加利福尼亚大学	美国	2094
哈佛大学	美国	1476

---

① 在 15 933 名美国生物技术高潜力青年人才中，共获得 15 933 人的学科领域数据。
② 在 15 933 名美国生物技术高潜力青年人才中，共获得 15 933 人的机构数据。

续表

机构名称	所属国家	人数 / 人
华盛顿大学	美国	885
斯坦福大学	美国	851
美国国立卫生研究院	美国	615
麻省理工学院	美国	515
得克萨斯大学	美国	451
耶鲁大学	美国	412
约翰斯·霍普金斯大学	美国	335
洛克菲勒大学	美国	309

3. 发文特征

对获取发文信息的 15 933 名高潜力青年人才[①]的分析显示,美国生物技术高潜力青年人才在影响因子 ≥ 10 的期刊共计发文 4863 篇。其中,发表在三大顶级期刊的文章共计 941 篇,包括 *Nature* 发文 177 篇、*Science* 发文 141 篇、*Cell* 发文 623 篇。

(二)日本生物技术高潜力青年人才发展现状

日本生物技术高潜力青年人才共计 458 人,多来自于高校,研究领域以生物学、基础医学、临床医学为主。

1. 领域分布特征

对获取领域信息的 458 名日本高潜力青年人才[②]进行分析,结果显示,生物学、基础医学、临床医学等是日本生物技术高潜力青年人才研究最为集中的领域,占比分别为 46.5%、20.3% 和 19.2%(图 4-12)。

---

① 在 15 933 名美国生物技术高潜力青年人才中,共获得 15 933 人的发文数据。
② 在 458 名日本生物技术高潜力青年人才中,共获得 458 人的学科领域数据。

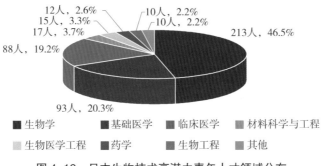

12人，2.6%
15人，3.3%
17人，3.7%
10人，2.2%
10人，2.2%
213人，46.5%
88人，19.2%
93人，20.3%

■ 生物学　　■ 基础医学　　■ 临床医学　　■ 材料科学与工程
■ 生物医学工程　■ 药学　　■ 生物工程　　■ 其他

图 4-12　日本生物技术高潜力青年人才领域分布

2. 机构分布特征

对获取机构信息的458名日本高潜力青年人才①进行分析，结果显示，日本生物技术高潜力青年人才主要来自高校，其中，京都大学（81人）、大阪大学（70人）和东京大学（62人）居机构排名前3位（表4-12）。

表 4-12　日本生物技术领域高潜力青年人才居前 10 位的机构分布

机构名称	所属国家	人数 / 人
京都大学	日本	81
大阪大学	日本	70
东京大学	日本	62
庆应义塾大学	日本	15
日本产业技术综合研究所	日本	15
日本理化学研究所	日本	12
东北大学	日本	11
日本科学技术振兴机构	日本	8
神户大学	日本	8
九州大学	日本	8
筑波大学	日本	8

---

① 在 458 名日本生物技术高潜力青年人才中，共获得 458 人的机构数据。

3. 发文特征

对获取发文信息的 458 名高潜力青年人才[①]进行分析，结果显示，日本生物技术高潜力青年人才共在 144 本期刊上发文，其中，发表在三大顶级期刊的文章共计 16 篇，包括 *Nature* 发文 5 篇、*Science* 发文 3 篇、*Cell* 发文 8 篇。

（三）瑞士生物技术高潜力青年人才发展现状

瑞士生物技术高潜力青年人才共计 188 人，主要来自巴塞尔大学、洛桑联邦理工大学和苏黎世联邦理工学院，研究领域以生物学、临床医学、基础医学为主。

1. 领域分布特征

对获取研究领域信息的 188 名高潜力青年人才[②]进行分析，结果显示，瑞士生物技术高潜力青年人才研究领域主要集中于生物学，占比为 66.0%，其次为临床医学和基础医学，占比分别为 19.1%、10.1%（图 4-13）。

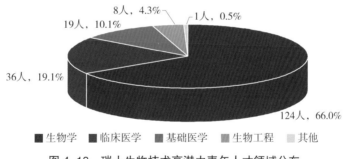

8人，4.3%　1人，0.5%
19人，10.1%
36人，19.1%
124人，66.0%

■ 生物学　■ 临床医学　■ 基础医学　■ 生物工程　□ 其他

图 4-13　瑞士生物技术高潜力青年人才领域分布

2. 机构分布特征

对获取机构信息的 188 名高潜力青年人才[③]进行分析，结果显示，瑞士生物技术高潜力青年人才主要来自高校，巴塞尔大学拥有最多的青年人才（41 人），占比为 21.8%，排名居前 10 位的机构中高校占比达 70%（表 4-13）。

---

① 在 458 名日本生物技术高潜力青年人才中，共获得 458 人的发文数据。
② 在 188 名瑞士生物技术高潜力青年人才中，共获得 188 人的研究领域数据。
③ 在 188 名瑞士生物技术高潜力青年人才中，共获得 188 人的机构数据。

表 4-13　瑞士生物技术领域高潜力青年人才居前 10 位的机构分布

机构中文名称	所属国家	人数 / 人
巴塞尔大学	瑞士	41
洛桑联邦理工大学	瑞士	31
苏黎世联邦理工学院	瑞士	29
瑞士苏黎世大学	瑞士	26
洛桑大学	瑞士	25
日内瓦大学	瑞士	12
弗里德里希·米舍尔生物医学研究所	瑞士	8
瑞士生物信息学研究所	瑞士	3
伯尔尼大学	瑞士	3
瑞士过敏与哮喘研究所	瑞士	3

3. 发文特征

对获取发文信息的 188 名高潜力青年人才[1]进行分析，结果显示，瑞士生物技术高潜力青年人才在影响因子 ≥ 10 的期刊上共计发文 58 篇，其中，发表在三大顶级期刊的文章共计 10 篇，包括 *Science* 发文 2 篇、*Cell* 发文 8 篇。

---

[1]　在 188 名瑞士技术高潜力青年人才中，共获得 188 人的发文数据。

第五章 技术人才发展现状

在市场经济和国际竞争环境下，知识产权制度是促进技术创新的重要保障，专利作为知识产权的重要组成内容，集技术、法律和经济情报于一体。本章以专利文献为数据基础，根据拥有授权专利的数量和专利转化运用数量等指标识别生物技术领域的技术发明人才和技术应用人才（合称为技术人才），并从国别分布、技术布局方向、机构布局等方面分析全球生物技术领域的技术人才分布情况[①]。

本章结合世界经济合作组织（The Organization for Economic Co-operation and Development，OECD）所定义的生物技术国际专利分类范围（International Patent Classification，IPC）和专家咨询结果，在智慧芽专利分析平台中检索，获得全球自2010年至今在生物技术领域申请的发明专利共计240 152项。根据本书对技术人才的定义，基于专利指标遴选出7690名技术人才（包括6415名拥有较多授权专利的技术发明人才和1275名专利转化应用较频繁的技术应用人才），作为人才分析的数据基础[②]。

第一节 技术发明人才发展现状

本节以授权专利拥有量为依据，筛选出拥有授权专利量超过5件的发明人作为分析对象，得到全球生物技术领域拥有较多授权专利的6415名技术发明人才，涉及33 477项专利技术。在概述国别特征、技术布局、机构布局的基础上，重点对中国、美国、日本、瑞士等国家（地区）的技术发明人才特征展开分析。

[①] 在技术布局和机构分布的章节中，本书以技术人才持有的专利项数为依据进行分析。每项专利会存在多个共同发明人、多个IPC的情况，因此，发明人和IPC统计的数量会大于专利项数。

[②] 基于专利文献识别技术人才的主要依据指标是专利发明人。考虑到发明人重名现象的存在，本书限定在同一机构、同一领域范围内筛选发明人，在一定程度上减小了重名的影响。同时，为了避免在大数据情况下，数据清洗误差引起的单个发明人可能存在的人名不准确的风险，本章技术人才的分析立足宏观层面仅做趋势性解读。

一、概　述

（一）国别分布特征

从数据来看，中国生物技术领域的技术发明人才共 4963 人，占全球技术发明人才总量的 77.4%，数量远高于其他国家（地区）。排名第二和第三的国家分别是美国（833 人）和日本（167 人），此外，欧洲国家持有较高数量授权专利的技术发明人才数量也较多，如作为传统强国的德国和瑞士，两国人才数量之和超过 150 人，占欧洲半数以上。进一步分析发现，该数据并不真正表明我国在生物技术领域的技术发明人才储备远强于其他国家，数据体现出来技术发明人才聚集现状是中国专利申请资助政策影响的结果[①]。此外，对比中国与其他国家专利权人的结构，发现中国申请的专利中，个人申请占比高于其他国家的个人申请，这种情况不利于技术的专利组合保护和转化应用（图 5-1）。

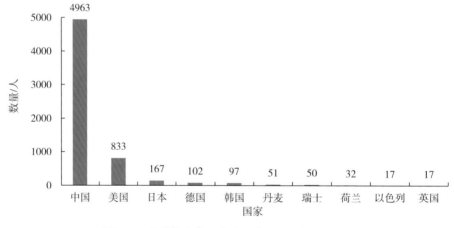

图 5-1　全球技术发明人才居前 10 位的国家分布

（二）技术布局特征

本节技术布局分布是通过 6415 名技术发明人才持有的授权专利的国际专利分类来分析，结果显示技术发明人才研究方向主要集中在微生物或酶的突变和基因工

---

① 张杰.中国专利增长之"谜"：来自地方政府政策激励视角的微观经验证据 [J].武汉大学学报（哲学社会科学版），2019，72（1）：85-103.

程（C12N15）、微生物或酶及其组合物（C12N1）和酶或微生物的测定或检验方法
（C12Q1）（图5-2）。

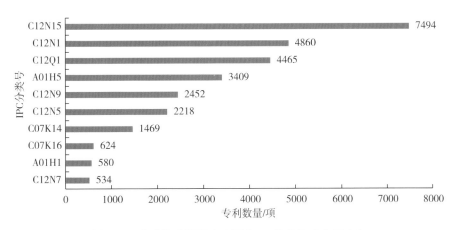

图5-2　全球技术发明人才居前10位的技术布局方向

（三）机构分布特征

从技术发明人才的机构分布看，全球生物技术领域的技术发明人才持有的授权专利主要分布于高校，占比达53.0%，其次是企业和科研机构，占比分别为24.9%和19.4%（图5-3），中国生物技术发明人才持有的授权专利主要分布于高校，而美国、日本、瑞士则以企业为主。

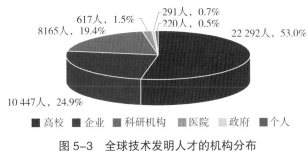

图5-3　全球技术发明人才的机构分布

二、中国技术发明人才发展现状

本书遴选出中国技术发明人才4963人，涉及22 786项发明，人均发明专利约5项。

（一）技术布局特征

基于对 22 786 项中国生物技术发明专利 IPC 分类号 ① 的分析显示，微生物或酶的突变和基因工程（C12N15）、微生物或酶及其组合物（C12N1）和酶或微生物的测定或检验方法（C12Q1）是中国技术发明人才专利申请比较多的技术方向（图 5-4）。

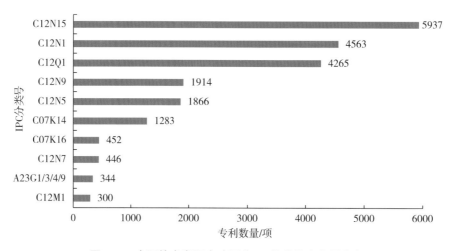

图 5-4　中国技术发明人才居前 10 位的技术布局方向

（二）机构分布特征

分析表明，中国生物技术发明人才持有的授权专利主要分布在高校和科研机构，两者占比超过八成，分别为 62.1% 和 18.6%；其次为企业，占比为 15.5%（图 5-5）。

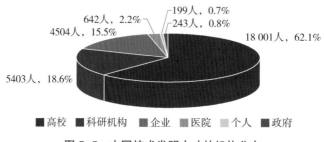

图 5-5　中国技术发明人才的机构分布

---

① 在 4963 名中国持有较高数量授权专利的技术发明人才的 22 786 项专利中，共获得 22 786 项专利的 IPC 分类号。

三、代表性国家技术发明人才发展现状

对美国、日本、瑞士三国持有较高数量授权专利的技术发明人才进行分析，三国人才数量分别是 833 人、167 人和 50 人，研究重点主要集中于微生物或酶的突变和基因工程（C12N15）、利用生物技术获取新的被子植物（A01H5）等方面。

（一）美国技术发明人才发展现状

本书遴选出来的美国技术发明人才数量为 833 人，发明专利数量为 6329 项，人均发明专利约 8 项。

1. 技术布局特征

美国生物技术发明专利 IPC 分类号[①]的分析显示，其研究重点集中在利用生物技术获取新的被子植物（A01H5）、微生物或酶的突变和基因工程（C12N15）和改良基因型的方法（A01H1）等方向（图 5-6）。

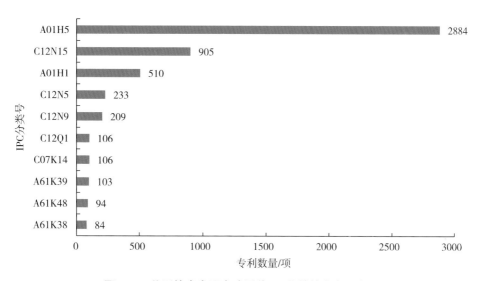

图 5-6　美国技术发明人才居前 10 位的技术布局方向

2. 机构分布特征

对美国生物技术发明人才持有的授权专利的所属机构进行分析，企业的专利数

---

① 在 833 名美国持有较高数量授权专利的技术发明人才的 6329 项专利中，共获得 6329 项专利的 IPC 分类号。

量占比超半数，达到 57.1%，其次为高校和科研机构，占比分别为 26.9% 和 10.0%（图 5-7）。

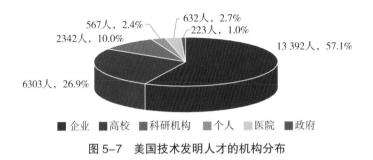

图 5-7　美国技术发明人才的机构分布

（二）日本技术发明人才发展现状

本书遴选出来的日本技术发明人才数量为 167 人，发明数量为 799 项，人均发明专利约 5 项。

1. 技术布局特征

基于对 799 项日本生物技术发明专利 IPC 分类号 [①] 的分析显示，其研究重点主要集中于微生物或酶的突变和基因工程（C12N15）、免疫球蛋白（C07K16）和未分化的人类、动物或植物细胞，组织及其培养或维持（C12N5）等方向（图 5-8）。

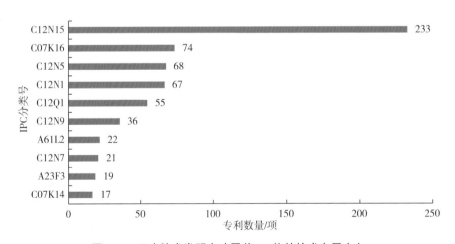

图 5-8　日本技术发明人才居前 10 位的技术布局方向

---

① 在 167 名日本持有较高数量授权专利的技术发明人才的 799 项专利中，共获得 799 项专利的 IPC 分类号。

2. 机构分布特征

对日本生物技术发明人才持有的授权专利的所属机构进行分析，日本技术发明人才持有的授权专利主要分布于企业，占比近半（46.1%），其次为高校（25.2%）、科研机构（14.6%）和政府（11.8%）（图5-9）。

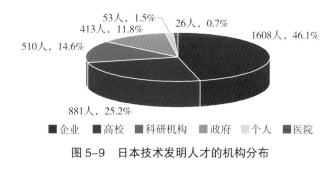

图 5-9　日本技术发明人才的机构分布

（三）瑞士技术发明人才发展现状

本书遴选出来的瑞士技术发明人才数量为 50 人，发明数量为 331 项，人均发明专利约 7 项。

1. 技术布局特征

对瑞士生物技术发明专利 IPC 分类号 ① 的分析显示，其研究重点主要集中于利用生物技术获取新的被子植物（A01H5）、微生物或酶的突变和基因工程（C12N15）和含有抗原或抗体的医药配制品（A61K39）等方向（图 5-10）。

2. 机构分布特征

对瑞士生物技术发明人才持有的授权专利的所属机构进行分析显示，其主要分布于企业，占比高达 97.1%。

----

① 在 50 名瑞士持有较高数量授权专利的技术发明人才的 331 项专利中，共获得 331 项专利的 IPC 分类号。

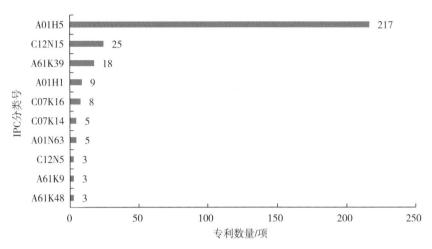

图 5-10 瑞士技术发明人才居前 10 位的技术布局方向

第二节 技术应用人才发展现状

本节以专利应用情况（包括专利许可、诉讼、转让、无效、异议、质押等）为依据，共遴选出全球生物技术领域持有较高应用性授权专利的技术应用人才 1275 名，涉及 5035 项专利。在概述国别特征、技术布局、机构布局的基础上，重点对中国、美国、日本、瑞士等国家的技术应用人才特征展开分析。

一、概 述

（一）国别分布特征

从数据来看，美国的技术应用人才为 875 人，占比 68.6%，比排名第二的中国（233 人）高出 3 倍多，超出其他国家同类人才数量的总和。究其原因，作为生物产业的超级大国，美国拥有成熟的知识产权转移转化体系，表现为生物技术专利转化应用频繁。此外，俄罗斯排名第三（33 人），日本、韩国数量接近，均进入全球前五榜单（图 5-11）。

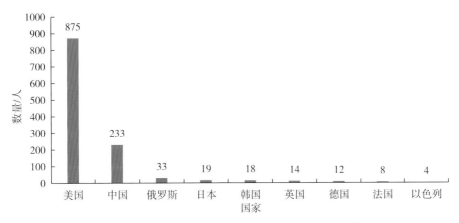

图 5-11　全球技术应用人才的国家（地区）分布[①]

（二）技术布局特征

本节技术分布是通过 1275 名技术应用人才持有的较高应用性授权专利的国际专利分类来分析，结果显示技术主要分布在微生物或酶的突变和基因工程（C12N15）、利用生物技术获取新的被子植物（A01H5）和未分化的人类、动物或植物细胞，组织及其培养或维持（C12N5）等方向（图 5-12）。

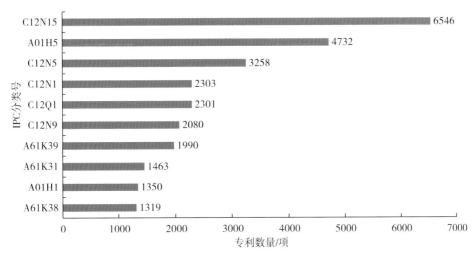

图 5-12　全球技术应用人才居前 10 位的技术布局方向

----

① 本图展示了全球技术应用人才数量超过 3 人（不包括 3 人）的国家（地区）分布情况。

（三）机构分布特征

对全球技术应用人才所属的机构进行分析发现，既不属于公司，也不属于大学院所的技术应用人才占比超过 60%，这可能与公司常用的专利申请策略有关。为保护技术秘密，大型公司通常会先以个人名义申请专利，再寻求恰当的时机转让给公司，以避免竞争对手过早发现公司研发的动向。

二、中国技术应用人才发展现状

本书遴选出中国技术应用人才 233 人，涉及 757 项发明专利，人均发明专利约 3 项。

（一）技术布局特征

对技术应用人才涉及的 757 项中国生物技术专利 IPC 分类号[①]的分析显示，专利技术主要布局在[②]微生物或酶及其组合物（C12N1）、微生物或酶的突变和基因工程（C12N15）和未分化的人类、动物或植物细胞，组织及其培养或维持（C12N5）等技术方向（图 5-13）。

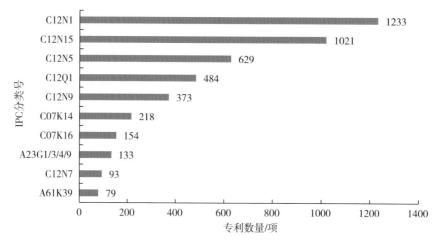

图 5-13　中国技术应用人才居前 10 位的技术布局方向

---

①　IPC 分类号对应关系见附录。

②　在 233 名中国持有较高应用性授权专利的技术应用人才的 757 项专利中，共获得 757 项专利的 IPC 分类号。

（二）机构分布特征

中国技术应用人才持有的授权专利所在的机构分析表明，来自企业的专利数量最多，占比为 51.3%，其次为高校和科研机构，占比分别为 26.0% 和 14.0%（图5-14）。

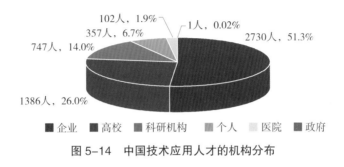

102人，1.9%　　1人，0.02%
357人，6.7%
747人，14.0%　　　　　　　　　　　　2730人，51.3%

1386人，26.0%

■ 企业　■ 高校　■ 科研机构　■ 个人　■ 医院　■ 政府

图 5-14　中国技术应用人才的机构分布

三、代表性国家技术应用人才发展现状

本节对美国、日本、瑞士生物技术领域的技术应用人才进行分析，从机构分布和技术布局两个方面展开。

（一）美国技术应用人才发展现状

本书遴选出来的生物技术领域美国拥有的技术应用人才为 875 人，涉及 3025 项发明，人均发明专利约 4 项。

1. 技术布局特征

对美国技术应用人才涉及的专利 IPC 分类号[①] 的分析显示，美国技术应用人才的专利技术布局方向包括利用生物技术获取新的被子植物（A01H5）、改良基因型的方法（A01H1）和微生物或酶的突变和基因工程（C12N15）等（图 5-15）。

---

①　在 875 名美国持有较高数量授权专利的技术应用人才的 3025 项专利中，共获得 3025 项专利的 IPC 分类号。

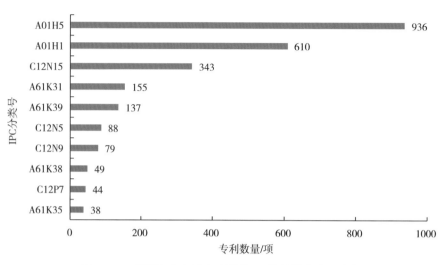

图 5-15　美国技术应用人才居前 10 位的技术布局方向

2. 机构分布特征

对美国技术应用人才持有的授权专利的所属机构分析显示，企业是美国技术应用人才主要聚集的机构，占比达到 68.2%，其次为科研机构 (12.2%) 和高校 (11.2%)（图 5-16）。

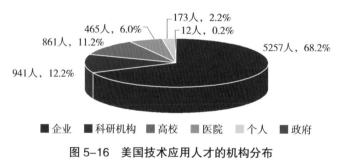

图 5-16　美国技术应用人才的机构分布

（二）日本技术应用人才发展现状

本书遴选出的日本技术应用人才数量较少，共 19 人，涉及 137 项发明，人均发明专利约 7 项。

1. 技术布局特征

对日本技术应用人才涉及的专利 IPC 分类号[①]的分析显示，日本技术应用人才的技术布局主要集中在微生物或酶的突变和基因工程（C12N15）、酶或微生物的测定或检验方法（C12Q1）和未分化的人类、动物或植物细胞，组织及其培养或维持（C12N5）等技术方向（图 5-17）。

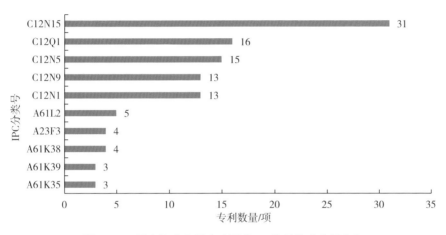

图 5-17　日本技术应用人才居前 10 位的技术布局方向

2. 机构分布特征

对日本技术应用人才持有的授权专利的所属机构进行统计，发现日本技术应用人才绝大多数就职于企业，专利数量占比达到 83.8%；其次为科研机构和高校，占比分别为 8.5% 和 7.7%（图 5-18）。

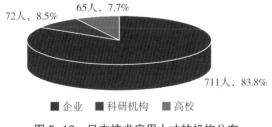

图 5-18　日本技术应用人才的机构分布

① 在 19 名日本持有较高应用性授权专利的技术应用人才的 137 项专利中，共获得 137 项专利的 IPC 分类号。

（三）瑞士技术应用人才发展现状

用本书的遴选指标和方法遴选出的技术应用人才中，有 5 位来自瑞士，涉及 35 项发明，人均发明专利 7 项[①]。

1. 技术布局特征

对瑞士技术应用人才涉及的专利 IPC 分类号[②]进行分析，发现酶、酶原及其组合物（C12N9）、利用发酵或酶的方法合成有机化合物（C12P7）和微生物或酶的突变和基因工程（C12N15）等技术方向申请较多（图 5-19）。

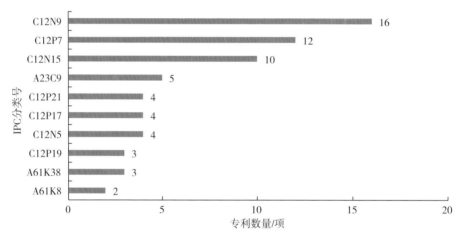

图 5-19　瑞士技术应用人才居前 10 位的技术布局方向

2. 机构分布特征

对瑞士技术应用人才持有的授权专利的所属机构进行分析，表明企业是技术

---

① 由于瑞士的市场非常有限，因此很多瑞士大药企的专利都先在全球最重要的市场——美国申请，特别是预计会发生诉讼、无效、转让等法律事件的专利首先瞄准全球第一大市场——美国。因此，统计数据中瑞士的持有较高应用性授权专利的技术应用人才数量并不能反映其实际人才拥有数量。

② 在 5 名瑞士持有较高应用性授权专利的技术应用人才的 35 项专利中，共获得 35 项专利的 IPC 分类号。

应用人才主要的聚集地，75.5%的专利属于企业，其次是高校，占比 17.6%（图
5-20）。

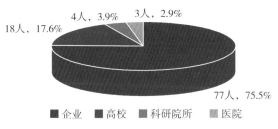

图 5- 20　瑞士技术应用人才的机构分布

第六章 展 望

当前，中国已进入全面建成小康社会和创新型国家行列的决胜阶段，深入实施创新驱动发展战略、全面深化科技体制改革的关键时期，建立一支强大的生物技术人才队伍对抢抓生物技术发展战略机遇期、提高国际竞争力具有决定性作用。党中央和国务院非常重视人才工作，2010 年 6 月，中共中央、国务院联合印发了《国家中长期人才发展规划纲要（2010—2020 年）》，强调积极"应对日趋激烈的国际人才竞争，主动适应我国经济社会发展需要，坚定不移地走人才强国之路"。为了推动生物技术人才发展，2011 年 12 月，科技部、人力资源和社会保障部、教育部、中国科学院、中国工程院、国家自然科学基金委员会、中国科协联合发布了《国家中长期生物技术人才发展规划（2010—2020 年）》，提出"以人才培养、引进、使用为核心，努力造就一支规模宏大、水平一流、结构合理、布局科学的生物技术人才队伍"。2017 年 4 月，科技部印发了《"十三五"国家科技人才发展规划》，指出"必须深刻认识并准确把握经济发展新常态的新要求和国内外科技创新的新趋势，大幅提升科技创新能力，建设一支数量与质量并重、结构与功能优化的科技人才队伍"。

在党中央、国务院和相关部门的大力支持下，我国生物技术领域的高端人才队伍规模不断扩大，青年人才创新能力迅速提升，技术人才聚集效应初步形成，为我国生物技术领域的科技水平大幅提升做出了巨大贡献。但相比欧美等发达国家，我国的生物技术人才发展仍存在很大问题：一是高层次领军人才数量依然偏少，人才创新发展机制还不太健全；二是人才培养、培育的氛围尚显不足；三是面向市场的应用型人才缺乏，科研创新与市场需求人才的结合有待加强。为此，今后我国生物技术人才队伍建设需要注重以下几个方面的工作。

完善人才制度，提升人才国际竞争力。我国目前生物技术人才队伍虽然初具规模，但尚未充分发挥人才的创新活力。应借鉴发达国家的经验，顺应人才国际化发展的潮流，充分发挥人才资源的创新活力，全面提升我国生物技术人才国际竞争力。一是建立长效支持机制。建立研发投入动态增长机制，引导多元化的经费投入，为生物技术人才在前沿和应用研究领域的突破创新提供保障。二是建立多元化激励机制。通过设立合理的薪酬制度，保障基本薪资水平，构建差异化激励模式，以激励不同层次的人才创新。三是创新人才评价体系。立足长远，突出能力业绩导向，增加评审方式多元化，建立兼顾效率和公平的评价制度，营造良好的人才创新环境。此外，应加快构建具有国际竞争力的人才制度体系，完善人才引进工作机制，充分利用优质资源，吸引生物技术高层次人才。

创新人才培养模式，加强青年人才储备。加强本土青年人才培养，强化本土生物技术人才国际竞争水平，需要从国家层面制定长远发展战略，从层次、数量、结构上对生物技术人才进行设计优化，完善研究型创新人才和应用型创新人才"二元支撑"的人才培养机制，并实行长期性、持久性、针对性的人才培养计划，从而形成我国生物技术人才可持续竞争优势，为满足我国生物技术领域长远发展的目标需求提供保障。一是重视交叉学科教育，加强复合型人才培养。随着生物技术日益呈现学科交叉、知识融合和技术集成等趋势，创新成果往往产生于学科的边缘或交叉点，对复合型人才的需求是必然趋势。未来生物技术人才队伍建设要注重人才的跨学科交流，拓展生物学和其他自然、人文学科融合的复合型人才培养渠道。二是重视产业发展导向，加强应用型人才培养。生物技术及其催生的战略性新兴产业的发展需要从事产业开发、技术转化的应用型人才。未来生物技术人才队伍建设可探索建立以创新创业为导向的人才培养机制，通过鼓励校研企合作，设立人才基金等方式分层次培养应用型、创新型与创业型人才，满足生物技术产业发展需求。三是注重青年人才的成长，激发其创新活力，提升对青年人才的关注与重视，制定完善的激励政策，为青年人才发展搭建广阔平台，鼓励青年人才投身创新发展，发挥青年人才的创新先锋作用。具体做法可借鉴日本在内阁府综合科学技术创新会议全体会议中提出的"研究能力强化与青年研究人员支持综合一揽子政策"，通过全面强化青年人的研究环境、实现职业路径的多元化等措施，为青年人才的成长营造良好的生态环境。

重视市场导向，促进应用型人才发展。尽管我国技术人才数量较多，但其人均持有发明数量远低于发达国家平均水平，缺乏基础研究与产业应用的有机结合。我国应以服务国家战略为优先需求，充分发挥政府的引导作用，建立相应的决策机制，明确人才导向，使科研创新与市场需求密切契合，促进面向市场的应用型人才向量的增长和质的提升并重转变。在激发应用型人才创新活力方面，借鉴发达国家的成功经验：一是充分重视市场导向和驱动，提升市场急需产品的科技创新力量；

二是成立专业的科技服务组织，形成成熟、有效的孵化模式，由政府提供、给予资金支持和政策优惠；三是建立相应的科研人员科技成果转化条例，尤其在知识产权保护、转让收入的合理分配、职务发明和非职务发明等方面充分考虑各方面的利益，重视发明人的政策激励；四是建立科学合理的专利转让评价体系，适当授予科技人才部分类型成果转让处置权限，以激励科研人员成果转化的积极性，同时，促进专利资助体系的标准继续向专利转化落地端转移，引导以市场需求为导向的生物技术人才发展。这一点，可以参考美国的《联邦技术转移法》《国家技术转移促进法》《技术转移商业化法》和日本的《大学等技术转移促进法》等，同时借鉴国外高校普遍采用的"后端激励"方式，将奖励环节从前期的专利研发授权阶段，后置于以市场为导向的专利技术转让阶段，并完善专利技术转让奖励的相关法规。

在国家对生物技术人才工作的高度重视下，未来我国生物技术人才队伍整体水平将得到进一步的提高，为我国生物技术的长远发展提供持续有力的人才支撑。

图表索引

附 录

附表 1 数据清单和遴选方法

一、数据清单

序号	人才类型		数据来源	数据遴选	时间跨度/节点	人才数量
1	高端人才	顶尖人才	生物技术领域具有世界威望的基金会、学会颁布的国际顶尖奖项官网	生物技术领域国际顶级奖项获奖人才，包括诺贝尔生理学或医学奖、克拉福德奖、达尔文奖（生物科学领域）、拉斯克奖和盖尔德纳国际奖的获得者	诺贝尔奖：1901—2018 年	216
					克拉福德奖：1982—2018 年	18
					达尔文奖：1890—2018 年	69
					拉斯克奖：1998—2018 年	100
					盖尔德纳奖：1959—2018 年	388
			各国国家级科学技术奖项官网	各国国家级科学技术奖项获奖人才（生物技术领域），奖项包括中国国家最高科学技术奖、美国国家科学技术奖、日本文部大臣科学技术奖和瑞士马塞尔·本努瓦奖的获得者	中国国家最高科学技术奖：2000—2019 年	9
					美国国家科学奖：1963—2019 年	144
					日本文部科学大臣科学技术奖：2012—2019 年	168
					瑞士马塞尔·本努瓦奖：1920—2019 年	65

续表

序号	人才类型		数据来源	数据遴选	时间跨度/节点	人才数量
1	高端人才	高层次人才	科睿唯安公司的 Highly Cited Researchers 2018 榜单	发文被引频次为 TOP 1%的高被引人才（生物技术领域）	2006—2016 年	2375
			各国国家级荣誉的高层次人才官网	获得本国国家级荣誉的高层次人才（生物技术领域），包括中国科学院院士、工程院院士；美国科学院院士、工程院院士；日本学士院院士；瑞士科学科学院院士；医学科学院院士	中国科学院院士：1955—2019 年	154
					中国工程院院士：1994—2019 年	210
					美国科学院院士：1962—2019 年	1300
					美国工程院院士：1964—2019 年	164
					美国医学科学院院士：2018—2019 年	165
					日本学士院院士：1982—2019 年	25
					瑞士医学科学院院士：1992—2019 年	136
	青年人才	优秀青年人才	国际知名青年奖项官网	国际知名青年奖项获奖人才（生物技术领域），包括青年科学奖、国际青年科学家奖、世界经济论坛青年科学家奖的获得者	青年科学家奖：2013—2018 年	24
					国际青年科学家奖：2012—2018 年	69
					世界经济论坛青年科学家奖：2014—2018 年	78
			各国国家级青年人才荣誉/科学技术奖项的青年高层次人才奖项官网	获得国家级青年人才荣誉/科学技术奖项（生物技术领域）的人才，包括中国国家杰出青年科学基金、美国科学家及工程师早期职业总统奖、瑞士潜力青年科学基金的获得者	中国杰出青年科学基金：1994—2019 年	1297
					美国科学家及工程师早期职业总统奖：1996—2019 年	58
					日本文部科学大臣科学家奖：2012—2019 年	182
					瑞士潜力青年科学基金：2008—2019 年	290
2		高潜力青年人才	科睿唯安公司的 Web of Science 数据库	与美国科学院院士有密切发文合作关系的青年人才	2011—2017 年	22213

续表

序号	人才类型		数据来源	数据遴选	时间跨度/节点	人才数量
3	技术人才	技术发明人才	智慧芽全球专利数据库，底层数据来源为世界五大知识产权局（欧洲专利局，日本特许厅，韩国知识产权局，中国国家知识产权局和美国专利商标局）	在生物技术领域，拥有发明专利超过 5 项的发明人。同时满足：其专利权人（即取得专利权的原始主体和继受取得专利权的继受主体）获得授权专利超过 10 项	2010 年 1 月 1 日至 2019 年 7 月 23 日	6415
		技术应用人才	智慧芽全球专利数据库，底层数据来源为世界五大知识产权局	在生物技术领域，持有专利不少于 3 项，且持有的专利发生过许可、诉讼、转让、异议、无效、质押等法律事件的人才	2010 年 1 月 1 日至 2019 年 7 月 23 日	1275

二、遴选方法

（一）高端人才范畴与数据来源

本书将生物技术高端人才分为顶尖人才和高层次人才两类。

1. 顶尖人才范畴与数据来源

顶尖人才来源于两个方面：一是国际顶级奖项获奖人才（生物技术领域）；二是国家级科学技术奖项获奖人才（生物技术领域）。

（1）国际顶级奖项获奖人才（生物技术领域）

本书遴选了生物技术领域全球最具代表性的国际顶级奖项，包括诺贝尔生理学或医学奖、克拉福德奖、达尔文奖、拉斯克奖和盖尔德纳国际奖。

1）诺贝尔生理学或医学奖

诺贝尔生理学或医学奖（Nobel Prize in Physiology or Medicine）是医学界最高荣誉奖，设立于 1895 年，旨在表彰在生理学或医学界做出卓越贡献的人才。

该奖项于 1901 年首次颁发，每年颁发一次。奖项的颁发由诺贝尔基金会管理，瑞典首都斯德哥尔摩的医科大学卡罗林斯卡医学院评选。颁奖仪式于每年 12 月 10 日（诺贝尔逝世的周年纪念日）举行，获奖者将被授予获奖证书及奖金证书。在同一年里，各项奖金的数额相同，不同的年份，奖金数额有所变动，2018 年奖金为 900 万瑞典克朗（约合人民币 696 万元）。

获奖人才遴选时间跨度 / 节点：1901—2018 年。

2）克拉福德奖

克拉福德奖（The Crafoord Prize）由瑞典皇家科学院于 1980 年设立，基金来源于瑞典著名企业家、人工肾脏的发明者霍尔格·克拉福德（Holger Crafoord）夫妇的捐赠。该奖设立的目的是对诺贝尔奖遗漏的科学领域的基础研究予以奖励，授奖学科包括生物科学及其他领域。

克拉福德奖由瑞典皇家科学院和隆德的克拉福德基金会合作颁发，瑞典皇家科学院负责评选。克拉福德奖每年颁发一次，轮流奖励天文学和数学、地球科学、生物科学的杰出成就。该奖于 1982 年首次授奖，得奖者在每年 1 月中旬公布，在 4 月的克拉福德日由瑞典国王颁奖。奖金总额达 50 万美元。

获奖人才遴选时间跨度 / 节点：1982—2018 年。

3）达尔文奖

达尔文奖（Darwin Medal）是英国皇家学会系列奖项之一，用以奖励生物学领域及达尔文本人研究过的其他一些领域内的杰出成就，尤其是在生物进化、群体生物学、有机生物学和生物多样性等领域的成就。

达尔文奖于 1890 年首次颁发，由英国皇家学会负责评选，达尔文奖章每两年颁奖一次（在偶数年颁发），从 2018 年开始，每年颁发一次，并附赠 2000 英镑，达尔文奖在生物学领域享有盛名。

获奖人才遴选时间跨度 / 节点：1890—2018 年。

4）拉斯克奖

拉斯克奖（Lasker Medical Research Awards）是医学领域最重要的奖项之一，其声望仅次于诺贝尔奖。由阿尔伯特和玛丽·拉斯克基金会（Albert and Mary Lasker Foundation）设立，旨在表彰在医学领域做出杰出贡献的科学家、医师和公共服务人员。拉斯克奖包括基础医学研究奖、临床医学研究奖、医学特殊成就奖和公共服务奖。据统计，48% 的拉斯克基础医学奖得主随后获得了诺贝尔奖。因此，拉斯克奖在医学界素有"诺贝尔奖预报"之称。

拉斯克奖于 1945 年设立，次年开始颁奖，每年颁发一次，评选结果通常于 9 月公布，获奖者由 25 名来自世界各国的杰出科学家组成的评审委员会评选产生，奖金为 25 万美元。

获奖人才遴选时间跨度 / 节点：1998—2018 年。

5）盖尔德纳国际奖

盖尔德纳国际奖（The Canada Gairdner Awards）是生物医学界最具声望的大奖，被誉为诺贝尔奖的预备奖，奖项设立的目的为奖励在医学科学领域做出突出贡献的个人。

盖尔德纳国际奖于 1959 年由加拿大盖尔德纳基金会创立，每年颁发一次，通常于每年 10 月公布获奖者，奖金为 10 万美元。奖项的提名包括 3 个阶段：①医学评审小组提交名单；②医疗顾问委员会无记名投票；③董事会评审。

获奖人才遴选时间跨度 / 节点：1959—2018 年。

（2）国家级科学技术奖项获奖人才（生物技术领域）

本书遴选了中国与代表性国家（美国、日本、瑞士）的国家级科学技术奖项，包括中国国家最高科学技术奖、美国国家科学奖、日本文部科学大臣科学技术奖和瑞士马塞尔·本努瓦奖。

1）中国国家最高科学技术奖

国家最高科学技术奖于 2000 年由中华人民共和国国务院设立，由国家科学技术奖励委员会负责，是中国 5 个国家科学技术奖中最高等级的奖项，授予在当代科学技术前沿取得重大突破或者在科学技术发展中有卓越建树，在科学技术创新、科学技术成果转化和高技术产业化中创造巨大经济效益或者社会效益的科学技术工作者。

国家最高科学技术奖每年评选一次，每次授予不超过两名，由国家主席亲自签署、颁发荣誉证书、奖章和 800 万元奖金。截至 2019 年 11 月，共有 31 位杰出科学工作者获得该奖。

获奖人才遴选时间跨度 / 节点：2000—2019 年。

2）美国国家科学奖

美国国家科学奖（National Medal of Science），又称总统科学奖（Presidential Medal of Science），于 1959 年 8 月 25 日设立，该奖项原本是奖励在"物理、生物、数学、科学或工程"领域做出重要贡献的美国科学家。1979 年，由美国科学促进会建议，将奖项扩大到社会及行为科学。

奖项的评选由 12 名成员组成的国家科学奖章总统委员会负责，并由美国国家科学基金会管理，每年至多评选 20 人。

获奖人才遴选时间跨度 / 节点：1963—2019 年。

3）日本文部科学大臣科学技术奖

日本文部科学省于 2004 年通过"科学技术领域文部科学大臣表彰规程规定"并设立了"文部科学大臣表彰奖"，以奖励为日本科技发展、科技研发和科普等做出突出贡献的本国科研人员，主要包括科学特别奖、科学技术奖、青年科学家奖。科学技术奖主要奖励在科学技术方面做出重大创新的个人或组织。

该奖由文部科学省内设的科技领域文部科学大臣表彰审查委员会讨论确认人选，不接受推荐，随时选定并实施奖励，获奖者由日本文部科学大臣颁发奖状、奖章等。

获奖人才遴选时间跨度 / 节点：2012—2019 年。

4）瑞士马塞尔·本努瓦奖

马塞尔·本努瓦奖（Marcel Benoist Prize）由 Marcel Benoist 基金会于 1920 年设立，旨在表彰在推动瑞士科技创新方面具有杰出贡献的瑞士国籍或居住地为瑞士的科学家，被称为"瑞士诺贝尔奖"。

该奖由 Marcel Benoist 基金会颁发，奖金额为 25 万瑞士法郎。截至 2019 年，共有 114 名获奖者，包括 65 名生物技术领域的获奖者。

获奖人才遴选时间跨度 / 节点：1920—2019 年。

（3）顶尖人才领域的界定与选择

本书对顶尖人才的研究领域界定认同 ESI 数据库的领域划分规则[①]，遴选了 11 个生物技术相关领域，划分标准如附表 1-1 所示。

附表 1-1　ESI 生物技术相关学科一览

序号	领域名称（英文）	领域名称（中文）
1	Biology & Biochemistry	生物学与生物化学
2	Agricultural Sciences	农业科学
3	Clinical Medicine	临床医学
4	Molecular Biology & Genetics	分子生物学与遗传学
5	Neuroscience & Behavior	神经科学与行为学
6	Immunology	免疫学
7	Psychiatry/Psychology	精神病学 / 心理学
8	Microbiology	微生物学
9	Environment/Ecology	环境 / 生态学
10	Plant & Animal Science	植物与动物科学
11	Pharmacology & Toxicology	药理学和毒理学

同时，本书对获得中国国家最高科学技术奖的人才（生物技术领域）的研究方向界定认同其官网公布的研究方向。

---

① ESI（基本科学指标数据库，Essential Science Indicators）的学科领域是当今世界范围内普遍使用的学科分类体系。ESI 共设置了 22 个学科领域，分别为生物学与生物化学、化学、计算机科学、经济与商业、工程学、地球科学、材料科学、数学、综合交叉学科、物理学、社会科学总论、空间科学、农业科学、临床医学、分子生物学与遗传学、神经系统学与行为学、免疫学、精神病学与心理学、微生物学、环境科学与生态学、植物学与动物学、药理学和毒理学。

2. 高层次人才范畴与数据来源[①]

高层次人才的范畴包括两个方面：一是发文被引频次为 TOP 1% 的高被引人才（生物技术领域）；二是获得国家级荣誉的高层次人才（生物技术领域）。

（1）发文被引频次为 TOP 1% 的高被引人才（生物技术领域）

发文被引频次为 TOP 1% 的高被引人才（生物技术领域）的数据来自 Highly Cited Researchers 2018 年榜单。该榜单由科睿唯安公司于 2018 年 12 月发布，收录了 2006—2016 年，在 Web of Science 数据库中发表论文的被引次数之和位于本领域前 1% 作者的信息。本书的数据获取时间为 2019 年 7 月。

（2）获得国家级荣誉的高层次人才（生物技术领域）

本书遴选了中国与代表性国家（美国、日本、瑞士）中获得本国国家级荣誉的高层次人才（生物技术领域），包括中国科学院院士、工程院院士；美国科学院院士、工程院院士、医学科学院院士；日本学士院院士；瑞士医学科学院院士。

1）中国科学院院士

中国科学院院士是中华人民共和国设立的科学技术方面的最高学术称号，是中国大陆最优秀的科学精英和学术权威群体。1955 年第一批中国科学院部委员产生。目前，增选院士每两年进行一次。增选名额及其分配在保持基本稳定的前提下，由学部主席团根据学科布局和学科发展趋势确定。院士候选人由院士和有关学术团体推荐，学部主席团可根据学科发展需要设立候选人特别推荐小组，不受理本人申请。有效候选人由学部主席团审定。

获奖人才遴选时间跨度/节点：1955—2019 年。

2）中国工程院院士

中国工程院院士是中国工程科学技术方面的最高学术称号，为终身荣誉，于 1994 年 6 月设立。

目前，中国工程院院士增选每两年进行一次，候选人可通过两种途径提名：①中国工程院院士直接提名候选人；②中国工程院委托有关学术团体，按规定程序推荐并经过遴选，提名候选人。对候选人的评审和初选由各学部组织院士进行，实

[①] 高层次人才的数据来源可以从国家资助项目、国家获奖人员和发明专利权人等角度挖掘，但是每个国家制定奖项、项目招募等标准不一，导致从上述维度获取的数据在国家间层面上的可比性不强。综合上述因素，本书的高层次人才数据均统一从高被引论文作者、获得国家级荣誉的人才角度筛选，以期达到标准一致、数据可靠、数据可比三大原则。

行差额、无记名投票。各学部初选结果经主席团审议并确定终选候选人名单后，提交全院有投票权院士进行投票终选。终选采取等额选举。

获奖人才遴选时间跨度 / 节点：1994—2019 年。

3）美国科学院院士

美国科学院院士（Member of US National Academy of Science，NAS Member）是美国学术界最高荣誉之一，于 1863 年设立。奖励在科学研究或工程技术方面做出突出贡献的科学家。

美国国家科学院院士每年增选一次，由现任院士推荐。院士评审过程由评审委员会进行，现任院士投票，最后在年度院士大学上选出新增院士。

获奖人才遴选时间跨度 / 节点：1962—2019 年。

4）美国工程院院士

美国工程院院士（Member of National Academy of Engineering）是美国工程界最高荣誉，授予那些在工程领域内从事研究、实践和教育并做出卓越贡献的人士。

美国工程院院士每年增选一次，由现任院士选举产生。

获奖人才遴选时间跨度 / 节点：1964—2019 年。

5）美国医学科学院院士

美国医学科学院院士（Member of US National Academy of Medicine，NAM Member）被认为是美国科学家在医学领域的最高荣誉，旨在表彰全美在医学、公共卫生等领域做出杰出贡献的人才。

美国医学科学院院士每年增选一次，由现任院士评选，医学科学院院士实行终身制，主要负责向美国政府提供咨询、预防等方面的建议。

获奖人才遴选时间跨度 / 节点：2018—2019 年。

6）日本学士院院士

日本学士院院士（Member of the Japan Academy）是日本最高学术机构——日本学士院的终身荣誉，由日本学士院根据相关章程从取得杰出成就的学者中选举产生，并以兼职国家公务员的身份获取会员年金。日本学士院院士不定期增选，并实行定员制，由最初 1879 年的定员 40 人到目前定员 150 人。

获奖人才遴选时间跨度 / 节点：1982—2019 年。

7）瑞士医学科学院院士

瑞士医学科学院院士（Member of Swiss Academy of Medical Science，SAMS

member）每年增选一次，由现有院士推荐，由执行董事会评审。

获奖人才遴选时间跨度/节点：1992—2019 年。

（3）高层次人才领域的界定与选择

本书对生物技术领域发文被引频次为 TOP 1% 的高被引人才的研究领域界定认同 ESI 数据库的领域划分规则，详见"顶尖人才领域的界定与选择"。

本书获得国家级荣誉的高层次人才（生物技术领域）的研究领域界定以《中华人民共和国国家质量监督检验检疫总局》和《国家标准化管理委员会》发布的学科分类域代码（GB/T 13745—2008）为标准，经专家中心研究讨论，筛选出了 20 个与生物技术直接相关或存在重要交叉领域的一级学科，分别为物理学、能源科学、心理学、化学、地球科学、生物学、农学、林学、材料科学、环境与资源科学、水产学、食品科学与技术、畜牧兽医科学、基础医学、临床医学、中医学与中药学、预防医学与公共卫生学、军事医学与特种医学、药学、自然科学相关工程与技术。

同时，本书对美国科学院院士的研究领域界定认同其官网公布的研究方向。

（二）青年人才范畴与数据来源

本书将生物技术青年人才分为优秀青年人才和高潜力青年人才两类。

1. 优秀青年人才范畴与数据来源

优秀青年人才的范畴包括两个方面：一是国际知名青年奖项获奖人才（生物技术领域）；二是获得国家级青年人才荣誉/科学技术奖项的青年高层次人才（生物技术领域）。

（1）国际知名青年奖项获奖人才（生物技术领域）

本书遴选了国际知名青年奖项，包括青年科学家奖、国际青年科学家奖和世界经济论坛青年科学家榜单。

1）青年科学家奖

青年科学家奖（Science & SciLifeLab Prize for Young Scientists）是全球范围的奖项，旨在鼓励和促进那些刚刚投身科学研究的年轻人，由 Science/AAAS、SciLifeLab 及 4 所著名高校共同发起。奖项的颁发单位为《科学》杂志和瑞典国立生命科学实验室。奖项每年评选一次，两年内在生命科学领域获得博士学位的年轻研究者，均可以申报。

获奖人才遴选时间跨度 / 节点：2013—2018 年。

2）国际青年科学家奖

国际青年科学家奖（Early Career Scientist Program）由霍华德·休斯医学研究所和英国惠康基金会等面向全球学者（除美国）每五年征集并评选一次，资助已经或者具有潜力成为科研领军人的科学家，基金资助为期 5 年。2012 年该奖项首次评选。

获奖人才遴选时间跨度 / 节点：2012—2018 年。

3）世界经济论坛青年科学家榜单

世界经济论坛青年科学家榜单（World Economic Forum Young Scientists）由世界经济论坛每年在世界范围内评选，入选人员为 40 岁以下的卓越科学家。

获奖人才遴选时间跨度 / 节点：2014—2018 年。

（2）获得国家级青年人才荣誉 / 科学技术奖项的青年高层次人才（生物技术领域）

本书遴选了中国与代表性国家（美国、日本、瑞士）的国家级青年人才荣誉 / 科学技术奖项（生物技术领域），包括中国国家杰出青年科学基金、美国科学家及工程师早期职业总统奖、日本文部科学大臣青年科学家奖、瑞士潜力青年科学基金。

1）中国国家杰出青年科学基金

国家杰出青年科学基金于 1994 年 3 月 14 日由国务院批准设立，由国家自然科学基金委员会负责管理，每年受理 1 次，是中国为促进青年科学和技术人才的成长、鼓励海外学者回国工作、加速培养造就一批进入世界科技前沿的优秀学术带头人而特别设立的。

国家杰出青年科学基金每年资助优秀青年学者 200 人左右，每人资助经费一般为 80 万～ 100 万元，研究期限为 4 年，支持在基础研究方面已取得突出成绩的青年学者自主选择研究方向开展创新研究。本书遴选了与生物技术相关领域的学者进行分析。

获奖人才遴选时间跨度 / 节点：1994—2019 年。

2）美国科学家及工程师早期职业总统奖

美国科学家及工程师早期职业总统奖（Presidential Early Career Awards for Scientists and Engineers，PECASE）由克林顿总统于 1995 年设立，1996 年正式实施，旨在为青年科学家和工程师开展独立研究，持续科技创新营造良好环境，是美国政府授予处于职业早期的青年科学家和工程师，鼓励其独立开展研究的最高奖项。

该奖自 1996 年正式实施以来，每年颁发一次，授奖机构包括农业部、商务部、国防部、能源部、教育卫生部、美国国立卫生研究院、美国退伍军人事务部、国家航空航天局、国家科学基金委员会。每一位获奖者将得到 PECASE 勋章和 5 年的资助。

获奖人才遴选时间跨度 / 节点：1996—2019 年。

3）日本文部科学大臣青年科学家奖

日本文部科学大臣青年科学家奖由日本文部科学省于 2004 年设立，用于奖励在萌芽研究、独创研究方面取得显著研究成绩的青年科学家（仅限于自然学科）。

该奖由日本科学技术振兴机构指定推荐机构（各部委、地方政府、国公私立大学、学会协会、个人等）进行相关推荐，由审查委员会审查并确定获奖人员。

获奖人才遴选时间跨度 / 节点：2012—2019 年。

4）瑞士潜力青年科学基金

瑞士潜力青年科学基金（Ambizone fellowship）由瑞士国家科学基金会（SNSF）于 2008 年设立，旨在为高等教育部门内的瑞士研究机构或高等教育部门外的非商业研究机构从事学术职业的杰出青年研究人员提供资助。

瑞士潜力青年科学基金每年受理一次，由 SNSF 评估委员会评估，资助时间最长为 4 年。

获奖人才遴选时间跨度 / 节点：2008—2019 年。

（3）优秀青年人才领域的界定与选择

本书对获得国家级青年人才荣誉 / 科学技术奖项的青年高层次人才（生物技术领域）的研究领域界定以《中华人民共和国国家质量监督检验检疫总局》和《国家标准化管理委员会》发布的学科分类域代码（GB/T 13745—2008）为标准，详见"高层次人才领域的界定与选择"。

2. 高潜力青年人才范畴与数据来源

高潜力青年人才指与高层次科学家具有密切发文合作的青年人才。研究表明[1][2][3]，高层次科学家在年轻时具有普遍特征：师从知名导师、硕士或者博士教育

① 张烨. 文献计量视角下高层次人才学术成长特征研究 [D]. 南京：东南大学，2016.
② 仇鹏飞，孙建军，闵超. 科学研究中的师承关系评述与思考 [J]. 图书与情报，2018，183（5）：56−61，124.
③ 钟洪. 论中医师承教育与研究生教育相结合 [J]. 南方医学教育，2010（3）：17.

经历在知名高校或者科研机构。鉴于此，本书的青年人才遴选从国际顶尖科研人员（主要为美国科学院院士）的合作网络出发，从其学术产出的数量、机构影响力两个维度构建分学科的评估模型，搭建底层数据，筛选出与这些顶尖科研工作者在国际一流期刊上发文并且为第一作者的年轻科研人员群体[①]。

美国科学院院士数据主要来自于美国科学院网站，通过监测云收集所有自然科学领域的 2783 位院士的基本信息，构成本地数据库的底层数据，并做数据加工标引。在此基础上，构建关系网络，并结合在 Web of Science 中的论文合作情况（2011—2017 年），挖掘高潜力青年人才。

本书对高潜力青年人才的研究领域界定认同 Web of Science 数据库的领域划分规则，从 Web of Science 数据库遴选出与生物技术相关的 78 个领域，并根据 InCites 官方学科网络映射结果[②]做了中国国务院学位委员会学科分类的关系对应列表（附表1-2）。其中，中国国务院学位委员会学科分类是基于中华人民共和国国务院学位委员会和教育部颁布的《学位授予和人才培养学科目录（2011）》的学科分类，本书共包括 20 个与生物技术直接相关或存在重要交叉领域的学科：材料科学与工程、地质学、公共卫生与预防医学、化学、基础医学、口腔医学、临床医学、农林经济管理、生态学、生物工程、生物学、生物医学工程、食品科学与工程、兽医学、体育学、心理学、药学、医学技术、特种医学、哲学。

附表 1-2 Web of Science 生物技术相关学科与中国国务院学位委员会学科分类关系对应

序号	Web of Science 领域	中国国务院学位委员会学科分类
1	生物化学研究方法	生物学
2	生物化学与分子生物学	生物学
3	生物多样性保护	生态学
4	生物学	生物学
5	生物物理学	生物学
6	生物工程学和应用微生物学	生物工程

① 张洋，谢齐 . 基于社会网络分析的机构科研合作关系研究 [J]. 图书情报知识，2014（2）：84−94.

② CSSC Category to Web of Science Category Mapping 2012[EB/OL]. [2019−06−30]. http：//help.incites.clarivate.com/inCites2Live/5772-TRS/version/default/part/AttachmentData/data/CSSC%20Category%20Mappings%202012.xlsx.

续表

序号	Web of Science 领域	中国国务院学位委员会学科分类
7	工程，生物医学	生物医学工程
8	植物学	生物学
9	心理学，生物	心理学
10	材料科学，生物材料	材料科学与工程
11	数学和计算生物学	生物学
12	昆虫学	生物学
13	进化生物学	生物学
14	生殖生物学	生物学
15	真菌学	生物学
16	微生物学	生物学
17	细胞与组织工程	生物医学工程
18	细胞生物学	生物学
19	鸟类学	生物学
20	病毒学	生物学
21	动物学	生物学
22	古生物学	地质学
23	寄生物学	基础医学
24	发育生物学	生物学
25	社会科学，生物医学	公共卫生与预防医学
26	海洋和淡水生物学	生物学
27	医学伦理学	哲学
28	呼吸系统	临床医学
29	放射学、核医学和医学成像	医学技术 / 特种医学
30	医学，全科和内科	临床医学
31	医学，研究和试验	基础医学
32	医学实验室技术	医学技术
33	胃肠病学和肝脏病学	临床医学
34	遗传学和遗传性	生物学
35	食品科学和技术	食品科学与工程
36	纳米科学和纳米技术	材料科学与工程
37	神经影像	医学技术

附录 3　中国科学院和中国工程院生物技术领域院士名单

入选时间	机构	学部	序号	姓名
1980 年	中国科学院	生命科学和医学学部	1	梁栋材
			2	沈善炯
			3	沈允钢
1991 年			4	陈可冀
			5	陈宜瑜
			6	陈子元
			7	洪德元
			8	鞠　躬
			9	李振声
			10	刘新垣
			11	毛江森
			12	强伯勤
			13	石元春
			14	孙曼霁
			15	唐崇惕
			16	田　波
			17	吴孟超
			18	谢联辉
			19	杨福愉
			20	杨雄里
			21	姚开泰
			22	尹文英
			23	翟中和
			24	张新时
			25	庄巧生
1993 年			26	曾　毅
			27	韩济生
			28	孙儒泳
			29	王文采
			30	吴祖泽
			31	朱兆良

续表

入选时间	机构	学部	序号	姓名
1994 年	中国工程院	农业学部	32	石元春
			33	王明庥
		医药卫生学部	34	巴德年
			35	曾溢滔
			36	顾健人
			37	顾玉东
			38	侯云德
			39	胡之璧
			40	刘玉清
			41	秦伯益
			42	汤钊猷
			43	王振义
			44	王正国
			45	肖碧莲
			46	肖培根
1995 年		农业学部	47	方智远
			48	傅廷栋
			49	管华诗
			50	马建章
			51	任继周
			52	山 仑
			53	沈国舫
			54	石玉林
			55	汪懋华
			56	向仲怀
			57	袁隆平
			58	赵法箴
	中国科学院	生命科学和医学学部	59	陈 竺
			60	陈宜张
			61	匡廷云
			62	李季伦
			63	唐守正

续表

入选时间	机构	学部	序号	姓名
1995 年	中国科学院	生命科学和医学学部	64	吴常信
			65	印象初
			66	张春霆
1996 年	中国工程院	医药卫生学部	67	陈亚珠
			68	程天民
			69	洪　涛
			70	侯惠民
			71	黎介寿
			72	刘德培
			73	卢世璧
			74	陆道培
			75	盛志勇
			76	吴咸中
			77	姚新生
			78	钟南山
			79	朱晓东
		农业学部	80	范云六
			81	蒋亦元
			82	李文华
			83	林浩然
			84	张子仪
1997 年		医药卫生学部	85	陈灏珠
			86	池志强
			87	阮长耿
			88	沈倍奋
			89	沈渔邨
			90	王琳芳
			91	王永炎
			92	杨胜利
			93	张金哲
			94	赵　铠
			95	甄永苏
			96	钟世镇

入选时间	机构	学部	序号	姓名
1997 年	中国科学院	生命科学和医学学部	97	曹文宣
			98	韩启德
			99	洪国藩
			100	施蕴渝
			101	王志新
			102	魏江春
			103	许智宏
			104	朱作言
1999 年	中国工程院	农业学部	105	侯 锋
			106	刘守仁
			107	宋湛谦
			108	唐启升
			109	吴明珠
			110	徐 洵
		医药卫生学部	111	陈洪铎
			112	陈冀胜
			113	程书钧
			114	高润霖
			115	郭应禄
			116	桑国卫
			117	石学敏
			118	孙 燕
			119	王威琪
			120	闻玉梅
			121	夏家辉
			122	于德泉
			123	俞梦孙
	中国科学院	生命科学和医学学部	124	蒋有绪
			125	刘以训
			126	裴 钢
			127	戚正武

入选时间	机构	学部	序号	姓名
1999 年	中国科学院	生命科学和医学学部	128	苏国辉
			129	张启发
			130	郑儒永
			131	周　俊
2001 年	中国工程院	农业学部	132	戴景瑞
			133	盖钧镒
			134	官春云
			135	束怀瑞
			136	孙九林
		医药卫生学部	137	樊代明
			138	李春岩
			139	刘　耀
			140	邱蔚六
			141	唐希灿
			142	吴天一
			143	谢立信
			144	俞永新
			145	张　运
			146	张心湜
			147	郑树森
			148	庄　辉
	中国科学院	生命科学和医学学部	149	陈文新
			150	贺福初
			151	李家洋
			152	梁智仁
			153	孙大业
			154	王志珍
			155	叶玉如
			156	张永莲
			157	张友尚
			158	郑守仪

续表

入选时间	机构	学部	序号	姓名
2003 年	中国工程院	农业学部	159	陈焕春
			160	陈宗懋
			161	李佩成
			162	荣廷昭
			163	夏咸柱
			164	辛世文
		医药卫生学部	165	陈赛娟
			166	戴尅戎
			167	郝希山
			168	刘昌孝
			169	刘志红
			170	项坤三
	中国科学院	生命科学和医学学部	171	陈　霖
			172	方荣祥
			173	郭爱克
			174	林其谁
			175	刘允怡
			176	饶子和
			177	沈　岩
			178	孙汉董
			179	魏于全
			180	张亚平
			181	郑光美
2005 年	中国工程院	农业学部	182	程顺和
			183	刘秀梵
			184	尹伟伦
		医药卫生学部	185	曹雪涛
			186	陈君石
			187	范上达
			188	李兰娟
			189	王红阳
			190	张伯礼
			191	周宏灏

续表

入选时间	机构	学部	序号	姓名
2005 年	中国科学院	生命科学和医学学部	192	曾益新
			193	常文瑞
			194	陈晓亚
			195	邓子新
			196	方精云
			197	贺　林
			198	童坦君
			199	汪忠镐
			200	王大成
			201	王恩多
			202	王正敏
			203	赵国屏
2007 年	中国工程院	农业学部	204	邓秀新
			205	刘兴土
			206	颜龙安
			207	于振文
		医药卫生学部	208	陈香美
			209	陈肇隆
			210	陈志南
			211	李大鹏
			212	邱贵兴
			213	袁国勇
	中国科学院	生命科学和医学学部	214	陈润生
			215	段树民
			216	孟安明
			217	武维华
			218	谢华安
			219	杨焕明
			220	赵进东

续表

入选时间	机构	学部	序号	姓名
2009 年	中国工程院	农业学部	221	陈温福
			222	李 玉
			223	刘 旭
			224	罗锡文
			225	麦康森
			226	南志标
			227	张改平
		医药卫生学部	228	程 京
			229	丁 健
			230	付小兵
			231	廖万清
			232	吴以岭
			233	杨宝峰
			234	周良辅
	中国科学院	生命科学和医学学部	235	侯凡凡
			236	林鸿宣
			237	尚永丰
			238	隋森芳
			239	庄文颖
2011 年	中国工程院	农业学部	240	陈剑平
			241	康绍忠
			242	李 坚
			243	吴孔明
			244	喻树迅
			245	朱有勇
		医药卫生学部	246	从 斌
			247	郎景和
			248	沈祖尧
			249	王学浩
			250	徐建国
			251	于金明
			252	詹启敏

入选时间	机构	学部	序号	姓名
2011 年	中国科学院	生命科学和医学学部	253	葛均波
			254	黄路生
			255	康　乐
			256	李　林
			257	舒红兵
			258	张明杰
			259	张学敏
			260	赵玉沛
			261	朱玉贤
2013 年	中国工程院	农业学部	262	陈学庚
			263	李德发
			264	印遇龙
			265	赵振东
		医药卫生学部	266	韩德民
			267	韩雅玲
			268	胡盛寿
			269	林东昕
			270	王　辰
			271	王广基
			272	夏照帆
	中国科学院	生命科学和医学学部	273	程和平
			274	高　福
			275	桂建芳
			276	韩　斌
			277	韩家淮
			278	赫　捷
			279	施一公
			280	赵继宗

续表

入选时间	机构	学部	序号	姓名
2015 年	中国工程院	农业学部	281	曹福亮
			282	金宁一
			283	李天来
			284	沈建忠
			285	宋宝安
			286	唐华俊
			287	万建民
			288	张洪程
			289	张新友
		医药卫生学部	290	顾晓松
			291	黄璐琦
			292	李　松
			293	宁　光
			294	孙颖浩
			295	张志愿
	中国科学院	生命科学和医学学部	296	曹晓风
			297	陈国强
			298	陈孝平
			299	陈义汉
			300	金　力
			301	李　蓬
			302	邵　峰
			303	宋微波
			304	王福生
			305	徐国良
			306	阎锡蕴
			307	张　旭
			308	周　琪

续表

入选时间	机构	学部	序号	姓名
2017 年	中国工程院	农业学部	309	包振民
			310	蒋剑春
			311	康振生
			312	王汉中
			313	张福锁
			314	张守攻
			315	赵春江
			316	邹学校
		医药卫生学部	317	董家鸿
			318	李兆申
			319	马 丁
			320	乔 杰
			321	田志刚
			322	王 锐
			323	张英泽
	中国科学院	生命科学和医学学部	324	卞修武
			325	陈化兰
			326	陈晔光
			327	樊 嘉
			328	顾东风
			329	黄荷凤
			330	季维智
			331	蒋华良
			332	刘耀光
			333	陆 林
			334	魏辅文
			335	徐 涛
			336	蒲慕明
			337	种 康

续表

入选时间	机构	学部	序号	姓名
2019 年	中国工程院	医药卫生学部	338	陈 薇
			339	李校堃
			340	刘 良
			341	尚 红
			342	沈洪兵
			343	田 伟
			344	王军志
			345	王 俊
			346	王 琦
			347	张 学
		农业学部	348	胡培松
			349	李培武
			350	刘少军
			351	刘仲华
			352	姚 斌
			353	张佳宝
			354	张 涌
	中国科学院	生命科学和医学学部	355	陈子江
			356	董 晨
			357	郝小江
			358	骆清铭
			359	马 兰
			360	钱 前
			361	宋尔卫
			362	仝小林
			363	王松灵
			364	谢道昕

附录 4　中国科学院生物技术领域外籍院士名单

序号	姓名	学科领域	国籍	入选时间
1	雷文	植物学	美国	1994 年
2	冯元桢	生物力学	美国	1996 年
3	简悦威	生物医学	美国	1996 年
4	霍克弗尔特	生神经物学	瑞典	2000 年
5	米歇尔	生物化学	德国	2000 年
6	傅睿思	古植物学	丹麦	2002 年
7	库什	植物遗传学	印度	2002 年
8	杰马里·莱恩	生物化学	法国	2004 年
9	托斯登·威塞尔	神经生物学	美国	2004 年
10	蔡南海	植物分子生物学	新加坡	2006 年
11	钱煦	生物物理学、生物工程	美国	2006 年
12	弗里德·穆拉德	生物医学	美国	2007 年
13	徐立之	遗传学	加拿大	2009 年
14	阿夫拉姆·赫什科	生物化学	以色列和瑞士	2011 年
15	阿龙·切哈诺沃	生物化学	以色列	2013 年
16	弗莱明·贝森巴赫	生物物理学	丹麦	2013 年
17	克里斯汀·阿芒托	生物电化学	法国	2013 年
18	迈克·沃特曼	计算生物学	美国	2013 年
19	苏布拉·苏雷什	生物材料	美国	2013 年
20	王晓东	细胞生物学	美国	2013 年
21	保罗·纳斯	细胞生物学和生物化学	英国	2015 年
22	查尔斯·李波	纳米生物技术	美国	2015 年
23	高华健	生物材料	美国	2015 年
24	庄小威	生物物理学	美国	2015 年
25	王小凡	癌症生物学	美国	2017 年
26	肖开提·萨利霍夫	生物化学	乌兹别克斯坦	2017 年
27	谢晓亮	生物物理化学	美国	2017 年
28	耶日·杜辛斯基	生物能量学	波兰	2017 年
29	戴宏杰	生物医学	美国	2019 年
30	莱诺·伊·胡德	系统生物学	美国	2019 年
31	孙立成	生物物理学	瑞典	2019 年

附录5 中国工程院生物技术领域外籍院士名单

序号	姓名	学科领域	国籍	入选时间
1	蒂奥莱	基因的分子生物学、乙型肝炎	法国	1998年
2	罗依兹曼	分子生物学与肿瘤学	美国	2000年
3	雅克·刚	医学（血液学）	法国	2001年
4	何大一	临床病毒学	美国	2003年
5	大村智	药学	日本	2005年
6	科林·布莱克默	神经科学	英国	2009年
7	巴里·J.马歇尔	临床微生物学	澳大利亚	2011年
8	霍宁博	公共卫生政策学	美国	2011年
9	王存玉	口腔医学、分子信号和转化医学	美国	2013年
10	加图·洛朗森	化学及材料工程、骨科	美国	2015年
11	裴正康	生命科学儿童癌症	美国	2015年
12	尼古拉斯·罗伯特·莱蒙	医学	英国	2017年
13	尼古拉斯·佩帕斯	生物材料、化学工程	美国	2017年
14	唐纳德·格里尔逊	生物学	英国	2017年
15	韦伯斯特·卡维尼	肿瘤学	美国	2017年
16	彼得·格雷鲍奇卡	泌尿外科	俄罗斯	2019年
17	曹文凯	心血管和遗传学	美国	2019年
18	曹义海	医学、肿瘤学、血管新生、肥胖糖尿病	瑞典	2019年
19	丹尼尔·高缇耶	肠胃病学	法国	2019年
20	菲利克斯·达帕雷·达科拉	农业化学与植物共生	南非	2019年
21	吉姆·基瓦诺尼	园艺植物分子生物学	美国	2019年
22	雷夫·安德森	畜牧学	瑞典	2019年
23	延斯·尼尔森	生物化工、代谢工程、系统生物学、合成生物学	丹麦	2019年

附录 6　美国科学院生物技术领域院士名单

序号	姓名	机构英文名	机构中文名	学科领域	入选时间
1	James Watson	Cold Spring Harbor Laboratory	冷泉港实验室	遗传学	1962 年
2	Paul Berg	Stanford University	斯坦福大学	细胞与发育生物学	1966 年
3	M. S. Meselson	Harvard University	哈佛大学	遗传学	1968 年
4	Edward Wilson	Harvard University	哈佛大学	进化生物学	1969 年
5	A. Dale Kaiser	Stanford University	斯坦福大学	遗传学	1970 年
6	Jack Strominger	Harvard University	哈佛大学	炎症与免疫学	1970 年
7	Alan Garen	Yale University	耶鲁大学	遗传学	1971 年
8	A. Noam Chomsky	University of Arizona	亚利桑那大学	心理与认知科学	1972 年
9	Bruce Ames	University of California	加利福尼亚大学	生物化学	1972 年
10	Donald Kennedy	Stanford University	斯坦福大学	环境科学与生态学	1972 年
11	Joseph Gall	Carnegie Institution for Science	卡内基科学研究所	细胞与发育生物学	1972 年
12	P. Roy Vagelos	Regeneron Pharmaceuticals, Inc.	再生元制药	生物化学	1972 年
13	William Wood	University of Colorado Boulder	科罗拉多大学波尔得分校	遗传学	1972 年
14	Beatrice Mintz	Fox Chase Cancer Center	福克斯·蔡斯癌症中心	遗传学	1973 年
15	Donald Brown	Carnegie Institution for Science	卡内基科学研究所	细胞与发育生物学	1973 年
16	Edmond Fischer	University of Washington	华盛顿大学	生物化学	1973 年
17	Ellis Cowling	North Carolina State University	北卡罗来纳州立大学	人类环境科学	1973 年
18	Gordon Bower	Stanford University	斯坦福大学	心理与认知科学	1973 年
19	Gordon Hammes	Duke University	杜克大学	生物物理学与计算生物学	1973 年
20	James Darnell	The Rockefeller University	洛克菲勒大学	细胞与发育生物学	1973 年

续表

序号	姓名	机构英文名	机构中文名	学科领域	入选时间
21	Paul Marks	Memorial Sloan Kettering Cancer Center	纪念斯隆·凯特琳癌症中心	医学遗传学、血液学和肿瘤学	1973 年
22	Robert Forster	University of Pennsylvania	宾夕法尼亚大学	生理学和药理学	1973 年
23	David Baltimore	California Institute of Technology	加州理工学院	微生物生物学	1974 年
24	E. Peter Geiduschek	University of California	加利福尼亚大学	生物化学	1974 年
25	Eric Kandel	Columbia University	哥伦比亚大学	细胞和分子神经科学	1974 年
26	Estella Leopold	University of Washington	华盛顿大学	环境科学与生态学	1974 年
27	Eugene Braunwald	Harvard University	哈佛大学	医学生理学与代谢	1974 年
28	John Clements	University of California	加利福尼亚大学	医学生理学与代谢	1974 年
29	K. Frank Austen	Harvard University	哈佛大学	炎症与免疫学	1974 年
30	Philip Teitelbaum	University of Florida	佛罗里达大学	心理与认知科学	1974 年
31	Richard Atkinson	University of California	加利福尼亚大学	心理与认知科学	1974 年
32	Robert Shulman	Yale University	耶鲁大学	生物物理学与计算生物学	1974 年
33	Roger Guillemin	Salk Institute for Biological Studies	索尔克生物研究所	医学生理学与代谢	1974 年
34	Clinton Ballou	University of California	加利福尼亚大学	生物化学	1975 年
35	Leon Cooper	Brown University	布朗大学	系统神经科学	1975 年
36	David Hogness	Stanford University	斯坦福大学	细胞与发育生物学	1976 年
37	Franklin Stahl	University of Oregon	俄勒冈大学	遗传学	1976 年
38	Gary Felsenfeld	National Institutes of Health	美国国立卫生研究院	生物化学	1976 年
39	John Dowling	Harvard University	哈佛大学	系统神经科学	1976 年
40	Walter Gilbert	BioVentures Investors	BioVentures Investors 公司	生物物理学与计算生物学	1976 年

续表

序号	姓名	机构英文名	机构中文名	学科领域	入选时间
41	Elizabeth Neufeld	University of California	加利福尼亚大学	生物化学	1977 年
42	Evelyn Witkin	Rutgers, The State University of New Jersey, New Brunswick	新泽西州立罗格斯大学新布朗斯维克分校	遗传学	1977 年
43	Floyd Bloom	Scripps Research	斯克利普斯研究所	细胞和分子神经科学	1977 年
44	Gerald Wogan	Massachusetts Institute of Technology	麻省理工学院	生理学和药理学	1977 年
45	Herbert Tabor	National Institutes of Health	美国国立卫生研究院	生物化学	1977 年
46	Hugh McDevitt	Stanford University	斯坦福大学	炎症与免疫学	1977 年
47	I. Robert Lehman	Stanford University	斯坦福大学	生物化学	1977 年
48	Julian Wolpert	Princeton University	普林斯顿大学	人类环境科学	1977 年
49	Peter Raven	Missouri Botanical Garden	密苏里植物园	环境科学与生态学	1977 年
50	Purnell Choppin	Howard Hughes Medical Institute	霍华德·休斯医学研究所	微生物生物学	1977 年
51	Roger Shepard	Stanford University	斯坦福大学	心理与认知科学	1977 年
52	Theodor Diener	University of Maryland	马里兰大学	植物、土壤与微生物科学	1977 年
53	Andrew Schally	Veterans Affairs Medical Center	退伍军人事务部医学中心	医学遗传学，血液学和肿瘤学	1978 年
54	David Green	University of Florida	佛罗里达大学	心理与认知科学	1978 年
55	Emanuel Epstein	University of California	加利福尼亚大学	植物生物学	1978 年
56	Harry Rubin	University of California	加利福尼亚大学	医学遗传学，血液学和肿瘤学	1978 年
57	Julius Adler	University of Wisconsin-Madison	威斯康星星大学麦迪逊分校	生物化学	1978 年
58	Kent Flannery	University of Michigan	密歇根大学	人类学	1978 年

续表

序号	姓名	机构英文名	机构中文名	学科领域	入选时间
59	Paul Waggoner	The Connecticut Agricultural Experiment Station	康涅狄格州农业实验站	植物、土壤与微生物科学	1978 年
60	Peter von Hippel	University of Oregon	俄勒冈大学	生物化学	1978 年
61	Bernard Roizman	The University of Chicago	芝加哥大学	微生物生物学	1979 年
62	Hector DeLuca	University of Wisconsin-Madison	威斯康星大学麦迪逊分校	生物化学	1979 年
63	Jared Diamond	University of California	加利福尼亚大学	环境科学与生态学	1979 年
64	Mark Ptashne	Memorial Sloan Kettering Cancer Center	纪念斯隆·凯特琳癌症中心	遗传学	1979 年
65	Maxine Singer	Carnegie Institution for Science	卡内基科学研究所	生物化学	1979 年
66	Olle Bjorkman	Carnegie Institution for Science	卡内基科学研究所	植物生物学	1979 年
67	Perry Adkisson	Texas A&M University-College Station	得州农工大学学院站分校	动物、营养和应用型微生物科学	1979 年
68	Philip Leder	Harvard University	哈佛大学	细胞与发育生物学	1979 年
69	Richard Sidman	Harvard University	哈佛大学	细胞和分子神经科学	1979 年
70	Stanley Cohen	Stanford University	斯坦福大学	遗传学	1979 年
71	Donald Helinski	University of California	加利福尼亚大学	遗传学	1980 年
72	Earl Davie	University of Washington	华盛顿大学	生物化学	1980 年
73	Francisco Ayala	University of California	加利福尼亚大学	进化生物学	1980 年
74	Hamilton Smith	J. Craig Venter Institute	克雷格·文特尔研究所	生物化学	1980 年
75	J. Michael Bishop	University of California	加利福尼亚大学	医学遗传学、血液学和肿瘤学	1980 年

续表

序号	姓名	机构英文名	机构中文名	学科领域	入选时间
76	Joseph Goldstein	The University of Texas Southwestern Medical Center	得克萨斯大学西南医学中心	医学遗传学，血液学和肿瘤学	1980 年
77	Julian Hochberg	Columbia University	哥伦比亚大学	心理学认知科学	1980 年
78	Luis Sequeira	University of Wisconsin-Madison	威斯康星大学麦迪逊分校	植物，土壤与微生物科学	1980 年
79	Michael Brown	The University of Texas Southwestern Medical Center	得克萨斯大学西南医学中心	医学生理学与代谢	1980 年
80	Overton Berlin	University of Georgia	佐治亚大学	人类学	1980 年
81	Peter Vogt	Scripps Research	斯克利普斯研究所	微生物生物学	1980 年
82	Robert Baldwin	Stanford University	斯坦福大学	生物物理学与计算生物学	1980 年
83	Solomon Snyder	Johns Hopkins University	约翰斯·霍普金斯大学	细胞和分子神经科学	1980 年
84	Stanley Cohen	Stanford University	斯坦福大学	遗传学	1980 年
85	Torsten Wiesel	The Rockefeller University	洛克菲勒大学	系统神经科学	1980 年
86	Bruce Alberts	University of California	加利福尼亚大学	生物化学	1981 年
87	Daniel Branton	Harvard University	哈佛大学	生物物理学与计算生物学	1981 年
88	David Botstein	Calico Labs	Calico 实验室	遗传学	1981 年
89	Frank Hole	Yale University	耶鲁大学	人类学	1981 年
90	Gene Likens	Cary Institute of Ecosystem Studies	卡里生态系统研究所	环境科学与生态学	1981 年
91	Gerald Fink	Massachusetts Institute of Technology	麻省理工学院	遗传学	1981 年
92	Igor Dawid	National Institutes of Health	美国国立卫生研究院	细胞与发育生物学	1981 年
93	Joseph Hoffman	Yale University	耶鲁大学	生理学和药理学	1981 年
94	Michael Bennett	Albert Einstein College of Medicine	阿尔伯特·爱因斯坦医学院	细胞和分子神经科学	1981 年

续表

序号	姓名	机构英文名	机构中文名	学科领域	入选时间
95	Michael Posner	University of Oregon	俄勒冈大学	心理与认知科学	1981 年
96	Charles Stevens	Salk Institute for Biological Studies	索尔克生物研究所	细胞和分子神经科学	1982 年
97	Edwin Furshpan	Harvard University	哈佛大学	细胞和分子神经科学	1982 年
98	Harold Mooney	Stanford University	斯坦福大学	环境科学与生态学	1982 年
99	Herbert Weissbach	Florida Atlantic University	佛罗里达大西洋大学	生物化学	1982 年
100	Ira Pastan	National Institutes of Health	美国国立卫生研究院	医学遗传学、血液学和肿瘤学	1982 年
101	Leroy Hood	Institute for Systems Biology	系统生物学研究所	炎症与免疫学	1982 年
102	Margaret Davis	University of Minnesota System	明尼苏达大学	环境科学与生态学	1982 年
103	Matthew Scharff	Albert Einstein College of Medicine	阿尔伯特·爱因斯坦医学院	炎症与免疫学	1982 年
104	Pedro Cuatrecasas	University of California	加利福尼亚大学	医学生理学与代谢	1982 年
105	Phillips Robbins	Boston University	波士顿大学	生物化学	1982 年
106	Saul Sternberg	University of Pennsylvania	宾夕法尼亚大学	心理与认知科学	1982 年
107	Stuart Kornfeld	Washington University in St. Louis	圣路易斯华盛顿大学	医学遗传学、血液学和肿瘤学	1982 年
108	Charles Arntzen	Arizona State University	亚利桑那州立大学	植物、土壤与微生物科学	1983 年
109	Charles Richardson	Harvard University	哈佛大学	生物化学	1983 年
110	E. A. Hammel	University of California	加利福尼亚大学	人类学	1983 年
111	Jean Wilson	The University of Texas Southwestern Medical Center	得克萨斯大学西南医学中心	医学生理学与代谢	1983 年
112	Joan Steitz	Yale University	耶鲁大学	生物化学	1983 年

续表

序号	姓名	机构英文名	机构中文名	学科领域	入选时间
113	Martin Bukovac	Michigan State University	密歇根州立大学	植物、土壤与微生物科学	1983 年
114	Mary-Lou Pardue	Massachusetts Institute of Technology	麻省理工学院	遗传学	1983 年
115	Phillip Sharp	Massachusetts Institute of Technology	麻省理工学院	细胞与发育生物学	1983 年
116	R. L. Erikson	Harvard University	哈佛大学	细胞与发育生物学	1983 年
117	Richard Axel	Columbia University	哥伦比亚大学	医学遗传学、血液学和肿瘤学	1983 年
118	Ronald Davis	Stanford University	斯坦福大学	遗传学	1983 年
119	Sherman Weissman	Yale University	耶鲁大学	医学遗传学、血液学和肿瘤学	1983 年
120	Edward Kravitz	Harvard University	哈佛大学	系统神经科学	1984 年
121	Edward Scolnick	Broad Institute	博德研究所	细胞和分子神经科学	1984 年
122	Gerald Fischbach	Simons Foundation	西蒙斯基金会	细胞和分子神经科学	1984 年
123	Gerhard Giebisch	Yale University	耶鲁大学	生理学和药理学	1984 年
124	Harold Varmus	Cornell University	康奈尔大学	医学遗传学、血液学和肿瘤学	1984 年
125	Howard Berg	Harvard University	哈佛大学	生物物理学与计算生物学	1984 年
126	James Valentine	University of California	加利福尼亚大学	进化生物学	1984 年
127	Jonathan Beckwith	Harvard University	哈佛大学	微生物生物学	1984 年
128	Jonathan Uhr	The University of Texas Southwestern Medical Center	得克萨斯大学西南医学中心	炎症与免疫学	1984 年
129	Leopold Pospisil	Yale University	耶鲁大学	人类学	1984 年
130	Lubert Stryer	Stanford University	斯坦福大学	生物物理学与计算生物学	1984 年

续表

序号	姓名	机构英文名	机构中文名	学科领域	入选时间
131	Marilyn Gist Farquhar	University of California	加利福尼亚大学	细胞与发育生物学	1984 年
132	Mortimer Mishkin	National Institutes of Health	美国国立卫生研究院	系统神经科学	1984 年
133	Thomas Schoener	University of California	加利福尼亚大学	环境科学与生态学	1984 年
134	William Rutter	Synergenics	Synergenics 公司	生物化学	1984 年
135	David Sabatini	New York University	纽约大学	细胞与发育生物学	1985 年
136	Douglas Yen	Australian National University	澳大利亚国立大学	人类学	1985 年
137	George Sperling	University of California	加利福尼亚大学	心理与认知科学	1985 年
138	Herbert Boyer	University of California	加利福尼亚大学	生物化学	1985 年
139	John Abelson	California Institute of Technology	加州理工学院	生物化学	1985 年
140	Leon Rosenberg	Princeton University	普林斯顿大学	医学遗传学、血液学和肿瘤学	1985 年
141	Mary-Dell Chilton	Syngenta Biotechnology	Syngenta Biotechnology 公司	植物、土壤与微生物科学	1985 年
142	Masakazu Konishi	California Institute of Technology	加州理工学院	系统神经科学	1985 年
143	Melvin Simon	California Institute of Technology	加州理工学院	遗传学	1985 年
144	Pasko Rakic	Yale University	耶鲁大学	细胞和分子神经科学	1985 年
145	Paul Ehrlich	Stanford University	斯坦福大学	环境科学与生态学	1985 年
146	Richard Dickerson	University of California	加利福尼亚大学	生物物理学与计算生物学	1985 年
147	Robert Rescorla	University of Pennsylvania	宾夕法尼亚大学	心理与认知科学	1985 年
148	Robert Weinberg	Massachusetts Institute of Technology	麻省理工学院	医学遗传学、血液学和肿瘤学	1985 年

续表

序号	姓名	机构英文名	机构中文名	学科领域	入选时间
149	Thomas Maniatis	Columbia University	哥伦比亚大学	医学遗传学、血液学和肿瘤学	1985 年
150	Thomas Waldmann	National Institutes of Health	美国国立卫生研究院	炎症与免疫学	1985 年
151	Wendell Roelofs	Cornell University	康奈尔大学	动物、营养和应用型微生物科学	1985 年
152	Bertil Hille	University of Washington	华盛顿大学	细胞和分子神经科学	1986 年
153	Brian Matthews	University of Oregon	俄勒冈大学	生物物理学与计算生物学	1986 年
154	Charles Frake	University at Buffalo, The State University of New York	纽约州立大学布法罗分校	人类学	1986 年
155	Emilio Bizzi	Massachusetts Institute of Technology	麻省理工学院	系统神经科学	1986 年
156	George Todaro	Targeted Growth	Targeted Growth 公司	医学遗传学、血液学和肿瘤学	1986 年
157	Hans Kornberg	Boston University	波士顿大学	微生物生物学	1986 年
158	James Wang	Harvard University	哈佛大学	生物化学	1986 年
159	John Carbon	University of California	加利福尼亚大学	生物化学	1986 年
160	Major Goodman	North Carolina State University	北卡罗来纳州立大学	植物、土壤与微生物科学	1986 年
161	Martin Gellert	National Institutes of Health	美国国立卫生研究院	遗传学	1986 年
162	Michael Chamberlin	University of California	加利福尼亚大学	生物化学	1986 年
163	Peter Duesberg	University of California	加利福尼亚大学	细胞与发育生物学	1986 年
164	Rodolfo Llinas	New York University	纽约大学	细胞和分子神经科学	1986 年
165	Roger Unger	The University of Texas Southwestern Medical Center	得克萨斯大学西南医学中心	医学生理学与代谢	1986 年

续表

序号	姓名	机构英文名	机构中文名	学科领域	入选时间
166	Sheldon Penman	Massachusetts Institute of Technology	麻省理工学院	细胞与发育生物学	1986 年
167	Susumu Tonegawa	Massachusetts Institute of Technology	麻省理工学院	系统神经科学	1986 年
168	William Ogren	U.S. Department of Agriculture	美国农业部	植物、土壤与微生物科学	1986 年
169	Yuet Wai Kan	University of California	加利福尼亚大学	医学遗传学，血液学和肿瘤学	1986 年
170	Barry Bloom	Harvard University	哈佛大学	炎症与免疫学	1987 年
171	Bernard Moss	National Institutes of Health	美国国立卫生研究院	微生物生物学	1987 年
172	Clay Armstrong	University of Pennsylvania	宾夕法尼亚大学	生理学和药理学	1987 年
173	Emil Gotschlich	The Rockefeller University	洛克菲勒大学	微生物生物学	1987 年
174	Emil Unanue	Washington University in St. Louis	圣路易斯华盛顿大学	炎症与免疫学	1987 年
175	George Stark	Cleveland Clinic Foundation	克利夫兰诊所基金会	生物化学	1987 年
176	Gerald Rubin	Howard Hughes Medical Institute	霍华德·休斯医学研究所	遗传学	1987 年
177	H. Ronald Kaback	University of California	加利福尼亚大学	生理学和药理学	1987 年
178	Harvey Lodish	Massachusetts Institute of Technology	麻省理工学院	细胞与发育生物学	1987 年
179	Jane Buikstra	Arizona State University	亚利桑那州立大学	人类学	1987 年
180	Leland Hartwell	Arizona State University	亚利桑那州立大学	细胞与发育生物学	1987 年
181	Philip Needleman	Washington University in St. Louis	圣路易斯华盛顿大学	生理学和药理学	1987 年
182	Ralph Brinster	University of Pennsylvania	宾夕法尼亚大学	细胞与发育生物学	1987 年
183	Thomas Cech	University of Colorado Boulder	科罗拉多大学波尔得分校	生物化学	1987 年
184	Thomas Reese	National Institutes of Health	美国国立卫生研究院	细胞和分子神经科学	1987 年
185	Wyatt Anderson	University of Georgia	佐治亚大学	进化生物学	1987 年

续表

序号	姓名	机构英文名	机构中文名	学科领域	入选时间
186	Bert Hoelldobler	Arizona State University	亚利桑那州立大学	进化生物学	1988年
187	Brian Staskawicz	University of California	加利福尼亚大学	植物、土壤与微生物科学	1988年
188	Carl Pabo	Protean Futures	Protean Futures 公司	生物物理学与计算生物学	1988年
189	Charles Dinarello	University of Colorado, Denver	科罗拉多大学丹佛分校	炎症与免疫学	1988年
190	David Wake	University of California	加利福尼亚大学	进化生物学	1988年
191	David Ward	University of Hawai'i at Mānoa	夏威夷大学马诺阿分校	医学遗传学，血液学和肿瘤学	1988年
192	Elizabeth Anne Craig	University of Wisconsin-Madison	威斯康星大学麦迪逊分校	遗传学	1988年
193	George Somero	Stanford University	斯坦福大学	环境科学与生态学	1988年
194	Hans Herren	Millennium Institute	千禧研究所	动物、营养和应用型微生物科学	1988年
195	J. William Schopf	University of California	加利福尼亚大学	进化生物学	1988年
196	Jack Szostak	Harvard University	哈佛大学	生物化学	1988年
197	Joan Ruderman	Harvard University	哈佛大学	细胞与发育生物学	1988年
198	John Mekalanos	Harvard University	哈佛大学	微生物生物学	1988年
199	Lewis Tilney	University of Pennsylvania	宾夕法尼亚大学	细胞与发育生物学	1988年
200	Malcolm Martin	National Institutes of Health	美国国立卫生研究院	微生物生物学	1988年
201	Michael Levine	Princeton University	普林斯顿大学	细胞与发育生物学	1988年
202	Nobuo Suga	Washington University in St. Louis	圣路易斯华盛顿大学	系统神经科学	1988年
203	Perry Frey	University of Wisconsin-Madison	威斯康星大学麦迪逊分校	生物化学	1988年
204	Richard Witter	U.S. Department of Agriculture	美国农业部	动物、营养和应用型微生物科学	1988年

续表

序号	姓名	机构英文名	机构中文名	学科领域	入选时间
205	Robert Dickinson	University of California	加利福尼亚大学	环境科学与生态学	1988 年
206	Robert Eisenman	Fred Hutchinson Cancer Research Center	弗雷德·哈钦森癌症研究中心	医学遗传学、血液学和肿瘤学	1988 年
207	Robert Webster	St. Jude Children's Research Hospital	圣裘德儿童研究医院	微生物生物学	1988 年
208	Susan Gottesman	National Institutes of Health	美国国立卫生研究院	遗传学	1988 年
209	Susan Wessler	University of California	加利福尼亚大学	植物、土壤与微生物科学	1988 年
210	Tony Hunter	Salk Institute for Biological Studies	索尔克生物研究所	医学遗传学、血液学和肿瘤学	1988 年
211	William Dove	University of Wisconsin-Madison	威斯康星大学麦迪逊分校	遗传学	1988 年
212	Allan Spradling	Carnegie Institution for Science	卡内基科学研究所	细胞与发育生物学	1989 年
213	Arnel Hallauer	Iowa State University	艾奥瓦州立大学	植物、土壤与微生物科学	1989 年
214	Barbara Partee	University of Massachusetts, Amherst	马萨诸塞大学阿默斯特分校	心理与认知科学	1989 年
215	Charles Weissmann	Scripps Research	斯克利普斯研究所	细胞和分子神经科学	1989 年
216	Christopher Walsh	Stanford University	斯坦福大学	生物化学	1989 年
217	Dale Purves	Duke University	杜克大学	心理与认知科学	1989 年
218	David Dilcher	Indiana University	印第安纳大学	植物生物学	1989 年
219	David Eisenberg	University of California	加利福尼亚大学	生物物理学与计算生物学	1989 年
220	David Thomas	American Museum of Natural History	美国自然历史博物馆	人类学	1989 年
221	Gordon Orians	University of Washington	华盛顿大学	进化生物学	1989 年
222	Gurdev Khush	University of California	加利福尼亚大学	植物、土壤与微生物科学	1989 年
223	Irving Weissman	Stanford University	斯坦福大学	炎症与免疫学	1989 年

续表

序号	姓名	机构英文名	机构中文名	学科领域	入选时间
224	James McGaugh	University of California	加利福尼亚大学	系统神经科学	1989 年
225	John Kappler	National Jewish Health	国家犹太健康中心	炎症与免疫学	1989 年
226	John Terborgh	University of Florida	佛罗里达大学	环境科学与生态学	1989 年
227	K. E. van Holde	Oregon State University	俄勒冈州立大学	生物物理学与计算生物学	1989 年
228	Marc Kirschner	Harvard University	哈佛大学	细胞与发育生物学	1989 年
229	Max Summers	Texas A&M University-College Station	得州农工大学学院站分校	动物、营养和应用型微生物科学	1989 年
230	Michael Wigler	Cold Spring Harbor Laboratory	冷泉港实验室	医学遗传学、血液学和肿瘤学	1989 年
231	Philip Hanawalt	Stanford University	斯坦福大学	遗传学	1989 年
232	Philippa Marrack	National Jewish Health	丹佛国家犹太大健康研究所	炎症与免疫学	1989 年
233	Ronald Evans	Salk Institute for Biological Studies	索尔克生物研究所	医学生理学与代谢	1989 年
234	Stanley Gartler	University of Washington	华盛顿大学	医学遗传学、血液学和肿瘤学	1989 年
235	William Catterall	University of Washington	华盛顿大学	生理学和药理学	1989 年
236	William Lennarz	Stony Brook University, The State University of New York	纽约州立大学石溪分校	生物化学	1989 年
237	William Sly	Saint Louis University	圣路易斯大学	医学遗传学、血液学和肿瘤学	1989 年
238	Winston Brill	Winston J. Brill and Associates	Winston J. Brill and Associates 公司	植物、土壤与微生物科学	1989 年
239	Edward Korn	National Institutes of Health	美国国立卫生研究院	生物化学	1990 年

序号	姓名	机构英文名	机构中文名	学科领域	入选时间
240	George Woodwell	Woods Hole Research Center	伍兹霍尔研究中心	环境科学与生态学	1990 年
241	John Boyer	University of Missouri-Columbia	密苏里大学哥伦比亚分校	植物、土壤与微生物科学	1990 年
242	John Gerhart	University of California	加利福尼亚大学	细胞与发育生物学	1990 年
243	Keith Yamamoto	University of California	加利福尼亚大学	细胞与发育生物学	1990 年
244	Louis Kunkel	Harvard University	哈佛大学	医学遗传学、血液学和肿瘤学	1990 年
245	Louis Miller	National Institutes of Health	美国国立卫生研究院	微生物生物学	1990 年
246	M. T. Clegg	University of California	加利福尼亚大学	进化生物学	1990 年
247	Nina Fedoroff	The Pennsylvania State University	宾夕法尼亚州立大学	植物生物学	1990 年
248	Patrick Kirch	University of Hawai 'i at Mānoa	夏威夷大学马诺阿分校	人类学	1990 年
249	Paul Schimmel	Scripps Research	斯克利普斯研究所	生物化学	1990 年
250	Sarah Hrdy	University of California	加利福尼亚大学	人类学	1990 年
251	Sidney Altman	Yale University	耶鲁大学	生物化学	1990 年
252	A. James Hudspeth	The Rockefeller University	洛克菲勒大学	生理学和药理学	1991 年
253	Anthony Cerami	Araim Pharmaceuticals	Araim Pharmaceuticals 公司	医学生理学与代谢	1991 年
254	Arnold Levine	Institute for Advanced Study	高等研究院	医学遗传学、血液学和肿瘤学	1991 年
255	Darwin Prockop	Texas A&M University-College Station	得州农工大学学院站分校	医学遗传学、血液学和肿瘤学	1991 年
256	H. Robert Horvitz	Massachusetts Institute of Technology	麻省理工学院	遗传学	1991 年
257	James Spudich	Stanford University	斯坦福大学	细胞与发育生物学	1991 年

续表

序号	姓名	机构英文名	机构中文名	学科领域	入选时间
258	Jane Richardson	Duke University	杜克大学	生物物理学与计算生物学	1991 年
259	John Avise	University of California	加利福尼亚大学	进化生物学	1991 年
260	John Holdren	Harvard University	哈佛大学	人类环境科学	1991 年
261	Mario Capecchi	The University of Utah	犹他大学	细胞与发育生物学	1991 年
262	Maurice Burg	National Institutes of Health	美国国立卫生研究院	生理学和药理学	1991 年
263	Norman Pace	University of Colorado Boulder	科罗拉多大学波尔得分校	微生物生物学	1991 年
264	R. John Collier	Harvard University	哈佛大学	微生物生物学	1991 年
265	Robert Haselkorn	The University of Chicago	芝加哥大学	植物生物学	1991 年
266	Robert Tjian	University of California	加利福尼亚大学	细胞与发育生物学	1991 年
267	Ronald Phillips	University of Minnesota System	明尼苏达大学	植物、土壤与微生物科学	1991 年
268	Stephen Harrison	Harvard University	哈佛大学	生物物理学与计算生物学	1991 年
269	Stuart Orkin	Harvard University	哈佛大学	医学遗传学、血液学和肿瘤学	1991 年
270	Susan Leeman	Boston University	波士顿大学	生理学和药理学	1991 年
271	Victoria Bricker	Tulane University	杜兰大学	人类学	1991 年
272	Anthony Fauci	National Institutes of Health	美国国立卫生研究院	炎症与免疫学	1992 年
273	Bert O'Malley	Baylor College of Medicine	贝勒医学院	医学生理学与代谢	1992 年
274	Bert Vogelstein	Johns Hopkins University	约翰斯·霍普金斯大学	医学遗传学、血液学和肿瘤学	1992 年
275	Carol Gross	University of California	加利福尼亚大学	遗传学	1992 年
276	Daniel Janzen	University of Pennsylvania	宾夕法尼亚大学	环境科学与生态学	1992 年

续表

序号	姓名	机构英文名	机构中文名	学科领域	入选时间
277	David Pilbeam	Harvard University	哈佛大学	进化生物学	1992 年
278	F. William Studier	Brookhaven National Laboratory	布鲁克海文国家实验室	遗传学	1992 年
279	George Bruening	University of California	加利福尼亚大学	植物、土壤与微生物科学	1992 年
280	George Seidel	Colorado State University	科罗拉多州立大学	动物、营养和应用型微生物科学	1992 年
281	Harry Noller	University of California	加利福尼亚大学	生物化学	1992 年
282	JoAnne Stubbe	Massachusetts Institute of Technology	麻省理工学院	生物化学	1992 年
283	John Law	University of Georgia	佐治亚大学	动物、营养和应用型微生物科学	1992 年
284	Peter Vitousek	Stanford University	斯坦福大学	环境科学与生态学	1992 年
285	Randy Schekman	University of California	加利福尼亚大学	细胞与发育生物学	1992 年
286	Richard Losick	Harvard University	哈佛大学	细胞与发育生物学	1992 年
287	Robert Langer	Massachusetts Institute of Technology	麻省理工学院	生物物理学与计算生物学	1992 年
288	Stanley Prusiner	University of California	加利福尼亚大学	医学生理学与代谢	1992 年
289	Steven McKnight	The University of Texas Southwestern Medical Center	得克萨斯大学西南医学中心	细胞与发育生物学	1992 年
290	Stuart Schlossman	Harvard University	哈佛大学	炎症与免疫学	1992 年
291	Thomas Kelly	Memorial Sloan Kettering Cancer Center	纪念斯隆·凯特琳癌症中心	生物化学	1992 年
292	Thomas Pollard	Yale University	耶鲁大学	生物物理学与计算生物学	1992 年
293	C. Thomas Caskey	Baylor College of Medicine	贝勒医学院	医学遗传学、血液学和肿瘤学	1993 年

续表

序号	姓名	机构英文名	机构中文名	学科领域	入选时间
294	Christine Guthrie	University of California	加利福尼亚大学	遗传学	1993 年
295	Denis Baylor	Stanford University	斯坦福大学	细胞和分子神经科学	1993 年
296	Ed Harlow	Harvard University	哈佛大学	医学遗传学、血液学和肿瘤学	1993 年
297	Elizabeth Blackburn	University of California	加利福尼亚大学	生物化学	1993 年
298	Francis Collins	National Institutes of Health	美国国立卫生研究院	医学遗传学、血液学和肿瘤学	1993 年
299	George Vande Woude	Van Andel Institute	范安德尔研究所	医学遗传学、血液学和肿瘤学	1993 年
300	James Rothman	Yale University	耶鲁大学	细胞与发育生物学	1993 年
301	Larry Squire	University of California	加利福尼亚大学	系统神经科学	1993 年
302	Mario Molina	University of California	加利福尼亚大学	环境科学与生态学	1993 年
303	Mark Davis	Stanford University	斯坦福大学	炎症与免疫学	1993 年
304	Nancy Kleckner	Harvard University	哈佛大学	遗传学	1993 年
305	Olke Uhlenbeck	Northwestern University	西北大学	生物化学	1993 年
306	Paul Ahlquist	University of Wisconsin-Madison	威斯康星大学麦迪逊分校	生物化学	1993 年
307	Paul Modrich	Duke University	杜克大学	生物化学	1993 年
308	Peter Howley	Harvard University	哈佛大学	微生物生物学	1993 年
309	R. James Cook	Washington State University	华盛顿州立大学	植物、土壤与微生物科学	1993 年
310	Richard Klausner	Lyell Immunopharma	Lyell Immunopharma 公司	医学遗传学、血液学和肿瘤学	1993 年

续表

序号	姓名	机构英文名	机构中文名	学科领域	入选时间
311	Roger Kornberg	Stanford University	斯坦福大学	生物化学	1993 年
312	Sharon Long	Stanford University	斯坦福大学	植物生物学	1993 年
313	Wayne Hendrickson	Columbia University	哥伦比亚大学	生物化学	1993 年
314	William Labov	University of Pennsylvania	宾夕法尼亚大学	心理与认知科学	1993 年
315	Anthony Mahowald	The University of Chicago	芝加哥大学	细胞与发育生物学	1994 年
316	Arnold Demain	Drew University	德鲁大学	动物、营养和应用型微生物科学	1994 年
317	David Goeddel	The Column Group	The Column Group 公司	医学遗传学、血液学和肿瘤学	1994 年
318	David Housman	Massachusetts Institute of Technology	麻省理工学院	遗传学	1994 年
319	Donald Caspar	Florida State University	佛罗里达州立大学	生物物理学与计算生物学	1994 年
320	Donald Pfaff	The Rockefeller University	洛克菲勒大学	生理学和药理学	1994 年
321	Ellen Vitetta	The University of Texas Southwestern Medical Center	得克萨斯大学西南医学中心	炎症与免疫学	1994 年
322	Eric Wieschaus	Princeton University	普林斯顿大学	细胞与发育生物学	1994 年
323	Eugene Nester	University of Washington	华盛顿大学	植物、土壤与微生物科学	1994 年
324	Eville Gorham	University of Minnesota System	明尼苏达大学	环境科学与生态学	1994 年
325	Frederick Alt	Harvard University	哈佛大学	炎症与免疫学	1994 年
326	Frederick Ausubel	Harvard University	哈佛大学	植物生物学	1994 年
327	Henry Bourne	University of California	加利福尼亚大学	医学遗传学、血液学和肿瘤学	1994 年

续表

序号	姓名	机构英文名	机构中文名	学科领域	入选时间
328	Henry Wright	University of Michigan	密歇根大学	人类学	1994 年
329	Jeremy Sabloff	Santa Fe Institute	圣塔菲研究所	人类学	1994 年
330	John Flavell	Stanford University	斯坦福大学	心理与认知科学	1994 年
331	Judith Klinman	University of California	加利福尼亚大学	生物化学	1994 年
332	Kiyoshi Mizuuchi	National Institutes of Health	美国国立卫生研究院	生物化学	1994 年
333	Lucy Shapiro	Stanford University	斯坦福大学	细胞与发育生物学	1994 年
334	May Berenbaum	University of Illinois at Urbana-Champaign	伊利诺伊大学厄巴纳 - 香槟分校	进化生物学	1994 年
335	Maynard Olson	University of Washington	华盛顿大学	医学遗传学，血液学和肿瘤学	1994 年
336	Michael Freeling	University of California	加利福尼亚大学	植物，土壤与微生物科学	1994 年
337	Michael Rosenfeld	University of California	加利福尼亚大学	医学生理学与代谢	1994 年
338	Pamela Matson	Stanford University	斯坦福大学	环境科学与生态学	1994 年
339	Roger Nicoll	University of California	加利福尼亚大学	细胞和分子神经科学	1994 年
340	Sankar Adhya	National Institutes of Health	美国国立卫生研究院	微生物生物学	1994 年
341	Sung-Hou Kim	University of California	加利福尼亚大学	生物物理学与计算生物学	1994 年
342	William Bowers	University of Arizona	亚利桑那大学	动物，营养和应用型微生物科学	1994 年
343	A. Kimball Romney	University of California	加利福尼亚大学	人类学	1995 年
344	Alexander Klibanov	Massachusetts Institute of Technology	麻省理工学院	生物物理学与计算生物学	1995 年
345	Alexander Varshavsky	California Institute of Technology	加州理工学院	生物化学	1995 年

续表

序号	姓名	机构英文名	机构中文名	学科领域	入选时间
346	B. L. Turner	Arizona State University	亚利桑那州立大学	人类环境科学	1995 年
347	Bob Buchanan	University of California	加利福尼亚大学	植物生物学	1995 年
348	Carla Shatz	Stanford University	斯坦福大学	细胞和分子神经科学	1995 年
349	Charles Radding	Yale University	耶鲁大学	生物化学	1995 年
350	Charles Sherr	St. Jude Children's Research Hospital	圣裘德儿童研究医院	医学遗传学、血液学和肿瘤学	1995 年
351	Clara Franzini-Armstrong	University of Pennsylvania	宾夕法尼亚大学	生理学和药理学	1995 年
352	Clyde Hutchison	J. Craig Venter Institute	克雷格·文特尔研究所	生物化学	1995 年
353	Corey Goodman	venBio Partners	venBio Partners 公司	细胞和分子神经科学	1995 年
354	David Livingston	Harvard University	哈佛大学	医学遗传学、血液学和肿瘤学	1995 年
355	Donald Malins	Pacific Northwest Research Institute	西北太平洋研究所	医学遗传学、血液学和肿瘤学	1995 年
356	Douglas Melton	Harvard University	哈佛大学	细胞与发育生物学	1995 年
357	Douglas Wallace	University of Pennsylvania	宾夕法尼亚大学	医学遗传学、血液学和肿瘤学	1995 年
358	Elliot Meyerowitz	California Institute of Technology	加州理工学院	植物生物学	1995 年
359	Gregory Petsko	Harvard University	哈佛大学	生物物理学与计算生物学	1995 年
360	Jan Breslow	The Rockefeller University	洛克菲勒大学	医学生理学与代谢	1995 年
361	Judith Kimble	University of Wisconsin-Madison	威斯康星大学麦迪逊分校	细胞与发育生物学	1995 年
362	Kenneth Berns	University of Florida	佛罗里达大学	微生物生物学	1995 年

续表

序号	姓名	机构英文名	机构中文名	学科领域	入选时间
363	Larry Gold	SomaLogic	SomaLogic 公司	医学遗传学、血液学和肿瘤学	1995 年
364	Lily Jan	University of California	加利福尼亚大学	生理学和药理学	1995 年
365	Richard Shiffrin	Indiana University	印第安纳大学	心理与认知科学	1995 年
366	Ronald Sederoff	North Carolina State University	北卡罗来纳州立大学	植物、土壤与微生物科学	1995 年
367	Steven Tanksley	Cornell University	康奈尔大学	植物生物学	1995 年
368	Watt Webb	Cornell University	康奈尔大学	生物物理学与计算生物学	1995 年
369	Brian Larkins	University of Arizona	亚利桑那大学	植物、土壤与微生物科学	1996 年
370	Carlo Croce	The Ohio State University	俄亥俄州立大学	医学遗传学、血液学和肿瘤学	1996 年
371	Christopher Somerville	Open Philanthropy Project	Open Philanthropy Project 机构	植物生物学	1996 年
372	Cynthia Beall	Case Western Reserve University	凯斯西储大学	人类学	1996 年
373	Elaine Fuchs	The Rockefeller University	洛克菲勒大学	细胞与发育生物学	1996 年
374	Elisabeth Gantt	University of Maryland	马里兰大学	植物生物学	1996 年
375	Elliott Kieff	Harvard University	哈佛大学	微生物生物学	1996 年
376	Erik Trinkaus	Washington University in St. Louis	圣路易斯华盛顿大学	人类学	1996 年
377	James Dahlberg	University of Wisconsin-Madison	威斯康星大学麦迪逊分校	生物化学	1996 年
378	Jane Lubchenco	Oregon State University	俄勒冈州立大学	环境科学与生态学	1996 年
379	Jeremy Nathans	Johns Hopkins University	约翰斯·霍普金斯大学	细胞和分子神经科学	1996 年
380	John Robbins	National Institutes of Health	美国国立卫生研究院	微生物生物学	1996 年

续表

序号	姓名	机构英文名	机构中文名	学科领域	入选时间
381	John Suttie	University of Wisconsin-Madison	威斯康星大学麦迪逊分校	动物、营养和应用型微生物科学	1996年
382	Joseph Beavo	University of Washington	华盛顿大学	生理学和药理学	1996年
383	Maarten Chrispeels	University of California	加利福尼亚大学	植物生物学	1996年
384	Marcus Raichle	Washington University in St. Louis	圣路易斯华盛顿大学	系统神经科学	1996年
385	Margaret Kidwell	University of Arizona	亚利桑那大学	进化生物学	1996年
386	Maria New	Icahn School of Medicine at Mount Sinai	西奈山伊坎医学院	医学生理学与代谢	1996年
387	Nancy Kopell	Boston University	波士顿大学	系统神经科学	1996年
388	R. Michael Roberts	University of Missouri-Columbia	密苏里大学哥伦比亚分校	动物、营养和应用型微生物科学	1996年
389	Richard Hynes	Massachusetts Institute of Technology	麻省理工学院	细胞与发育生物学	1996年
390	Robert Sauer	Massachusetts Institute of Technology	麻省理工学院	生物化学	1996年
391	Shirley Tilghman	Princeton University	普林斯顿大学	细胞与发育生物学	1996年
392	Susan Taylor	University of California	加利福尼亚大学	生物化学	1996年
393	Thaddeus Dryja	Harvard University	哈佛大学	医学遗传学、血液学和肿瘤学	1996年
394	Thomas Cline	University of California	加利福尼亚大学	遗传学	1996年
395	Thomas Shenk	Princeton University	普林斯顿大学	微生物生物学	1996年
396	Timothy Springer	Harvard University	哈佛大学	生物物理学与计算生物学	1996年
397	William Wickner	Dartmouth College	达特茅斯学院	生物化学	1996年

续表

序号	姓名	机构英文名	机构中文名	学科领域	入选时间
398	Yuh Nung Jan	University of California	加利福尼亚大学	细胞和分子神经科学	1996 年
399	Albert de la Chapelle	The Ohio State University	俄亥俄州立大学	医学遗传学，血液学和肿瘤学	1997 年
400	Bruce McEwen	The Rockefeller University	洛克菲勒大学	系统神经科学	1997 年
401	Dieter Soll	Yale University	耶鲁大学	生物化学	1997 年
402	Donald Engelman	Yale University	耶鲁大学	生物物理学与计算生物学	1997 年
403	Eric Lander	Broad Institute	博德研究所	医学遗传学，血液学和肿瘤学	1997 年
404	Ferid Murad	The George Washington University	乔治·华盛顿大学	生理学和药理学	1997 年
405	George Frison	University of Wyoming	怀俄明大学	人类学	1997 年
406	George Lorimer	University of Maryland	马里兰大学	生物化学	1997 年
407	Gerald Crabtree	Stanford University	斯坦福大学	炎症与免疫学	1997 年
408	Inder Verma	Salk Institute for Biological Studies	索尔克生物研究所	医学遗传学，血液学和肿瘤学	1997 年
409	James Allison	The University of Texas MD Anderson Cancer Center	得克萨斯大学 MD 安德森癌症中心	炎症与免疫学	1997 年
410	James Tumlinson	The Pennsylvania State University	宾夕法尼亚州立大学	动物，营养和应用型微生物科学	1997 年
411	Johann Deisenhofer	The University of Texas Southwestern Medical Center	得克萨斯大学西南医学中心	生物物理学与计算生物学	1997 年
412	Joyce Marcus	University of Michigan	密歇根大学	人类学	1997 年
413	Kirk Smith	University of California	加利福尼亚大学	人类环境科学	1997 年

续表

序号	姓名	机构英文名	机构中文名	学科领域	入选时间
414	Lewis Williams	Five Prime Therapeutics	Five Prime Therapeutics 公司	医学遗传学，血液学和肿瘤学	1997 年
415	Linda Randall	University of Missouri-Columbia	密苏里大学哥伦比亚分校	微生物生物学	1997 年
416	Masatoshi Nei	Temple University	天普大学	进化生物学	1997 年
417	Michael Gimbrone	Harvard University	哈佛大学	医学生理学与代谢	1997 年
418	Owen Witte	University of California	加利福尼亚大学	医学遗传学，血液学和肿瘤学	1997 年
419	Paul Kay	Stanford University	斯坦福大学	人类学	1997 年
420	Peter Kim	Stanford University	斯坦福大学	生物化学	1997 年
421	Peter Moore	Yale University	耶鲁大学	生物物理学与计算生物学	1997 年
422	Ralph Garruto	Binghamton University，State University of New York	纽约州立大学宾汉顿分校	人类学	1997 年
423	Richard Tsien	New York University	纽约大学	细胞和分子神经科学	1997 年
424	Rodney Croteau	Washington State University	华盛顿州立大学	植物生物学	1997 年
425	Roger Beachy	Washington University in St. Louis	圣路易斯华盛顿大学	植物，土壤与微生物科学	1997 年
426	S. Walter Englander	University of Pennsylvania	宾夕法尼亚大学	生物物理学与计算生物学	1997 年
427	Thomas Stossel	BioAegis Therapeutics	BioAegis Therapeutics 公司	医学遗传学，血液学和肿瘤学	1997 年
428	Webster Cavenee	University of California	加利福尼亚大学	医学遗传学，血液学和肿瘤学	1997 年
429	Bert Hoelldobler	Arizona State University	亚利桑那州立大学	进化生物学	1998 年
430	Brian Staskawicz	University of California	加利福尼亚大学	植物，土壤与微生物科学	1998 年

续表

序号	姓名	机构英文名	机构中文名	学科领域	入选时间
431	Carl Pabo	Protean Futures	Protean Futures 公司	生物物理学与计算生物学	1998 年
432	Charles Dinarello	University of Colorado, Denver	科罗拉多大学丹佛分校	炎症与免疫学	1998 年
433	David Wake	University of California	加利福尼亚大学	进化生物学	1998 年
434	David Ward	University of Hawai'i at Mānoa	夏威夷大学马诺阿分校	医学遗传学、血液学和肿瘤学	1998 年
435	Elizabeth Anne Craig	University of Wisconsin-Madison	威斯康星大学麦迪逊分校	遗传学	1998 年
436	Hans Herren	Millennium Institute	千禧研究所	动物、营养和应用型微生物科学	1998 年
437	J. William Schopf	University of California	加利福尼亚大学	进化生物学	1998 年
438	Jack Szostak	Harvard University	哈佛大学	生物化学	1998 年
439	Joan Ruderman	Harvard University	哈佛大学	细胞与发育生物学	1998 年
440	John Mekalanos	Harvard University	哈佛大学	微生物生物学	1998 年
441	Lewis Tilney	University of Pennsylvania	宾夕法尼亚大学	细胞与发育生物学	1998 年
442	Malcolm Martin	National Institutes of Health	美国国立卫生研究院	微生物生物学	1998 年
443	Michael Levine	Princeton University	普林斯顿大学	细胞与发育生物学	1998 年
444	Nobuo Suga	Washington University in St. Louis	圣路易斯华盛顿大学	系统神经科学	1998 年
445	Norma Graham	Columbia University	哥伦比亚大学	心理学与认知科学	1998 年
446	Perry Frey	University of Wisconsin-Madison	威斯康星大学麦迪逊分校	生物化学	1998 年
447	Richard Witter	U.S. Department of Agriculture	美国农业部	动物、营养和应用型微生物科学	1998 年
448	Robert Eisenman	Fred Hutchinson Cancer Research Center	弗雷德·哈钦森癌症研究中心	医学遗传学、血液学和肿瘤学	1998 年

续表

序号	姓名	机构英文名	机构中文名	学科领域	入选时间
449	Robert Webster	St. Jude Children's Research Hospital	圣裘德儿童研究医院	微生物生物学	1998 年
450	Susan Gottesman	National Institutes of Health	美国国立卫生研究院	遗传学	1998 年
451	Susan Wessler	University of California	加利福尼亚大学	植物、土壤与微生物科学	1998 年
452	Tony Hunter	Salk Institute for Biological Studies	索尔克生物研究所	医学遗传学、血液学和肿瘤学	1998 年
453	William Chameides	Duke University	杜克大学	环境科学与生态学	1998 年
454	William Dove	University of Wisconsin-Madison	威斯康星大学麦迪逊分校	遗传学	1998 年
455	Arthur Karlin	Columbia University	哥伦比亚大学	生理学和药理学	1999 年
456	Arthur Landy	Brown University	布朗大学	生物化学	1999 年
457	Barbara Schaal	Washington University in St. Louis	圣路易斯华盛顿大学	进化生物学	1999 年
458	Bruce Hammock	University of California	加利福尼亚大学	动物、营养和应用型微生物科学	1999 年
459	C. Ronald Kahn	Harvard University	哈佛大学	医学生理学与代谢	1999 年
460	Elizabeth Spelke	Harvard University	哈佛大学	心理学与认知科学	1999 年
461	Erkki Ruoslahti	Sanford Burnham Prebys Medical Discovery Institute	桑福德·伯纳姆·普雷比斯医学发现研究所	医学遗传学、血液学和肿瘤学	1999 年
462	Howard Grey	La Jolla Institute for Allergy and Immunology	拉霍亚过敏和免疫学研究所	炎症与免疫学	1999 年
463	J. Richard McIntosh	University of Colorado Boulder	科罗拉多大学波尔得分校	细胞与发育生物学	1999 年
464	James Cleaver	University of California	加利福尼亚大学	医学遗传学、血液学和肿瘤学	1999 年
465	James Wells	University of California	加利福尼亚大学	生物化学	1999 年

续表

序号	姓名	机构英文名	机构中文名	学科领域	入选时间
466	James Womack	Texas A&M University-College Station	得州农工大学学院站分校	动物、营养和应用型微生物科学	1999 年
467	Janice Miller	U.S. Department of Agriculture	美国农业部	动物、营养和应用型微生物科学	1999 年
468	Jeffrey Roberts	Cornell University	康奈尔大学	遗传学	1999 年
469	Joanne Chory	Salk Institute for Biological Studies	索尔克生物研究所	植物生物学	1999 年
470	John Anderson	Carnegie Mellon University	卡内基·梅隆大学	心理与认知科学	1999 年
471	John Coffin	Tufts University	塔夫茨大学	微生物生物学	1999 年
472	Joseph Felsenstein	University of Washington	华盛顿大学	进化生物学	1999 年
473	Louis Ignarro	University of California	加利福尼亚大学	生理学和药理学	1999 年
474	Marlene Belfort	University at Albany, State University of New York	纽约州立大学奥尔巴尼分校	生物化学	1999 年
475	Martin Weigert	The University of Chicago	芝加哥大学	炎症与免疫学	1999 年
476	Matthew Scott	Stanford University	斯坦福大学	遗传学	1999 年
477	Michael Merzenich	Posit Science Corporation	Posit Science 公司	系统神经科学	1999 年
478	Patricia Donahoe	Harvard University	哈佛大学	医学生理学与代谢	1999 年
479	Robert Carneiro	American Museum of Natural History	美国自然历史博物馆	人类学	1999 年
480	Robert Desimone	Massachusetts Institute ofTechnology	麻省理工学院	系统神经科学	1999 年
481	Steven Lindow	University of California	加利福尼亚大学	植物、土壤与微生物科学	1999 年
482	Thomas Petes	Duke University	杜克大学	遗传学	1999 年
483	William DeGrado	University of California	加利福尼亚大学	生物物理学与计算生物学	1999 年

续表

序号	姓名	机构英文名	机构中文名	学科领域	入选时间
484	Barbara Meyer	University of California	加利福尼亚大学	遗传学	2000 年
485	Bruce Stillman	Cold Spring Harbor Laboratory	冷泉港实验室	生物化学	2000 年
486	Douglas Rees	California Institute of Technology	加州理工学院	生物物理学与计算生物学	2000 年
487	Eric Olson	The University of Texas Southwestern Medical Center	得克萨斯大学西南医学中心	细胞与发育生物学	2000 年
488	Jack Dixon	University of California	加利福尼亚大学	生物化学	2000 年
489	Jeffrey Palmer	Indiana University	印第安纳大学	植物生物学	2000 年
490	Joan Massague	Memorial Sloan Kettering Cancer Center	纪念斯隆·凯特琳癌症中心	细胞与发育生物学	2000 年
491	Jon Kaas	Vanderbilt University	范德堡大学	系统神经科学	2000 年
492	Joseph Schlessinger	Yale University	耶鲁大学	医学遗传学、血液学和肿瘤学	2000 年
493	Leslie Ungerleider	National Institutes of Health	美国国立卫生研究院	系统神经科学	2000 年
494	Lila Gleitman	University of Pennsylvania	宾夕法尼亚大学	心理与认知科学	2000 年
495	Michael Moseley	University of Florida	佛罗里达大学	人类学	2000 年
496	Michael Welsh	The University of Iowa	艾奥瓦大学	医学生理学与代谢	2000 年
497	Peter Agre	Johns Hopkins University	约翰斯·霍普金斯大学	生理学和药理学	2000 年
498	Peter Palese	Icahn School of Medicine at Mount Sinai	西奈山伊坎医学院	微生物生物学	2000 年
499	Reed Wickner	National Institutes of Health	美国国立卫生研究院	遗传学	2000 年
500	Richard Kolodner	Ludwig Institute for Cancer Research	路德维希癌症研究所	医学遗传学、血液学和肿瘤学	2000 年

续表

序号	姓名	机构英文名	机构中文名	学科领域	入选时间
501	Richard Scheller	23andMe	23andMe 公司	细胞和分子神经科学	2000 年
502	Rita Colwell	University of Maryland	马里兰大学	环境科学与生态学	2000 年
503	Robert Cousins	University of Florida	佛罗里达大学	动物、营养和应用型微生物科学	2000 年
504	Robert Mahley	The J. David Gladstone Institutes	戴维·格拉德斯通研究所	医学生理学与代谢	2000 年
505	Robert Waterston	University of Washington	华盛顿大学	医学遗传学，血液学和肿瘤学	2000 年
506	Roderick MacKinnon	The Rockefeller University	洛克菲勒大学	生物物理学与计算生物学	2000 年
507	Sen-itiroh Hakomori	Pacific Northwest Research Institute	西北太平洋研究所	生物化学	2000 年
508	Simon Levin	Princeton University	普林斯顿大学	环境科学与生态学	2000 年
509	Stanley Fields	University of Washington	华盛顿大学	遗传学	2000 年
510	Steven Briggs	University of California	加利福尼亚大学	植物、土壤与微生物科学	2000 年
511	Susan Hanson	Clark University	克拉克大学	人类环境科学	2000 年
512	Tim White	University of California	加利福尼亚大学	人类学	2000 年
513	William Jury	University of California	加利福尼亚大学	环境科学与生态学	2000 年
514	William Newsome	Stanford University	斯坦福大学	系统神经科学	2000 年
515	Alexander Glazer	University of California	加利福尼亚大学	生物化学	2001 年
516	Alfred Sommer	Johns Hopkins University	约翰斯·霍普金斯大学	医学生理学与代谢	2001 年
517	Barry Beaty	Colorado State University	科罗拉多州立大学	动物、营养和应用型微生物科学	2001 年
518	Christopher Field	Stanford University	斯坦福大学	环境科学与生态学	2001 年

续表

序号	姓名	机构英文名	机构中文名	学科领域	入选时间
519	Daniel Kahneman	Princeton University	普林斯顿大学	心理与认知科学	2001 年
520	Douglas Fearon	Cold Spring Harbor Laboratory	冷泉港实验室	炎症与免疫学	2001 年
521	Edwin Taylor	The University of Chicago	芝加哥大学	细胞与发育生物学	2001 年
522	Gerald Joyce	Salk Institute for Biological Studies	索尔克生物研究所	生物化学	2001 年
523	J. Clark Lagarias	University of California	加利福尼亚大学	植物生物学	2001 年
524	James McClelland	Stanford University	斯坦福大学	心理与认知科学	2001 年
525	Jeffrey Friedman	The Rockefeller University	洛克菲勒大学	医学生理学与代谢	2001 年
526	Jeffrey Gordon	Washington University in St. Louis	圣路易斯华盛顿大学	医学生理学与代谢	2001 年
527	Jesse Summers	The University of New Mexico	新墨西哥大学	微生物生物学	2001 年
528	Joan Brugge	Harvard University	哈佛大学	细胞与发育生物学	2001 年
529	John Exton	Vanderbilt University	范德堡大学	生理学和药理学	2001 年
530	John Kuriyan	University of California	加利福尼亚大学	生物物理学与计算生物学	2001 年
531	Lawrence Einhorn	Indiana University	印第安纳大学	医学遗传学、血液学和肿瘤学	2001 年
532	Lewis Cantley	Weill Cornell Medical College	威尔·康奈尔医学院	细胞与发育生物学	2001 年
533	Lonnie Ingram	University of Florida	佛罗里达大学	动物、营养和应用型微生物科学	2001 年
534	Lynn Landmesser	Case Western Reserve University	凯斯西储大学	细胞和分子神经科学	2001 年
535	Mark Groudine	Fred Hutchinson Cancer Research Center	弗雷德·哈钦森癌症研究中心	医学遗传学、血液学和肿瘤学	2001 年
536	Mimi Koehl	University of California	加利福尼亚大学	环境科学与生态学	2001 年

续表

序号	姓名	机构英文名	机构中文名	学科领域	入选时间
537	Ofer Bar-Yosef	Harvard University	哈佛大学	人类学	2001 年
538	Pamela Bjorkman	California Institute of Technology	加州理工学院	生物化学	2001 年
539	Patricia Zambryski	University of California	加利福尼亚大学	植物生物学	2001 年
540	Peter Crane	Oak Spring Garden Foundation	Oak Spring Garden 基金会	进化生物学	2001 年
541	Peter Cresswell	Yale University	耶鲁大学	炎症与免疫学	2001 年
542	Philip Green	University of Washington	华盛顿大学	生物物理学与计算生物学	2001 年
543	Pietro De Camilli	Yale University	耶鲁大学	细胞和分子神经科学	2001 年
544	Richard Lifton	The Rockefeller University	洛克菲勒大学	医学生理学与代谢	2001 年
545	Robert Goldberg	University of California	加利福尼亚大学	植物、土壤与微生物科学	2001 年
546	Ronald Vale	University of California	加利福尼亚大学	细胞与发育生物学	2001 年
547	Roy Curtiss	University of Florida	佛罗里达大学	动物、营养和应用型微生物科学	2001 年
548	Ryuzo Yanagimachi	University of Hawai 'i at Mānoa	夏威夷大学马诺阿分校	动物、营养和应用型微生物科学	2001 年
549	Stephen Carpenter	University of Wisconsin-Madison	威斯康星大学麦迪逊分校	环境科学与生态学	2001 年
550	Todd Klaenhammer	North Carolina State University	北卡罗来纳州立大学	植物、土壤与微生物科学	2001 年
551	William Nordhaus	Yale University	耶鲁大学	人类环境科学	2001 年
552	Adriaan Bax	National Institutes of Health	美国国立卫生研究院	生物物理学与计算生物学	2002 年
553	Bruce Spiegelman	Harvard University	哈佛大学	医学生理学与代谢	2002 年
554	Carlos Bustamante	University of California	加利福尼亚大学	生物物理学与计算生物学	2002 年

续表

序号	姓名	机构英文名	机构中文名	学科领域	入选时间
555	Charles Esmon	Oklahoma Medical Research Foundation	俄克拉荷马州医学研究基金会	医学遗传学，血液学和肿瘤学	2002 年
556	Charles Gallistel	Rutgers, The State University of New Jersey, New Brunswick	新泽西州立罗格斯大学新布朗斯维克分校	心理与认知科学	2002 年
557	Constance Cepko	Harvard University	哈佛大学	细胞与发育生物学	2002 年
558	David Tilman	University of Minnesota System	明尼苏达大学	环境科学与生态学	2002 年
559	Eric Knudsen	Stanford University	斯坦福大学	系统神经科学	2002 年
560	Francis Chisari	Scripps Research	斯克利普斯研究所	微生物生物学	2002 年
561	Gail Martin	University of California	加利福尼亚大学	细胞与发育生物学	2002 年
562	Harvey Alter	National Institutes of Health	美国国立卫生研究院	医学生理学与代谢	2002 年
563	Harvey Cantor	Harvard University	哈佛大学	炎症与免疫学	2002 年
564	J. Craig Venter	J. Craig Venter Institute	克雷格·文特尔研究所	医学遗传学，血液学和肿瘤学	2002 年
565	Jan-Ake Gustafsson	University of Houston	休斯敦大学	医学生理学与代谢	2002 年
566	Jennifer Doudna	University of California	加利福尼亚大学	生物化学	2002 年
567	John Doebley	University of Wisconsin-Madison	威斯康星大学麦迪逊分校	植物生物学	2002 年
568	Joseph Fraumeni	National Institutes of Health	美国国立卫生研究院	医学遗传学，血液学和肿瘤学	2002 年
569	Joshua Sanes	Harvard University	哈佛大学	细胞和分子神经科学	2002 年
570	Kathryn Anderson	Memorial Sloan Kettering Cancer Center	纪念斯隆·凯特林癌症中心	遗传学	2002 年
571	Kristen Hawkes	The University of Utah	犹他大学	人类学	2002 年

续表

序号	姓名	机构英文名	机构中文名	学科领域	入选时间
572	Laurie Glimcher	Harvard University	哈佛大学	炎症与免疫学	2002 年
573	Michael Goodchild	University of California	加利福尼亚大学	人类环境科学	2002 年
574	Michael Levitt	Stanford University	斯坦福大学	生物物理学与计算生物学	2002 年
575	Patricia Spear	Northwestern University	西北大学	微生物生物学	2002 年
576	Patrick Brown	Impossible Foods	Impossible Foods 公司	生物化学	2002 年
577	Philip Beachy	Stanford University	斯坦福大学	生物化学	2002 年
578	Richard Flavell	Yale University	耶鲁大学	炎症与免疫学	2002 年
579	Richard Goodman	Oregon Health & Science University	俄勒冈健康与科学大学	医学生理学与代谢	2002 年
580	Richard Nisbett	University of Michigan	密歇根大学	心理学与认知科学	2002 年
581	Richard Wolfenden	The University of North Carolina at Chapel Hill	北卡罗来纳大学教堂山分校	生物化学	2002 年
582	Rowena Matthews	University of Michigan	密歇根大学	生物化学	2002 年
583	Susan Carey	Harvard University	哈佛大学	心理学与认知科学	2002 年
584	Thomas Sudhof	Stanford University	斯坦福大学	细胞和分子神经科学	2002 年
585	Vicki Chandler	Keck Graduate Institute of Applied Life Sciences	凯特应用生命科学研究生院	植物、土壤与微生物科学	2002 年
586	William C. Clark	Harvard University	哈佛大学	人类环境科学	2002 年
587	William Campbell	Drew University	德露大学	动物、营养和应用型微生物科学	2002 年
588	A. Catharine Ross	The Pennsylvania State University	宾夕法尼亚州立大学	动物、营养和应用型微生物科学	2003 年

续表

序号	姓名	机构英文名	机构中文名	学科领域	入选时间
589	Anthony Cashmore	University of Pennsylvania	宾夕法尼亚大学	植物生物学	2003 年
590	Arthur Horwich	Yale University	耶鲁大学	生物化学	2003 年
591	Arthur Weiss	University of California	加利福尼亚大学	炎症与免疫学	2003 年
592	Barry Coller	The Rockefeller University	洛克菲勒大学	医学遗传学，血液学和肿瘤学	2003 年
593	Brian Wandell	Stanford University	斯坦福大学	心理与认知科学	2003 年
594	Bruce Smith	Smithsonian Institution	史密森学会	人类学	2003 年
595	Carol Greider	Johns Hopkins University	约翰斯·霍普金斯大学	生物化学	2003 年
596	Claude Steele	Stanford University	斯坦福大学	心理与认知科学	2003 年
597	Cornelia Bargmann	The Rockefeller University	洛克菲勒大学	细胞和分子神经科学	2003 年
598	Cynthia Kenyon	Calico Labs	Calico 实验室	遗传学	2003 年
599	David DeRosier	Brandeis University	布兰迪斯大学	生物物理学与计算生物学	2003 年
600	David Lipman	Impossible Foods	Impossible Foods 公司	遗传学	2003 年
601	Dennis Carson	University of California	加利福尼亚大学	医学遗传学，血液学和肿瘤学	2003 年
602	Diane Mathis	Harvard University	哈佛大学	炎症与免疫学	2003 年
603	Fred Gage	Salk Institute for Biological Studies	索尔克生物研究所	系统神经科学	2003 年
604	James Tiedje	Michigan State University	密歇根州立大学	环境科学与生态学	2003 年
605	James Van Etten	University of Nebraska-Lincoln	内布拉斯加大学林肯分校	植物，土壤与微生物科学	2003 年
606	Jeanne Altmann	Princeton University	普林斯顿大学	人类学	2003 年
607	Jeffrey Hall	Brandeis University	布兰迪斯大学	遗传学	2003 年

续表

序号	姓名	机构英文名	机构中文名	学科领域	入选时间
608	Jody Deming	University of Washington	华盛顿大学	进化生物学	2003 年
609	Joseph Takahashi	The University of Texas Southwestern Medical Center	得克萨斯大学西南医学中心	细胞和分子神经科学	2003 年
610	June Nasrallah	Cornell University	康奈尔大学	植物生物学	2003 年
611	Linda Bartoshuk	University of Florida	佛罗里达大学	心理与认知科学	2003 年
612	Linda Buck	Fred Hutchinson Cancer Research Center	弗雷德·哈钦森癌症研究中心	细胞和分子神经科学	2003 年
613	Linda Saif	The Ohio State University	俄亥俄州立大学	动物、营养和应用型微生物科学	2003 年
614	Masashi Yanagisawa	The University of Texas Southwestern Medical Center	得克萨斯大学西南医学中心	生理学和药理学	2003 年
615	Michael Rosbash	Brandeis University	布兰迪斯大学	细胞与发育生物学	2003 年
616	Michael Thomashow	Michigan State University	密歇根州立大学	植物、土壤与微生物科学	2003 年
617	Richard Klein	Stanford University	斯坦福大学	人类学	2003 年
618	Robert Lamb	Northwestern University	西北大学	微生物生物学	2003 年
619	Robert Stroud	University of California	加利福尼亚大学	生物物理学与计算生物学	2003 年
620	Roger Kasperson	Clark University	克拉克大学	人类环境科学	2003 年
621	Rudolf Jaenisch	Massachusetts Institute of Technology	麻省理工学院	医学遗传学、血液学和肿瘤学	2003 年
622	Sallie Chisholm	Massachusetts Institute of Technology	麻省理工学院	环境科学与生态学	2003 年
623	Stephen Elledge	Harvard University	哈佛大学	医学遗传学、血液学和肿瘤学	2003 年

续表

序号	姓名	机构英文名	机构中文名	学科领域	入选时间
624	Wen-Hsiung Li	The University of Chicago	芝加哥大学	进化生物学	2003 年
625	William Schlesinger	Cary Institute of Ecosystem Studies	卡里生态系统研究所	环境科学与生态学	2003 年
626	Alan Lambowitz	The University of Texas at Austin	得克萨斯大学奥斯汀分校	生物化学	2004 年
627	Andrew Fire	Stanford University	斯坦福大学	遗传学	2004 年
628	Barry Honig	Columbia University	哥伦比亚大学	生物物理学与计算生物学	2004 年
629	Charles Zuker	Columbia University	哥伦比亚大学	细胞和分子神经科学	2004 年
630	Dan Littman	New York University	纽约大学	炎症与免疫学	2004 年
631	David Denlinger	The Ohio State University	俄亥俄州立大学	动物、营养和应用型微生物科学	2004 年
632	David Julius	University of California	加利福尼亚大学	生理学和药理学	2004 年
633	Deborah Delmer	University of California	加利福尼亚大学	植物、土壤与微生物科学	2004 年
634	Diane Griffin	Johns Hopkins University	约翰斯·霍普金斯大学	微生物生物学	2004 年
635	E. Peter Greenberg	University of Washington	华盛顿大学	微生物生物学	2004 年
636	Elissa Newport	Georgetown University	乔治城大学	心理与认知科学	2004 年
637	Elizabeth Loftus	University of California	加利福尼亚大学	心理与认知科学	2004 年
638	Erin O' Shea	Howard Hughes Medical Institute	霍华德·休斯医学研究所	生物化学	2004 年
639	F. Stuart Chapin	University of Alaska, Fairbanks	阿拉斯加大学费尔班克斯分校	环境科学与生态学	2004 年
640	Frans de Waal	Emory University	埃默里大学	人类学	2004 年
641	George Yancopoulos	Regeneron Pharmaceuticals, Inc.	再生元制药	医学遗传学，血液学和肿瘤学	2004 年
642	Huda Zoghbi	Baylor College of Medicine	贝勒医学院	细胞和分子神经科学	2004 年

续表

序号	姓名	机构英文名	机构中文名	学科领域	入选时间
643	Jeffrey Bennetzen	University of Georgia	佐治亚大学	植物，土壤与微生物科学	2004 年
644	John Potts	Harvard University	哈佛大学	医学生理学与代谢	2004 年
645	Kevin Campbell	The University of Iowa	艾奥瓦大学	医学生理学与代谢	2004 年
646	Mark Keating	Novartis Institutes for Biomedical Research	诺华生物医学研究中心	医学生理学与代谢	2004 年
647	Martin Chalfie	Columbia University	哥伦比亚大学	遗传学	2004 年
648	Monica Turner	University of Wisconsin-Madison	威斯康星大学麦迪逊分校	环境科学与生态学	2004 年
649	Nancy Hopkins	Massachusetts Institute of Technology	麻省理工学院	遗传学	2004 年
650	Nancy Moran	The University of Texas at Austin	得克萨斯大学奥斯汀分校	进化生物学	2004 年
651	Peter Quail	University of California	加利福尼亚大学	植物生物学	2004 年
652	Peter Walter	University of California	加利福尼亚大学	生物化学	2004 年
653	Raymond Kelly	University of Michigan	密歇根大学	人类学	2004 年
654	Richard Huganir	Johns Hopkins University	约翰斯·霍普金斯大学	细胞和分子神经科学	2004 年
655	Robert Drennan	University of Pittsburgh	匹兹堡大学	人类学	2004 年
656	Rodolfo Dirzo	Stanford University	斯坦福大学	环境科学与生态学	2004 年
657	Shaun Coughlin	Novartis Institutes for Biomedical Research	诺华生物医学研究中心	医学生理学与代谢	2004 年
658	Stephen Mayo	California Institute of Technology	加州理工学院	生物物理学与计算生物学	2004 年
659	Sue Hengren Wickner	National Institutes of Health	美国国立卫生研究院	生物化学	2004 年
660	Susan Amara	National Institutes of Health	美国国立卫生研究院	生理学和药理学	2004 年

续表

序号	姓名	机构英文名	机构中文名	学科领域	入选时间
661	Tilahun Yilma	University of California	加利福尼亚大学	动物、营养和应用型微生物科学	2004 年
662	V. Kerry Smith	Arizona State University	亚利桑那州立大学	人类环境科学	2004 年
663	Andrew Marks	Columbia University	哥伦比亚大学	医学生理学与代谢	2005 年
664	Axel Brunger	Stanford University	斯坦福大学	生物物理学与计算生物学	2005 年
665	Aziz Sancar	The University of North Carolina at Chapel Hill	北卡罗来纳大学教堂山分校	生物化学	2005 年
666	Brigid Hogan	Duke University	杜克大学	细胞与发育生物学	2005 年
667	C. David Allis	The Rockefeller University	洛克菲勒大学	细胞与发育生物学	2005 年
668	Charles Rice	The Rockefeller University	洛克菲勒大学	微生物生物学	2005 年
669	Christine Seidman	Harvard University	哈佛大学	医学生理学与代谢	2005 年
670	Christophe Benoist	Harvard University	哈佛大学	炎症与免疫学	2005 年
671	Craig Mello	University of Massachusetts Medical School	马萨诸塞大学医学院	遗传学	2005 年
672	Craig Thompson	Memorial Sloan Kettering Cancer Center	纪念斯隆·凯特琳癌症中心	医学遗传学、血液学和肿瘤学	2005 年
673	Daniel Cosgrove	The Pennsylvania State University	宾夕法尼亚州立大学	植物生物学	2005 年
674	Daniel Hartl	Harvard University	哈佛大学	进化生物学	2005 年
675	David Page	Massachusetts Institute of Technology	麻省理工学院	遗传学	2005 年
676	Dolores Piperno	Smithsonian Institution	史密森学会	人类学	2005 年
677	Douglas Medin	Northwestern University	西北大学	心理与认知科学	2005 年

续表

序号	姓名	机构英文名	机构中文名	学科领域	入选时间
678	Gene Robinson	University of Illinois at Urbana-Champaign	伊利诺伊大学厄巴纳 – 香槟分校	进化生物学	2005 年
679	Gertrud Schupbach	Princeton University	普林斯顿大学	细胞与发育生物学	2005 年
680	Gretchen Daily	Stanford University	斯坦福大学	环境科学与生态学	2005 年
681	Iva Greenwald	Columbia University	哥伦比亚大学	遗传学	2005 年
682	James Brown	The University of New Mexico	新墨西哥大学	人类学	2005 年
683	Joan Wennstrom Bennett	Rutgers, The State University of New Jersey, New Brunswick	新泽西州立罗格斯大学新布朗斯维克分校	动物、营养和应用型微生物科学	2005 年
684	Karen Strier	University of Wisconsin-Madison	威斯康星大学麦迪逊分校	人类学	2005 年
685	Marc Tessier-Lavigne	Stanford University	斯坦福大学	细胞和分子神经科学	2005 年
686	Mary-Claire King	University of Washington	华盛顿大学	遗传学	2005 年
687	Michael Donoghue	Yale University	耶鲁大学	进化生物学	2005 年
688	Michael Karin	University of California	加利福尼亚大学	医学生理学与代谢	2005 年
689	Nancy Kanwisher	Massachusetts Institute of Technology	麻省理工学院	心理与认知科学	2005 年
690	Peter Devreotes	Johns Hopkins University	约翰斯·霍普金斯大学	生理学和药理学	2005 年
691	Richard Andersen	California Institute of Technology	加州理工学院	系统神经科学	2005 年
692	Ruth Lehmann	New York University	纽约大学	细胞与发育生物学	2005 年
693	Steven Henikoff	Fred Hutchinson Cancer Research Center	弗雷德·哈钦森癌症研究中心	遗传学	2005 年
694	Susan Horwitz	Albert Einstein College of Medicine	阿尔伯特·爱因斯坦医学院	医学遗传学、血液学和肿瘤学	2005 年

续表

序号	姓名	机构英文名	机构中文名	学科领域	入选时间
695	Thomas Silhavy	Princeton University	普林斯顿大学	微生物生物学	2005 年
696	Tom Rapoport	Harvard University	哈佛大学	生物化学	2005 年
697	Wayne Hubbell	University of California	加利福尼亚大学	生物物理学与计算生物学	2005 年
698	William A.V. Clark	University of California	加利福尼亚大学	人类环境科学	2005 年
699	Ann McDermott	Columbia University	哥伦比亚大学	生物物理学与计算生物学	2006 年
700	Anthony James	University of California	加利福尼亚大学	动物、营养和应用型微生物科学	2006 年
701	Arthur Riggs	City of Hope National Medical Center	希望之城国家医疗中心	医学遗传学、血液学和肿瘤学	2006 年
702	Barry Ganetzky	University of Wisconsin-Madison	威斯康星大学麦迪逊分校	遗传学	2006 年
703	Bonnie Bassler	Princeton University	普林斯顿大学	微生物生物学	2006 年
704	Carl Wu	Johns Hopkins University	约翰斯·霍普金斯大学	生物化学	2006 年
705	Charles Gilbert	The Rockefeller University	洛克菲勒大学	系统神经科学	2006 年
706	David Baker	University of Washington	华盛顿大学	生物物理学与计算生物学	2006 年
707	David Clapham	Howard Hughes Medical Institute	霍华德·休斯医学研究所	细胞和分子神经科学·	2006 年
708	David Karl	University of Hawai ' i at Manoa	夏威夷大学马诺阿分校	环境科学与生态学	2006 年
709	David Russell	The University of Texas Southwestern Medical Center	得克萨斯大学西南医学中心	医学生理学与代谢	2006 年
710	Don Cleveland	University of California	加利福尼亚大学	细胞与发育生物学	2006 年
711	Douglas Futuyma	Stony Brook University, The State University of New York	纽约州立大学石溪分校	进化生物学	2006 年

续表

序号	姓名	机构英文名	机构中文名	学科领域	入选时间
712	Edward Adelson	Massachusetts Institute of Technology	麻省理工学院	心理与认知科学	2006 年
713	Elizabeth Wing	University of Florida	佛罗里达大学	人类学	2006 年
714	Francisco Bezanilla	The University of Chicago	芝加哥大学	生理学和药理学	2006 年
715	James O'Connell	The University of Utah	犹他大学	人类学	2006 年
716	Jeffrey Ravetch	The Rockefeller University	洛克菲勒大学	炎症与免疫学	2006 年
717	Joachim Frank	Columbia University	哥伦比亚大学	生物物理学与计算生物学	2006 年
718	John Kutzbach	University of Wisconsin-Madison	威斯康星大学麦迪逊分校	环境科学与生态学	2006 年
719	Joseph Ecker	Salk Institute for Biological Studies	索尔克生物研究所	植物生物学	2006 年
720	Melanie Cobb	The University of Texas Southwestern Medical Center	得克萨斯大学西南医学中心	医学遗传学、血液学和肿瘤学	2006 年
721	Michael Marletta	University of California	加利福尼亚大学	生物化学	2006 年
722	Michael O'Donnell	The Rockefeller University	洛克菲勒大学	生物化学	2006 年
723	Napoleone Ferrara	University of California	加利福尼亚大学	医学遗传学、血液学和肿瘤学	2006 年
724	Peter Ellison	Harvard University	哈佛大学	人类学	2006 年
725	Peter Gleick	Pacific Institute for Studies in Development, Environment, and Security	太平洋发展、环境与安全研究所	人类环境科学	2006 年
726	Richard Amasino	University of Wisconsin-Madison	威斯康星大学麦迪逊分校	植物，土壤与微生物科学	2006 年
727	Richard Lenski	Michigan State University	密歇根州立大学	进化生物学	2006 年
728	Richard Novick	New York University	纽约大学	微生物生物学	2006 年

续表

序号	姓名	机构英文名	机构中文名	学科领域	入选时间
729	Robert Coffman	Dynavax Technologies	德纳维制药公司	炎症与免疫学	2006年
730	Rochel Gelman	Rutgers, The State University of New Jersey, New Brunswick	新泽西州立罗格斯大学新布朗斯维克分校	心理与认知科学	2006年
731	Ruth DeFries	Columbia University	哥伦比亚大学	人类环境科学	2006年
732	Stephen Goff	Columbia University	哥伦比亚大学	微生物生物学	2006年
733	Terry Orr-Weaver	Massachusetts Institute of Technology	麻省理工学院	遗传学	2006年
734	Titia de Lange	The Rockefeller University	洛克菲勒大学	医学遗传学，血液学和肿瘤学	2006年
735	William Eaton	National Institutes of Health	美国国立卫生研究院	生物物理学与计算生物学	2006年
736	Wolfhard Almers	Oregon Health & Science University	俄勒冈健康与科学大学	细胞和分子神经科学	2006年
737	Angela Gronenborn	University of Pittsburgh	匹兹堡大学	生物物理学与计算生物学	2007年
738	Brian Druker	Oregon Health & Science University	俄勒冈健康与科学大学	医学遗传学，血液学和肿瘤学	2007年
739	C. Owen Lovejoy	Kent State University	肯特州立大学	人类学	2007年
740	Charles Spencer	American Museum of Natural History	美国自然历史博物馆	人类学	2007年
741	Christopher Miller	Brandeis University	布兰迪斯大学	生物物理学与计算生物学	2007年
742	Clifford Tabin	Harvard University	哈佛大学	细胞与发育生物学	2007年
743	David Agard	University of California	加利福尼亚大学	生物物理学与计算生物学	2007年
744	David Anderson	California Institute of Technology	加州理工学院	细胞和分子神经科学	2007年
745	David Ginsburg	University of Michigan	密歇根大学	医学遗传学，血液学和肿瘤学	2007年

续表

序号	姓名	机构英文名	机构中文名	学科领域	入选时间
746	Eve Marder	Brandeis University	布兰迪斯大学	细胞和分子神经科学	2007 年
747	Gerald Shulman	Yale University	耶鲁大学	医学生理学与代谢	2007 年
748	Helen Hobbs	The University of Texas Southwestern Medical Center	得克萨斯大学西南医学中心	医学遗传学、血液学和肿瘤学	2007 年
749	Hugo Dooner	Rutgers, The State University of New Jersey, New Brunswick	新泽西州立罗格斯大学新布朗斯维克分校	植物、土壤与微生物科学	2007 年
750	Jeffery Dangl	The University of North Carolina at Chapel Hill	北卡罗来纳大学教堂山分校	植物生物学	2007 年
751	John Hildebrand	University of Arizona	亚利桑那大学	动物、营养和应用型微生物科学	2007 年
752	Jonathan Seidman	Harvard University	哈佛大学	医学生理学与代谢	2007 年
753	M. Granger Morgan	Carnegie Mellon University	卡内基·梅隆大学	人类环境科学	2007 年
754	Mark Estelle	University of California	加利福尼亚大学	植物生物学	2007 年
755	Mary Estes	Baylor College of Medicine	贝勒医学院	微生物生物学	2007 年
756	Michael Bremner	Harvard University	哈佛大学	炎症与免疫学	2007 年
757	Michael Young	The Rockefeller University	洛克菲勒大学	细胞与发育生物学	2007 年
758	Pamela Fraker	Michigan State University	密歇根州立大学	动物、营养和应用型微生物科学	2007 年
759	Paul Falkowski	Rutgers, The State University of New Jersey, New Brunswick	新泽西州立罗格斯大学新布朗斯维克分校	环境科学与生态学	2007 年
760	Peter Grant	Princeton University	普林斯顿大学	进化生物学	2007 年
761	Peter Schiller	Massachusetts Institute of Technology	麻省理工学院	系统神经科学	2007 年

续表

序号	姓名	机构英文名	机构中文名	学科领域	入选时间
762	Philip Johnson-Laird	Princeton University	普林斯顿大学	心理与认知科学	2007年
763	Prabhu Pingali	Cornell University	康奈尔大学	人类环境科学	2007年
764	Richard Dixon	University of North Texas	北得克萨斯大学	植物、土壤与微生物科学	2007年
765	Scott Emr	Cornell University	康奈尔大学	细胞与发育生物学	2007年
766	Sean Carroll	Howard Hughes Medical Institute	霍华德·休斯医学研究所	进化生物学	2007年
767	Stephen Kowalczykowski	University of California	加利福尼亚大学	生物化学	2007年
768	Stephen Pacala	Princeton University	普林斯顿大学	环境科学与生态学	2007年
769	Stephen Plog	University of Virginia	弗吉尼亚大学	人类学	2007年
770	Steven Block	Stanford University	斯坦福大学	生物物理学与计算生物学	2007年
771	Tania Baker	Massachusetts Institute of Technology	麻省理工学院	生物化学	2007年
772	Thomas Wellems	National Institutes of Health	美国国立卫生研究院	微生物生物学	2007年
773	Ursula Bellugi	Salk Institute for Biological Studies	索尔克生物研究所	系统神经科学	2007年
774	Vern Schramm	Albert Einstein College of Medicine	阿尔伯特·爱因斯坦医学院	生物化学	2007年
775	Victor Ambros	University of Massachusetts Medical School	马萨诸塞大学医学院	遗传学	2007年
776	Wayne Yokoyama	Washington University in St. Louis	圣路易斯华盛顿大学	炎症与免疫学	2007年
777	Anjana Rao	La Jolla Institute for Allergy and Immunology	拉霍亚过敏和免疫学研究所	细胞与发育生物学	2008年
778	B. Rosemary Grant	Princeton University	普林斯顿大学	进化生物学	2008年

续表

序号	姓名	机构英文名	机构中文名	学科领域	入选时间
779	Bruce Beutler	The University of Texas Southwestern Medical Center	得克萨斯大学西南医学中心	炎症与免疫学	2008 年
780	Carol Prives	Columbia University	哥伦比亚大学	医学遗传学、血液学和肿瘤学	2008 年
781	Conrad Kottak	University of Michigan	密歇根大学	人类学	2008 年
782	David Hillis	The University of Texas at Austin	得克萨斯大学奥斯汀分校	进化生物学	2008 年
783	David Mangelsdorf	The University of Texas Southwestern Medical Center	得克萨斯大学西南医学中心	医学生理学与代谢	2008 年
784	Edward DeLong	University of Hawai'i at Mānoa	夏威夷大学马诺阿分校	环境科学与生态学	2008 年
785	Gail Mandel	Oregon Health & Science University	俄勒冈健康与科学大学	生理学和药理学	2008 年
786	Gary Ruvkun	Harvard University	哈佛大学	遗传学	2008 年
787	Gary Struhl	Columbia University	哥伦比亚大学	细胞与发育生物学	2008 年
788	Gregg Semenza	Johns Hopkins University	约翰斯·霍普金斯大学	医学遗传学、血液学和肿瘤学	2008 年
789	James Carrington	Donald Danforth Plant Science Center	唐纳德·丹佛斯植物科学中心	植物、土壤与微生物科学	2008 年
790	James Thomson	Morgridge Institute for Research	莫里奇研究所	动物、营养和应用型微生物科学	2008 年
791	Jane Guyer	Johns Hopkins University	约翰斯·霍普金斯大学	人类学	2008 年
792	Jasper Rine	University of California	加利福尼亚大学	遗传学	2008 年
793	Jennifer Lippincott-Schwartz	Howard Hughes Medical Institute	霍华德·休斯医学研究所	细胞与发育生物学	2008 年
794	Johanna Schmitt	University of California	加利福尼亚大学	进化生物学	2008 年

续表

序号	姓名	机构英文名	机构中文名	学科领域	入选时间
795	Ken Dill	Stony Brook University, The State University of New York	纽约州立大学石溪分校	生物物理学与计算生物学	2008 年
796	Luc Anselin	The University of Chicago	芝加哥大学	人类环境科学	2008 年
797	Margaret Fuller	Stanford University	斯坦福大学	细胞与发育生物学	2008 年
798	Martin Yanofsky	University of California	加利福尼亚大学	植物、土壤与微生物科学	2008 年
799	Maureen Cropper	University of Maryland	马里兰大学	人类环境科学	2008 年
800	Michael Bevan	University of Washington	华盛顿大学	炎症与免疫学	2008 年
801	Michael Botchan	University of California	加利福尼亚大学	生物化学	2008 年
802	Michael Greenberg	Harvard University	哈佛大学	细胞和分子神经科学	2008 年
803	Michael Grunstein	University of California	加利福尼亚大学	生物化学	2008 年
804	Michael Oldstone	Scripps Research	斯克利普斯研究所	微生物生物学	2008 年
805	Nancy Jenkins	The University of Texas MD Anderson Cancer Center	得克萨斯大学 MD 安德森癌症中心	遗传学	2008 年
806	Peter Wright	Scripps Research	斯克利普斯研究所	生物物理学与计算生物学	2008 年
807	Richard Aldrich	The University of Texas at Austin	得克萨斯大学奥斯汀分校	生理学和药理学	2008 年
808	Ronald Levy	Stanford University	斯坦福大学	炎症与免疫学	2008 年
809	Seth Darst	The Rockefeller University	洛克菲勒大学	生物化学	2008 年
810	Steve Kay	University of Southern California	南加利福尼亚大学	植物生物学	2008 年
811	Thomas Albright	Salk Institute for Biological Studies	索尔克生物研究所	系统神经科学	2008 年
812	Thomas Kaufman	Indiana University	印第安纳大学	细胞与发育生物学	2008 年
813	Tony Movshon	New York University	纽约大学	系统神经科学	2008 年

续表

序号	姓名	机构英文名	机构中文名	学科领域	入选时间
814	William Murdoch	University of California	加利福尼亚大学	环境科学与生态学	2008 年
815	Wilson Geisler	The University of Texas at Austin	得克萨斯大学奥斯汀分校	心理与认知科学	2008 年
816	Alexander Raikhel	University of California	加利福尼亚大学	动物、营养和应用型微生物科学	2009 年
817	Anthony Bebbington	Clark University	克拉克大学	人类环境科学	2009 年
818	Arieh Warshel	University of Southern California	南加利福尼亚大学	生物物理学与计算生物学	2009 年
819	Baldomero Olivera	The University of Utah	犹他大学	生理学和药理学	2009 年
820	Caroline Harwood	University of Washington	华盛顿大学	动物、营养和应用型微生物科学	2009 年
821	David Meltzer	Southern Methodist University	南卫理公会大学	人类学	2009 年
822	David Meyer	University of Michigan	密歇根大学	心理与认知科学	2009 年
823	Dinshaw Patel	Memorial Sloan Kettering Cancer Center	纪念斯隆·凯特琳癌症中心	生物化学	2009 年
824	Douglas Lowy	National Institutes of Health	美国国立卫生研究院	医学遗传学、血液学和肿瘤学	2009 年
825	Ellen Mosley-Thompson	The Ohio State University	俄亥俄州立大学	人类环境科学	2009 年
826	Francois Morel	Princeton University	普林斯顿大学	环境科学与生态学	2009 年
827	G. Shirleen Roeder	Yale University	耶鲁大学	遗传学	2009 年
828	Gary Borisy	The Forsyth Institute	福赛斯研究所	细胞与发育生物学	2009 年
829	Hiroshi Nikaido	University of California	加利福尼亚大学	微生物生物学	2009 年
830	Jay Dunlap	Dartmouth College	达特茅斯学院	遗传学	2009 年

中国生物技术人才报告

续表

序号	姓名	机构英文名	机构中文名	学科领域	入选时间
831	John Sedat	University of California	加利福尼亚大学	生物物理学与计算生物学	2009 年
832	Jonathan Weissman	University of California	加利福尼亚大学	生物化学	2009 年
833	Juli Feigon	University of California	加利福尼亚大学	生物物理学与计算生物学	2009 年
834	Kevan Shokat	University of California	加利福尼亚大学	生物化学	2009 年
835	Lorena Beese	Duke University	杜克大学	生物化学	2009 年
836	Marc Montminy	Salk Institute for Biological Studies	索尔克生物研究所	医学生理学与代谢	2009 年
837	Marian Carlson	Simons Foundation	西蒙斯基金会	遗传学	2009 年
838	Melvyn Goldstein	Case Western Reserve University	凯斯西储大学	人类学	2009 年
839	Michael Lynch	Arizona State University	亚利桑那州立大学	进化生物学	2009 年
840	Michael Stryker	University of California	加利福尼亚大学	系统神经科学	2009 年
841	Monty Krieger	Massachusetts Institute of Technology	麻省理工学院	医学生理学与代谢	2009 年
842	Neal Copeland	The University of Texas MD Anderson Cancer Center	得克萨斯大学 MD 安德森癌症中心	医学遗传学、血液学和肿瘤学	2009 年
843	Paul Sternberg	California Institute of Technology	加州理工学院	细胞与发育生物学	2009 年
844	Rafi Ahmed	Emory University	埃默里大学	炎症与免疫学	2009 年
845	Ralph Isberg	Tufts University	塔夫茨大学	微生物生物学	2009 年
846	Robert Fischer	University of California	加利福尼亚大学	植物、土壤与微生物科学	2009 年
847	Robert Ricklefs	University of Missouri-St. Louis	密苏里大学圣路易斯分校	环境科学与生态学	2009 年
848	S. Lawrence Zipursky	University of California	加利福尼亚大学	细胞和分子神经科学	2009 年
849	Sarah Hake	U.S. Department of Agriculture	美国农业部	植物、土壤与微生物科学	2009 年
850	Shelley Taylor	University of California	加利福尼亚大学	心理与认知科学	2009 年

续表

序号	姓名	机构英文名	机构中文名	学科领域	入选时间
851	Tyler Jacks	Massachusetts Institute of Technology	麻省理工学院	医学遗传学、血液学和肿瘤学	2009 年
852	V. Craig Jordan	The University of Texas MD Anderson Cancer Center	得克萨斯大学 MD 安德森癌症中心	医学遗传学、血液学和肿瘤学	2009 年
853	Angelika Amon	Massachusetts Institute of Technology	麻省理工学院	遗传学	2010 年
854	Attila Szabo	National Institutes of Health	美国国立卫生研究院	生物物理学与计算生物学	2010 年
855	Charles Sawyers	Memorial Sloan Kettering Cancer Center	纪念斯隆·凯特琳癌症中心	医学遗传学、血液学和肿瘤学	2010 年
856	Charles Stanish	University of South Florida	南佛罗里达大学	人类学	2010 年
857	Daniel Kastner	National Institutes of Health	美国国立卫生研究院	医学生理学与代谢	2010 年
858	David Jablonski	The University of Chicago	芝加哥大学	进化生物学	2010 年
859	Don Ganem	University of California	加利福尼亚大学	微生物生物学	2010 年
860	Douglas Koshland	University of California	加利福尼亚大学	遗传学	2010 年
861	Emilio Moran	Michigan State University	密歇根州立大学	人类环境科学	2010 年
862	H. Russell Bernard	Arizona State University	亚利桑那州立大学	人类学	2010 年
863	Ignacio Rodriguez-Iturbe	Texas A&M University-College Station	得州农工大学学院站分校	环境科学与生态学	2010 年
864	James Eric Gouaux	Oregon Health & Science University	俄勒冈健康与科学大学	生物物理学与计算生物学	2010 年
865	James Haber	Brandeis University	布兰迪斯大学	遗传学	2010 年
866	Jian-Kang Zhu	Purdue University	普渡大学	植物、土壤与微生物科学	2010 年
867	Jitender Dubey	U.S. Department of Agriculture	美国农业部	动物、营养和应用型微生物科学	2010 年

续表

序号	姓名	机构英文名	机构中文名	学科领域	入选时间
868	Kevin Struhl	Harvard University	哈佛大学	细胞与发育生物学	2010 年
869	King-Wai Yau	Johns Hopkins University	约翰斯·霍普金斯大学	细胞和分子神经科学	2010 年
870	Larry Swanson	University of Southern California	南加利福尼亚大学	系统神经科学	2010 年
871	Lee Ross	Stanford University	斯坦福大学	心理与认知科学	2010 年
872	Lewis Lanier	University of California	加利福尼亚大学	炎症与免疫学	2010 年
873	Lynn Riddiford	University of Washington	华盛顿大学	动物、营养和应用型微生物科学	2010 年
874	Michael Cahalan	University of California	加利福尼亚大学	生理学和药理学	2010 年
875	Mina Bissell	Lawrence Berkeley National Laboratory	劳伦斯伯克利国家实验室	细胞与发育生物学	2010 年
876	Nancy Craig	Johns Hopkins University	约翰斯·霍普金斯大学	生物化学	2010 年
877	Patricia Kuhl	University of Washington	华盛顿大学	心理与认知科学	2010 年
878	Philip Benfey	Duke University	杜克大学	植物生物学	2010 年
879	Porter Anderson	Harvard University	哈佛大学	微生物生物学	2010 年
880	Robert Fletterick	University of California	加利福尼亚大学	生物物理学与计算生物学	2010 年
881	Roeland Nusse	Stanford University	斯坦福大学	细胞与发育生物学	2010 年
882	Roger Cone	University of Michigan	密歇根大学	医学生理学与代谢	2010 年
883	Ruslan Medzhitov	Yale University	耶鲁大学	炎症与免疫学	2010 年
884	Stephen Polasky	University of Minnesota System	明尼苏达大学	人类环境科学	2010 年
885	Susan Golden	University of California	加利福尼亚大学	植物生物学	2010 年
886	Terrence Sejnowski	Salk Institute for Biological Studies	索尔克生物研究所	系统神经科学	2010 年
887	Trudy Mackay	Clemson University	克莱姆森大学	进化生物学	2010 年

续表

序号	姓名	机构英文名	机构中文名	学科领域	入选时间
888	Ulrike Heberlein	Howard Hughes Medical Institute	霍华德·休斯医学研究所	遗传学	2010 年
889	Vann Bennett	Duke University	杜克大学	生理学和药理学	2010 年
890	William Kaelin	Harvard University	哈佛大学	医学遗传学，血液学和肿瘤学	2010 年
891	Zena Werb	University of California	加利福尼亚大学	医学生理学与代谢	2010 年
892	Alexander Johnson	University of California	加利福尼亚大学	遗传学	2011 年
893	Arthur Beaudet	Baylor College of Medicine	贝勒医学院	医学遗传学，血液学和肿瘤学	2011 年
894	Athanasios Theologis	University of California	加利福尼亚大学	植物生物学	2011 年
895	Barbara Dosher	University of California	加利福尼亚大学	心理与认知科学	2011 年
896	Benjamin Santer	Lawrence Livermore National Laboratory	劳伦斯利弗莫尔国家实验室	环境科学与生态学	2011 年
897	Brian Kobilka	Stanford University	斯坦福大学	医学生理学与代谢	2011 年
898	Carl Nathan	Cornell University	康奈尔大学	炎症与免疫学	2011 年
899	Catherine Fowler	University of Nevada, Reno	内华达大学里诺分校	人类学	2011 年
900	Ching Kung	University of Wisconsin-Madison	威斯康星大学麦迪逊分校	生理学和药理学	2011 年
901	Daniel Gottschling	Calico Labs	Calico 实验室	遗传学	2011 年
902	David Bartel	Massachusetts Institute of Technology	麻省理工学院	生物化学	2011 年
903	David Kingsley	Stanford University	斯坦福大学	细胞与发育生物学	2011 年
904	Donald Grayson	University of Washington	华盛顿大学	人类学	2011 年
905	Ellen Markman	Stanford University	斯坦福大学	心理与认知科学	2011 年

序号	姓名	机构英文名	机构中文名	学科领域	入选时间
906	Fred Gould	North Carolina State University	北卡罗来纳州立大学	动物、营养和应用型微生物科学	2011 年
907	Harry Dietz	Johns Hopkins University	约翰斯·霍普金斯大学	医学生理学与代谢	2011 年
908	Huda Akil	University of Michigan	密歇根大学	系统神经科学	2011 年
909	Ira Mellman	Genentech	基因泰克公司	细胞与发育生物学	2011 年
910	J. Andrew McCammon	University of California	加利福尼亚大学	生物物理学与计算生物学	2011 年
911	James Birchler	University of Missouri-Columbia	密苏里大学哥伦比亚分校	植物、土壤与微生物科学	2011 年
912	Jim Manley	Columbia University	哥伦比亚大学	生物化学	2011 年
913	John Eppig	The Jackson Laboratory	杰克逊实验室	动物、营养和应用型微生物科学	2011 年
914	John Heuser	National Institutes of Health	美国国立卫生研究院	细胞和分子神经科学	2011 年
915	Keith Hodgson	Stanford University	斯坦福大学	生物物理学与计算生物学	2011 年
916	Luis Parada	Memorial Sloan Kettering Cancer Center	纪念斯隆·凯特琳癌症中心	医学遗传学、血液学和肿瘤学	2011 年
917	Lynne Maquat	University of Rochester	罗切斯特大学	生物化学	2011 年
918	Michael Gazzaniga	University of California	加利福尼亚大学	心理与认知科学	2011 年
919	Michael Goldberg	Columbia University	哥伦比亚大学	系统神经科学	2011 年
920	Michel Nussenzweig	The Rockefeller University	洛克菲勒大学	炎症与免疫学	2011 年
921	Neil Shubin	The University of Chicago	芝加哥大学	进化生物学	2011 年
922	Peter Kareiva	University of California	加利福尼亚大学	环境科学与生态学	2011 年
923	R. Scott Hawley	Stowers Institute for Medical Research	斯托瓦斯医学研究所	遗传学	2011 年

续表

序号	姓名	机构英文名	机构中文名	学科领域	入选时间
924	Rebecca Buckley	Duke University	杜克大学	炎症与免疫学	2011 年
925	Robert Malenka	Stanford University	斯坦福大学	细胞和分子神经科学	2011 年
926	Scott Hultgren	Washington University in St. Louis	圣路易斯华盛顿大学	微生物生物学	2011 年
927	Stephen Warren	Emory University	埃默里大学	医学遗传学，血液学和肿瘤学	2011 年
928	Steven Jacobsen	University of California	加利福尼亚大学	植物，土壤与微生物科学	2011 年
929	Susan McConnell	Stanford University	斯坦福大学	细胞和分子神经科学	2011 年
930	W. Michael Hanemann	Arizona State University	亚利桑那州立大学	人类环境科学	2011 年
931	Alexander Rudensky	Memorial Sloan Kettering Cancer Center	纪念斯隆·凯特琳癌症中心	炎症与免疫学	2012 年
932	Andrew Clark	Cornell University	康奈尔大学	进化生物学	2012 年
933	Beatrice Hahn	University of Pennsylvania	宾夕法尼亚大学	微生物生物学	2012 年
934	Bonnie McCay	Rutgers, The State University of New Jersey, New Brunswick	新泽西州立罗格斯大学新布朗斯维克分校	人类环境科学	2012 年
935	Bruce Levin	Emory University	埃默里大学	进化生物学	2012 年
936	Carol Dweck	Stanford University	斯坦福大学	心理与认知科学	2012 年
937	Daniel Simberloff	The University of Tennessee, Knoxville	田纳西大学诺克斯维尔分校	环境科学与生态学	2012 年
938	Eckard Wimmer	Stony Brook University, The State University of New York	纽约州立大学石溪分校	微生物生物学	2012 年
939	Eric Selker	University of Oregon	俄勒冈大学	遗传学	2012 年
940	Evan Eichler	University of Washington	华盛顿大学	遗传学	2012 年

续表

序号	姓名	机构英文名	机构中文名	学科领域	入选时间
941	Gideon Dreyfuss	University of Pennsylvania	宾夕法尼亚大学	生物化学	2012 年
942	Gisela Storz	National Institutes of Health	美国国立卫生研究院	遗传学	2012 年
943	Harris Lewin	University of California	加利福尼亚大学	动物、营养和应用型微生物科学	2012 年
944	Harry Klee	University of Florida	佛罗里达大学	植物、土壤与微生物科学	2012 年
945	John Carlson	Yale University	耶鲁大学	遗传学	2012 年
946	Jorge Galan	Yale University	耶鲁大学	微生物学	2012 年
947	K. Christopher Garcia	Stanford University	斯坦福大学	炎症与免疫学	2012 年
948	Karl Deisseroth	Stanford University	斯坦福大学	系统神经科学	2012 年
949	Kurt Beam	University of Colorado, Denver	科罗拉多大学丹佛分校	生理学和分子神经药理学	2012 年
950	Liqun Luo	Stanford University	斯坦福大学	细胞和分子神经科学	2012 年
951	Louis Ptacek	University of California	加利福尼亚大学	医学生理学与代谢	2012 年
952	Louise Chow	University of Alabama at Birmingham	阿拉巴马大学伯明翰分校	遗传学	2012 年
953	Mary Power	University of California	加利福尼亚大学	环境科学与生态学	2012 年
954	Melinda Zeder	Smithsonian Institution	史密森学会	人类学	2012 年
955	Nancy Bonini	University of Pennsylvania	宾夕法尼亚大学	遗传学	2012 年
956	Natasha Raikhel	University of California	加利福尼亚大学	植物生物学	2012 年
957	Nikola Pavletich	Memorial Sloan Kettering Cancer Center	纪念斯隆·凯特琳癌症中心	生物化学	2012 年
958	Patrick Moore	University of Pittsburgh	匹兹堡大学	医学遗传学、血液学和肿瘤学	2012 年

续表

序号	姓名	机构英文名	机构中文名	学科领域	入选时间
959	Pedro Sanchez	University of Florida	佛罗里达大学	人类环境科学	2012 年
960	Peter Strick	University of Pittsburgh	匹兹堡大学	系统神经科学	2012 年
961	Rachel Green	Johns Hopkins University	约翰斯·霍普金斯大学	生物化学	2012 年
962	Randolph Blake	Vanderbilt University	范德堡大学	心理与认知科学	2012 年
963	Richard Young	Massachusetts Institute of Technology	麻省理工学院	细胞与发育生物学	2012 年
964	Roberto Malinow	University of California	加利福尼亚大学	细胞和分子神经科学	2012 年
965	Ronald DePinho	The University of Texas MD Anderson Cancer Center	得克萨斯大学医学博士安德森癌症中心	医学遗传学、血液学和肿瘤学	2012 年
966	Roy Parker	University of Colorado Boulder	科罗拉多大学波尔得分校	生物化学	2012 年
967	Sabeeha Merchant	University of California	加利福尼亚大学	植物生物学	2012 年
968	Se-Jin Lee	University of Connecticut System	康涅狄格大学系统	医学生理学与代谢	2012 年
969	Susan Gelman	University of Michigan	密歇根大学	心理与认知科学	2012 年
970	Tina Henkin	The Ohio State University	俄亥俄州立大学	遗传学	2012 年
971	Wah Chiu	Stanford University	斯坦福大学	生物物理学与计算生物学	2012 年
972	Xiaowei Zhuang	Harvard University	哈佛大学	生物物理学与计算生物学	2012 年
973	Ximian Dong	Duke University	杜克大学	植物、土壤与微生物科学	2012 年
974	Yasuko Rikihisa	The Ohio State University	俄亥俄州立大学	动物、营养和应用型微生物科学	2012 年
975	Yuan Chang	University of Pittsburgh	匹兹堡大学	微生物生物学	2012 年
976	A. Stewart Fotheringham	Arizona State University	亚利桑那州立大学	人类环境科学	2013 年

续表

序号	姓名	机构英文名	机构中文名	学科领域	入选时间
1013	Vishva Dixit	Genentech	基因泰克公司	医学遗传学、血液学和肿瘤学	2013 年
1014	Wei Yang	National Institutes of Health	美国国立卫生研究院	生物化学	2013 年
1015	William Jacobs	Albert Einstein College of Medicine	阿尔伯特·爱因斯坦医学院	微生物生物学	2013 年
1016	Xuemei Chen	University of California	加利福尼亚大学	植物、土壤与微生物科学	2013 年
1017	Yoshihiro Kawaoka	University of Wisconsin-Madison	威斯康星大学麦迪逊分校	动物、营养和应用型微生物科学	2013 年
1018	Alan Grossman	Massachusetts Institute of Technology	麻省理工学院	遗传学	2014 年
1019	Andrew Murray	Harvard University	哈佛大学	遗传学	2014 年
1020	Benjamin Cravatt	Scripps Research	斯克利普斯研究所	生物化学	2014 年
1021	Bruce Bean	Harvard University	哈佛大学	生理学和药理学	2014 年
1022	Carolina Barillas-Mury	National Institutes of Health	美国国立卫生研究院	微生物生物学	2014 年
1023	David Shaw	D. E. Shaw Research	D. E. Shaw Research 公司	生物物理学与计算生物学	2014 年
1024	David Williams	University of Rochester	罗切斯特大学	心理与认知科学	2014 年
1025	Dora Angelaki	Baylor College of Medicine	贝勒医学院	系统神经科学	2014 年
1026	Edward Buckler	U.S. Department of Agriculture	美国农业部	植物、土壤与微生物科学	2014 年
1027	Edward Hoover	Colorado State University	科罗拉多州立大学	动物、营养和应用型微生物科学	2014 年
1028	Elsa Redmond	American Museum of Natural History	美国自然历史博物馆	人类学	2014 年
1029	Emery Brown	Harvard University	哈佛大学	系统神经科学	2014 年

续表

序号	姓名	机构英文名	机构中文名	学科领域	入选时间
1030	Frank McCormick	University of California	加利福尼亚大学	医学遗传学，血液学和肿瘤学	2014 年
1031	G. Marius Clore	National Institutes of Health	美国国立卫生研究院	生物物理学与计算生物学	2014 年
1032	James Estes	University of California	加利福尼亚大学	环境科学与生态学	2014 年
1033	Janet Franklin	University of California	加利福尼亚大学	人类环境科学	2014 年
1034	Jason Cyster	University of California	加利福尼亚大学	炎症与免疫学	2014 年
1035	Jeff Lichtman	Harvard University	哈佛大学	细胞和分子神经科学	2014 年
1036	Jerry Melillo	Marine Biological Laboratory	海洋生物学实验室	人类环境科学	2014 年
1037	Joe Lutkenhaus	University of Kansas	堪萨斯大学	微生物生物学	2014 年
1038	Jonathan Cole	Cary Institute of Ecosystem Studies	卡里生态系统研究所	环境科学与生态学	2014 年
1039	Joseph Puglisi	Stanford University	斯坦福大学	生物物理学与计算生物学	2014 年
1040	Kenneth Keegstra	Michigan State University	密歇根州立大学	植物、土壤与微生物科学	2014 年
1041	Larry Abbott	Columbia University	哥伦比亚大学	系统神经科学	2014 年
1042	Lucia Rothman-Denes	The University of Chicago	芝加哥大学	遗传学	2014 年
1043	Marcia Johnson	Yale University	耶鲁大学	心理与认知科学	2014 年
1044	Margaret McFall-Ngai	University of Hawai'i at Mānoa	夏威夷大学马诺阿分校	微生物生物学	2014 年
1045	Martin Matzuk	Baylor College of Medicine	贝勒医学院	动物、营养和应用型微生物科学	2014 年
1046	Martin Pollak	Harvard University	哈佛大学	医学生理学与代谢	2014 年
1047	Michael Green	University of Massachusetts Medical School	马萨诸塞大学医学院	细胞与发育生物学	2014 年

序号	姓名	机构英文名	机构中文名	学科领域	入选时间
1048	Montgomery Slatkin	University of California	加利福尼亚大学	进化生物学	2014 年
1049	Patricia Crown	The University of New Mexico	新墨西哥大学	人类学	2014 年
1050	Polly Wiessner	The University of Utah	犹他大学	人类学	2014 年
1051	Richard Harland	University of California	加利福尼亚大学	细胞与发育生物学	2014 年
1052	Richard Poethig	University of Pennsylvania	宾夕法尼亚大学	植物生物学	2014 年
1053	Robert Darnell	The Rockefeller University	洛克菲勒大学	细胞和分子神经科学	2014 年
1054	Shiv Grewal	National Institutes of Health	美国国立卫生研究院	遗传学	2014 年
1055	Timothy Mitchison	Harvard University	哈佛大学	细胞与发育生物学	2014 年
1056	Vamsi Mootha	Harvard University	哈佛大学	医学生理学与代谢	2014 年
1057	Wesley Sundquist	The University of Utah	犹他大学	生物化学	2014 年
1058	Zhijian (James) Chen	The University of Texas Southwestern Medical Center	得克萨斯大学西南医学中心	炎症与免疫学	2014 年
1059	Alan Hastings	University of California	加利福尼亚大学	环境科学与生态学	2015 年
1060	Alan Hinnebusch	National Institutes of Health	美国国立卫生研究院	遗传学	2015 年
1061	Alfred Goldberg	Harvard University	哈佛大学	细胞与发育生物学	2015 年
1062	Aravinda Chakravarti	New York University	纽约大学	医学遗传学, 血液学和肿瘤学	2015 年
1063	Brenda Bass	The University of Utah	犹他大学	生物化学	2015 年
1064	Catherine Dulac	Harvard University	哈佛大学	细胞和分子神经科学	2015 年
1065	Catherine Kling	Cornell University	康奈尔大学	人类环境科学	2015 年
1066	Christine Jacobs-Wagner	Yale University	耶鲁大学	微生物生物学	2015 年

续表

序号	姓名	机构英文名	机构中文名	学科领域	入选时间
1067	Danny Reinberg	New York University	纽约大学	生物化学	2015 年
1068	Eric Betzig	University of California	加利福尼亚大学	细胞与发育生物学	2015 年
1069	Eva Nogales	University of California	加利福尼亚大学	生物物理学与计算生物学	2015 年
1070	Gary Dell	University of Illinois at Urbana-Champaign	伊利诺伊大学厄巴纳 - 香槟分校	心理与认知科学	2015 年
1071	Glen MacDonald	University of California	加利福尼亚大学	人类环境科学	2015 年
1072	Hao Wu	Harvard University	哈佛大学	炎症与免疫学	2015 年
1073	Harvey Karten	University of California	加利福尼亚大学	系统神经科学	2015 年
1074	Jean-Laurent Casanova	The Rockefeller University	洛克菲勒大学	炎症与免疫学	2015 年
1075	Jeannie Lee	Harvard University	哈佛大学	细胞与发育生物学	2015 年
1076	Jeffery Miller	University of California	加利福尼亚大学	微生物学	2015 年
1077	Jennifer Richeson	Yale University	耶鲁大学	心理与认知科学	2015 年
1078	Jeremy Thorner	University of California	加利福尼亚大学	生物化学	2015 年
1079	John Lis	Cornell University	康奈尔大学	遗传学	2015 年
1080	Joseph Berry	Carnegie Institution for Science	卡内基科学研究所	环境科学与生态学	2015 年
1081	Julian Schroeder	University of California	加利福尼亚大学	植物生物学	2015 年
1082	Karel Svoboda	Howard Hughes Medical Institute	霍华德·休斯医学研究所	细胞和分子神经科学	2015 年
1083	Lawrence Steinman	Stanford University	斯坦福大学	炎症与免疫学	2015 年
1084	Leslie Vosshall	The Rockefeller University	洛克菲勒大学	细胞和分子神经科学	2015 年
1085	Lora Hooper	The University of Texas Southwestern Medical Center	得克萨斯大学西南医学中心	医学生理学与代谢	2015 年

续表

序号	姓名	机构英文名	机构中文名	学科领域	入选时间
1086	Maria Jasin	Memorial Sloan Kettering Cancer Center	纪念斯隆·凯特琳癌症中心	遗传学	2015 年
1087	Marianne Bronner	California Institute of Technology	加州理工学院	细胞与发育生物学	2015 年
1088	Marlene Behrmann	Carnegie Mellon University	卡内基·梅隆大学	心理与认知科学	2015 年
1089	Nancy Andrews	Duke University	杜克大学	医学生理学与代谢	2015 年
1090	Nancy Carrasco	Vanderbilt University School of Medicine	范德堡大学医学院	生理学和药理学	2015 年
1091	Ralph Holloway	Columbia University	哥伦比亚大学	人类学	2015 年
1092	Randall Moon	University of Washington	华盛顿大学	生理学和药理学	2015 年
1093	Renee Baillargeon	University of Illinois at Urbana-Champaign	伊利诺伊大学厄巴纳–香槟分校	心理与认知科学	2015 年
1094	Riccardo Dalla-Favera	Columbia University	哥伦比亚大学	医学遗传学、血液学和肿瘤学	2015 年
1095	Rodney Rothstein	Columbia University	哥伦比亚大学	遗传学	2015 年
1096	Scott Edwards	Harvard University	哈佛大学	进化生物学	2015 年
1097	Sheng Yang He	Michigan State University	密歇根州立大学	植物、土壤与微生物科学	2015 年
1098	Steven Kliewer	The University of Texas Southwestern Medical Center	得克萨斯大学西南医学中心	医学生理学与代谢	2015 年
1099	Sue Biggins	Fred Hutchinson Cancer Research Center	弗雷德·哈钦森癌症研究中心	遗传学	2015 年
1100	Taekjip Ha	Johns Hopkins University	约翰斯·霍普金斯大学	生物物理学与计算生物学	2015 年
1101	Victoria Lundblad	Salk Institute for Biological Studies	索尔克生物研究所	遗传学	2015 年

续表

序号	姓名	机构英文名	机构中文名	学科领域	入选时间
1102	Warren Leonard	National Institutes of Health	美国国立卫生研究院	炎症与免疫学	2015 年
1103	Amita Sehgal	University of Pennsylvania	宾夕法尼亚大学	细胞和分子神经科学	2016 年
1104	Anne Stone	Arizona State University	亚利桑那州立大学	人类学	2016 年
1105	Arup Chakraborty	Massachusetts Institute of Technology	麻省理工学院	生物物理学与计算生物学	2016 年
1106	Bonnie Bartel	Rice University	莱斯大学	遗传学	2016 年
1107	Claire Parkinson	NASA Goddard Space Flight Center	美国宇航局戈达德太空飞行中心	人类环境科学	2016 年
1108	Clark Larsen	The Ohio State University	俄亥俄州立大学	人类学	2016 年
1109	David Sabatini	New York University	纽约大学	细胞与发育生物学	2016 年
1110	Eugene Koonin	National Institutes of Health	美国国立卫生研究院	遗传学	2016 年
1111	Frederick Sigworth	Yale University	耶鲁大学	生理学和药理学	2016 年
1112	Geoffrey Heal	Columbia University	哥伦比亚大学	人类环境科学	2016 年
1113	Geraldine Seydoux	Johns Hopkins University	约翰斯·霍普金斯大学	遗传学	2016 年
1114	Hazel Markus	Stanford University	斯坦福大学	心理与认知科学	2016 年
1115	Helen Blau	Stanford University	斯坦福大学	细胞与发育生物学	2016 年
1116	Herbert Virgin	Vir Biotechnology	Vir Biotechnology 公司	微生物生物学	2016 年
1117	Hidde Ploegh	Harvard University	哈佛大学	炎症与免疫学	2016 年
1118	Hopi Hoekstra	Harvard University	哈佛大学	进化生物学	2016 年
1119	Hugh Possingham	The Nature Conservancy	大自然保护协会	环境科学与生态学	2016 年
1120	Ian Wilson	Scripps Research	斯克里普斯研究所	微生物生物学	2016 年
1121	James Bull	University of Idaho	爱达荷大学	进化生物学	2016 年
1122	James Ehleringer	The University of Utah	犹他大学	环境科学与生态学	2016 年

续表

序号	姓名	机构英文名	机构中文名	学科领域	入选时间
1123	James Giovannoni	U.S. Department of Agriculture	美国农业部	植物、土壤与微生物科学	2016 年
1124	Jennifer Eberhardt	Stanford University	斯坦福大学	心理与认知科学	2016 年
1125	John Boothroyd	Stanford University	斯坦福大学	微生物生物学	2016 年
1126	Joseph DeRisi	University of California	加利福尼亚大学	遗传学	2016 年
1127	Judith Temkin Irvine	University of Michigan	密歇根大学	人类学	2016 年
1128	Julia Bailey-Serres	University of California	加利福尼亚大学	植物、土壤与微生物科学	2016 年
1129	Kenneth Kinzler	Johns Hopkins University	约翰斯·霍普金斯大学	医学遗传学，血液学和肿瘤学	2016 年
1130	Kenneth Murphy	Washington University in St. Louis	圣路易斯华盛顿大学	炎症与免疫学	2016 年
1131	Krishna Niyogi	University of California	加利福尼亚大学	植物生物学	2016 年
1132	Mary Lou Guerinot	Dartmouth College	达特茅斯学院	植物、土壤与微生物科学	2016 年
1133	Michael Kastan	Duke University	杜克大学	医学遗传学，血液学和肿瘤学	2016 年
1134	Michael Summers	University of Maryland	马里兰大学	生物物理学与计算生物学	2016 年
1135	Myles Brown	Harvard University	哈佛大学	医学生理学与代谢	2016 年
1136	Nathaniel Heintz	The Rockefeller University	洛克菲勒大学	细胞和分子神经科学	2016 年
1137	Pamela Soltis	University of Florida	佛罗里达大学	植物生物学	2016 年
1138	Patrick Stover	Texas A&M University-College Station	得州农工大学学院站分校	动物、营养和应用型微生物科学	2016 年
1139	Paul Slovic	Decision Research	Decision Research 公司	心理与认知科学	2016 年

续表

序号	姓名	机构英文名	机构中文名	学科领域	入选时间
1140	Peter Jones	Van Andel Institute	范安德尔研究所	医学遗传学、血液学和肿瘤学	2016 年
1141	Raymond Deshaies	Amgen	安进公司	生物化学	2016 年
1142	Robb Krumlauf	Stowers Institute for Medical Research	斯托瓦斯医学研究所	细胞与发育生物学	2016 年
1143	Robert Glaeser	Lawrence Berkeley National Laboratory	劳伦斯伯克利国家实验室	生物物理学与计算生物学	2016 年
1144	Robert Kingston	Harvard University	哈佛大学	生物化学	2016 年
1145	Ronald Germain	National Institutes of Health	美国国立卫生研究院	炎症与免疫学	2016 年
1146	Stephen Palumbi	Stanford University	斯坦福大学	环境科学与生态学	2016 年
1147	Stephen Young	University of California	加利福尼亚大学	医学生理学与代谢	2016 年
1148	Steven Pinker	Harvard University	哈佛大学	心理与认知科学	2016 年
1149	Susan Marqusee	University of California	加利福尼亚大学	生物物理学与计算生物学	2016 年
1150	Xiang-Jin Meng	Virginia Polytechnic Institute and State University	弗吉尼亚理工学院暨州立大学	动物、营养和应用型微生物科学	2016 年
1151	Anne Villeneuve	Stanford University	斯坦福大学	遗传学	2017 年
1152	Ardem Patapoutian	Scripps Research	斯克利普斯研究所	生理学和药理学	2017 年
1153	Barbara Kahn	Harvard University	哈佛大学	医学生理学与代谢	2017 年
1154	Baruch Fischhoff	Carnegie Mellon University	卡内基·梅隆大学	人类环境科学	2017 年
1155	Chris Doe	University of Oregon	俄勒冈大学	细胞与发育生物学	2017 年
1156	Christopher Glass	University of California	加利福尼亚大学	医学生理学与代谢	2017 年
1157	Craig Pikaard	Indiana University	印第安纳大学	植物、土壤与微生物科学	2017 年
1158	Dana Carroll	The University of Utah	犹他大学	生物化学	2017 年

续表

序号	姓名	机构英文名	机构中文名	学科领域	入选时间
1159	David Ginty	Harvard University	哈佛大学	细胞和分子神经科学	2017 年
1160	David Van Essen	Washington University in St. Louis	圣路易斯华盛顿大学	系统神经科学	2017 年
1161	Dominique Bergmann	Stanford University	斯坦福大学	植物生物学	2017 年
1162	Donald Ort	University of Illinois at Urbana-Champaign	伊利诺伊大学厄巴纳 – 香槟分校	植物、土壤与微生物科学	2017 年
1163	Douglas Schemske	Michigan State University	密歇根州立大学	进化生物学	2017 年
1164	Douglas Soltis	University of Florida	佛罗里达大学	植物生物学	2017 年
1165	Fiona Marshall	Washington University in St. Louis	圣路易斯华盛顿大学	人类学	2017 年
1166	Guillermina Lozano	The University of Texas MD Anderson Cancer Center	得克萨斯大学 MD 安德森癌症中心	医学遗传学，血液学和肿瘤学	2017 年
1167	Gyorgy Buzsaki	New York University	纽约大学	系统神经科学	2017 年
1168	Henry Roediger	Washington University in St. Louis	圣路易斯华盛顿大学	心理与认知科学	2017 年
1169	James Priess	Fred Hutchinson Cancer Research Center	弗雷德・哈钦森癌症研究中心	遗传学	2017 年
1170	James Randerson	University of California	加利福尼亚大学	环境科学与生态学	2017 年
1171	Jodi Nunnari	University of California	加利福尼亚大学	生物化学	2017 年
1172	John Cronan	University of Illinois at Urbana-Champaign	伊利诺伊大学厄巴纳 – 香槟分校	微生物生物学	2017 年
1173	John Pringle	Stanford University	斯坦福大学	遗传学	2017 年
1174	Junying Yuan	Harvard University	哈佛大学	细胞与发育生物学	2017 年
1175	Karen Nelson	J. Craig Venter Institute	克雷格・文特尔研究所	医学遗传学，血液学和肿瘤学	2017 年

续表

序号	姓名	机构英文名	机构中文名	学科领域	入选时间
1176	Karen Seto	Yale University	耶鲁大学	人类环境科学	2017 年
1177	L. David Sibley	Washington University in St. Louis	圣路易斯华盛顿大学	动物、营养和应用型微生物科学	2017 年
1178	Leemor Joshua-Tor	Cold Spring Harbor Laboratory	冷泉港实验室	生物化学	2017 年
1179	Mary Firestone	University of California	加利福尼亚大学	环境科学与生态学	2017 年
1180	Mary Hatten	The Rockefeller University	洛克菲勒大学	细胞和分子神经科学	2017 年
1181	Melissa Moore	Moderna Therapeutics	Moderna Therapeutics 公司	细胞与发育生物学	2017 年
1182	Michael Strand	University of Georgia	佐治亚大学	动物、营养和应用型微生物科学	2017 年
1183	Michael Tomasello	Duke University	杜克大学	心理与认知科学	2017 年
1184	Mitchell Lazar	University of Pennsylvania	宾夕法尼亚大学	医学生理学与代谢	2017 年
1185	Patrick O'Farrell	University of California	加利福尼亚大学	细胞与发育生物学	2017 年
1186	Rachel Wilson	Harvard University	哈佛大学	细胞和分子神经科学	2017 年
1187	Richard Locksley	University of California	加利福尼亚大学	炎症与免疫学	2017 年
1188	Robert Edwards	University of California	加利福尼亚大学	生理学和药理学	2017 年
1189	Robert Seyfarth	University of Pennsylvania	宾夕法尼亚大学	人类学	2017 年
1190	Robert Siliciano	Johns Hopkins University	约翰斯·霍普金斯大学	微生物生物学	2017 年
1191	Sarah Tishkoff	University of Pennsylvania	宾夕法尼亚大学	人类学	2017 年
1192	Scott Lowe	Memorial Sloan Kettering Cancer Center	纪念斯隆·凯特琳癌症中心	医学遗传学、血液学和肿瘤学	2017 年
1193	Stephen Baylin	Johns Hopkins University	约翰斯·霍普金斯大学	医学遗传学、血液学和肿瘤学	2017 年

续表

序号	姓名	机构英文名	机构中文名	学科领域	入选时间
1194	Stephen Bell	Massachusetts Institute of Technology	麻省理工学院	生物化学	2017 年
1195	Yale Goldman	University of Pennsylvania	宾夕法尼亚大学	生物物理学与计算生物学	2017 年
1196	Yasmine Belkaid	National Institutes of Health	美国国立卫生研究院	微生物生物学	2017 年
1197	Akiko Iwasaki	Yale University	耶鲁大学	炎症与免疫学	2018 年
1198	Alejandro Sanchez Alvarado	Stowers Institute for Medical Research	斯托瓦斯医学研究所	细胞与发育生物学	2018 年
1199	Andrej Sali	University of California	加利福尼亚大学	生物物理学与计算生物学	2018 年
1200	Arlene Sharpe	Harvard University	哈佛大学	炎症与免疫学	2018 年
1201	Arun Agrawal	University of Michigan	密歇根大学	人类环境科学	2018 年
1202	Barbara Landau	Johns Hopkins University	约翰斯·霍普金斯大学	心理与认知科学	2018 年
1203	Carol Barnes	University of Arizona	亚利桑那大学	系统神经科学	2018 年
1204	Carol Mason	Columbia University	哥伦比亚大学	细胞和分子神经科学	2018 年
1205	Cathy Whitlock	Montana State University	蒙大拿州立大学	环境科学与生态学	2018 年
1206	Christopher Kuzawa	Northwestern University	西北大学	人类学	2018 年
1207	Christopher Walsh	Stanford University	斯坦福大学	生物化学	2018 年
1208	Clare Waterman	National Institutes of Health	美国国立卫生研究院	细胞与发育生物学	2018 年
1209	Claude Desplan	New York University	纽约大学	细胞与发育生物学	2018 年
1210	Dan Herschlag	Stanford University	斯坦福大学	生物化学	2018 年
1211	Daniel Haber	Harvard University	哈佛大学	医学遗传学、血液学和肿瘤学	2018 年
1212	David Schatz	Yale University	耶鲁大学	炎症与免疫学	2018 年

续表

序号	姓名	机构英文名	机构中文名	学科领域	入选时间
1213	Dennis Kasper	Harvard University	哈佛大学	微生物生物学	2018 年
1214	Diana Wall	Colorado State University	科罗拉多州立大学	环境科学与生态学	2018 年
1215	Ehud Isacoff	University of California	加利福尼亚大学	生理学和药理学	2018 年
1216	Feng Zhang	Massachusetts Institute of Technology	麻省理工学院	细胞和分子神经科学	2018 年
1217	Gunter Wagner	Yale University	耶鲁大学	进化生物学	2018 年
1218	Haifan Lin	Yale University	耶鲁大学	动物、营养和应用型微生物科学	2018 年
1219	Haig Kazazian	Johns Hopkins University	约翰斯·霍普金斯大学	医学遗传学，血液学和肿瘤学	2018 年
1220	Jack Griffith	The University of North Carolina at Chapel Hill	北卡罗来纳大学教堂山分校	生物化学	2018 年
1221	Jonathan Losos	Washington University in St. Louis	圣路易斯华盛顿大学	进化生物学	2018 年
1222	Joy Bergelson	The University of Chicago	芝加哥大学	植物生物学	2018 年
1223	Judith Campisi	Buck Institute for Research on Aging	巴克衰老研究所	医学遗传学，血液学和肿瘤学	2018 年
1224	Karolin Luger	University of Colorado Boulder	科罗拉多大学波尔得分校	生物物理学与计算生物学	2018 年
1225	Mahzarin Banaji	Harvard University	哈佛大学	心理与认知科学	2018 年
1226	Michael Gottesman	National Institutes of Health	美国国立卫生研究院	遗传学	2018 年
1227	Natalie Ahn	University of Colorado Boulder	科罗拉多大学波尔得分校	生物化学	2018 年
1228	Peter Reich	University of Minnesota	明尼苏达大学	环境科学与生态学	2018 年
1229	Raul Padron	University of Massachusetts Medical School	马萨诸塞大学医学院	医学生理学与代谢	2018 年

续表

序号	姓名	机构英文名	机构中文名	学科领域	入选时间
1230	Richard Vierstra	Washington University in St. Louis	圣路易斯华盛顿大学	植物生物学	2018 年
1231	Rodolphe Barrangou	North Carolina State University	北卡罗来纳州立大学	遗传学	2018 年
1232	Roger Davis	University of Massachusetts Medical School	马萨诸塞大学医学院	医学生理学与代谢	2018 年
1233	Sarah Elgin	Washington University in St. Louis	圣路易斯华盛顿大学	遗传学	2018 年
1234	Sean Cutler	University of California	加利福尼亚大学	植物、土壤与微生物科学	2018 年
1235	Shelley Berger	University of Pennsylvania	宾夕法尼亚大学	医学遗传学，血液学和肿瘤学	2018 年
1236	Stephen O'Brien	Nova Southeastern University	新星东南大学	动物、营养和应用型微生物科学	2018 年
1237	Susan Harrison	University of California	加利福尼亚大学	环境科学与生态学	2018 年
1238	Susan McCouch	Cornell University	康奈尔大学	植物、土壤与微生物科学	2018 年
1239	T. Douglas Price	University of Wisconsin-Madison	威斯康星大学麦迪逊分校	人类学	2018 年
1240	Utpal Banerjee	University of California	加利福尼亚大学	遗传学	2018 年
1241	Virginia Zakian	Princeton University	普林斯顿大学	遗传学	2018 年
1242	Yang Dan	University of California	加利福尼亚大学	细胞和分子神经科学	2018 年
1243	Ying-Hui Fu	University of California	加利福尼亚大学	医学生理学与代谢	2018 年
1244	Adolfo Garcia-Sastre	Icahn School of Medicine at Mount Sinai	西奈山伊坎医学院	微生物生物学	2019 年
1245	Allan Basbaum	University of California	加利福尼亚大学	细胞和分子神经科学	2019 年
1246	Ana Maria Cuervo	Albert Einstein College of Medicine	阿尔伯特·爱因斯坦医学院	医学生理学与代谢	2019 年

续表

序号	姓名	机构英文名	机构中文名	学科领域	入选时间
1247	Aviv Regev	Broad Institute	博德研究所	炎症与免疫学	2019 年
1248	Bernardo Sabatini	Harvard University	哈佛大学	细胞和分子神经科学	2019 年
1249	Cynthia Wolberger	Johns Hopkins University	约翰斯·霍普金斯大学	生物物理学与计算生物学	2019 年
1250	Daniel Voytas	University of Minnesota	明尼苏达大学	植物，土壤与微生物科学	2019 年
1251	David Moore	Baylor College of Medicine	贝勒医学院	医学生理学与代谢	2019 年
1252	David Raulet	University of California	加利福尼亚大学	炎症与免疫学	2019 年
1253	David Zilberman	University of California	加利福尼亚大学	人类环境科学	2019 年
1254	Dianne Newman	California Institute of Technology	加州理工学院	环境科学与生态学	2019 年
1255	Edward Boyden	Massachusetts Institute of Technology	麻省理工学院	系统神经科学	2019 年
1256	Edward Callaway	Salk Institute for Biological Studies	索尔克生物研究所	系统神经科学	2019 年
1257	Edward Egelman	University of Virginia	弗吉尼亚大学	生物物理学与计算生物学	2019 年
1258	Elaine Ostrander	National Institutes of Health	美国国立卫生研究院	遗传学	2019 年
1259	George Milner	The Pennsylvania State University	宾夕法尼亚州立大学	人类学	2019 年
1260	Gloria Coruzzi	New York University	纽约大学	植物生物学	2019 年
1261	Gordon Logan	Vanderbilt University	范德堡大学	心理与认知科学	2019 年
1262	Harmit Malik	Fred Hutchinson Cancer Research Center	弗雷德·哈钦森癌症研究中心	遗传学	2019 年
1263	James Elser	University of Montana	蒙大拿大学	环境科学与生态学	2019 年
1264	Jeremy Jackson	American Museum of Natural History	美国自然历史博物馆	环境科学与生态学	2019 年
1265	Jue Chen	The Rockefeller University	洛克菲勒大学	生物物理学与计算生物学	2019 年
1266	Karla Kirkegaard	Stanford University	斯坦福大学	微生物生物学	2019 年

续表

序号	姓名	机构英文名	机构中文名	学科领域	入选时间
1267	Lila Gierasch	University of Massachusetts, Amherst	马萨诸塞大学阿默斯特分校	生物化学	2019 年
1268	Linda Smith	Indiana University	印第安纳大学	心理与认知科学	2019 年
1269	Luciano Marraffini	The Rockefeller University	洛克菲勒大学	微生物生物学	2019 年
1270	Marco Colonna	Washington University in St. Louis	圣路易斯华盛顿大学	炎症与免疫学	2019 年
1271	Maria Harrison	Cornell University	康奈尔大学	植物、土壤与微生物科学	2019 年
1272	Mariana Wolfner	Cornell University	康奈尔大学	遗传学	2019 年
1273	Mark Krasnow	Stanford University	斯坦福大学	遗传学	2019 年
1274	Mark Nelson	University of Vermont	佛蒙特大学	生理学和药理学	2019 年
1275	Marlene Zuk	University of Minnesota	明尼苏达大学	进化生物学	2019 年
1276	Martin Banks	University of California	加利福尼亚大学	心理与认知科学	2019 年
1277	Martine Roussel	St. Jude Children's Research Hospital	圣裘德儿童研究医院	医学遗传学、血液学和肿瘤学	2019 年
1278	Masayori Inouye	Rutgers, The State University of New Jersey, New Brunswick	新泽西州立罗格斯大学新布朗斯维克分校	生物化学	2019 年
1279	Michael Lenardo	National Institutes of Health	美国国立卫生研究院	炎症与免疫学	2019 年
1280	Nancy Grimm	Arizona State University	亚利桑那州立大学	人类环境科学	2019 年
1281	Nancy Speck	University of Pennsylvania	宾夕法尼亚大学	医学遗传学、血液学和肿瘤学	2019 年
1282	Nieng Yan	Princeton University	普林斯顿大学	生理学和药理学	2019 年
1283	Pamela Ronald	University of California	加利福尼亚大学	植物、土壤与微生物科学	2019 年
1284	Patricia Johnson	University of California	加利福尼亚大学	动物、营养和应用型微生物科学	2019 年

续表

序号	姓名	机构英文名	机构中文名	学科领域	入选时间
1285	Paul Turner	Yale University	耶鲁大学	进化生物学	2019 年
1286	Rebecca Heald	University of California	加利福尼亚大学	细胞与发育生物学	2019 年
1287	Robert Cialdini	Arizona State University	亚利桑那州立大学	心理与认知科学	2019 年
1288	Rosina Bierbaum	University of Michigan	密歇根大学	人类环境科学	2019 年
1289	Squire Booker	The Pennsylvania State University	宾夕法尼亚州立大学	生物化学	2019 年
1290	Stephen Long	University of Illinois at Urbana-Champaign	伊利诺伊大学厄巴纳 - 香槟分校	植物生物学	2019 年
1291	Sue Jinks-Robertson	Duke University	杜克大学	遗传学	2019 年
1292	Sue VandeWoude	Colorado State University	科罗拉多州立大学	动物、营养和应用型微生物科学	2019 年
1293	Susan Ackerman	University of California	加利福尼亚大学	细胞和分子神经科学	2019 年
1294	Susan Alberts	Duke University	杜克大学	人类学	2019 年
1295	Susan Strome	University of California	加利福尼亚大学	细胞与发育生物学	2019 年
1296	Thomas Spencer	University of Missouri	密苏里大学	动物、营养和应用型微生物科学	2019 年
1297	Timothy Ley	Washington University in St. Louis	圣路易斯华盛顿大学	医学遗传学、血液学和肿瘤学	2019 年
1298	William Engels	University of Wisconsin-Madison	威斯康星大学麦迪逊分校	遗传学	2019 年
1299	William McGinnis	University of California	加利福尼亚大学	细胞与发育生物学	2019 年
1300	William Weis	Stanford University	斯坦福大学	生物物理学与计算生物学	2019 年

附录 7 美国科学院生物技术领域外籍院士名单

序号	姓名	机构外文名	机构中文名	学科领域	国籍	入选时间
1	Brenda Milner	McGill University	麦吉尔大学	系统神经科学	加拿大	1976 年
2	Michael Sela	Weizmann Institute of Science	魏兹曼科学研究所	炎症与免疫学	以色列	1976 年
3	M. S. Swaminathan	Centre for Research on Sustainable Agricultural and Rural Development	农业和农村可持续发展研究中心	植物、土壤与微生物科学	印度	1977 年
4	L. L. Cavalli-Sforza	Università San Raffaele	圣拉斐尔大学	遗传学	意大利	1978 年
5	Gustav Nossal	The University of Melbourne	墨尔本大学	炎症与免疫学	澳大利亚	1979 年
6	Pierre Joliot	Institut de Biologie Physico-Chimique	物理化学研究所	植物生物学	法国	1979 年
7	John Gurdon	University of Cambridge	剑桥大学	细胞与发育生物学	英国	1980 年
8	Walter Bodmer	University of Oxford	牛津大学	医学遗传学、血液学和肿瘤学	英国	1981 年
9	Jacques Miller	The University of Melbourne	墨尔本大学	炎症与免疫学	澳大利亚	1982 年
10	Takashi Sugimura	The Japan Academy	日本学院	医学遗传学、血液学和肿瘤学	日本	1982 年
11	Jean-Pierre Changeux	Institut Pasteur	巴斯德研究所	细胞和分子神经科学	法国	1983 年
12	Kimishige Ishizaka	Yamagata University	山形大学	炎症与免疫学	日本	1983 年
13	Bengt Samuelsson	Karolinska Institutet	卡罗林斯卡学院	生物化学	瑞典	1984 年
14	Tomas Hokfelt	Karolinska Institutet	卡罗林斯卡学院	细胞和分子神经科学	瑞典	1984 年
15	Werner Arber	University of Basel	巴塞尔大学	遗传学	瑞士	1984 年
16	James Gowans	University of Oxford	牛津大学	炎症与免疫学	英国	1985 年

续表

序号	姓名	机构外文名	机构中文名	学科领域	国籍	入选时间
17	Pierre Chambon	Institut de Génétique et de Biologie Moléculaire et Cellulaire（IGBMC）	遗传与分子生物学研究所	细胞与发育生物学	法国	1985 年
18	L. L. Iversen	University of Oxford	牛津大学	细胞和分子神经生物学	英国	1986 年
19	Marc Van Montagu	Ghent University	根特大学	植物生物学	比利时	1986 年
20	Antonio Garcia-Bellido	Consejo Superior de Investigaciones Científicas（CSIC）	西班牙高等科研理事会	遗传学	西班牙	1987 年
21	Arnold Burgen	University of Cambridge	剑桥大学	生理学和药理学	英国	1987 年
22	Bryan Harrison	The James Hutton Institute	詹姆斯·赫顿学院	植物，土壤与微生物科学	英国	1988 年
23	Endel Tulving	University of Toronto	多伦多大学	心理与认知科学	加拿大	1988 年
24	Maarten Koornneef	Wageningen University and Research Centre	瓦赫宁根大学及研究中心	植物生物学	荷兰	1988 年
25	Peter Doherty	The University of Melbourne	墨尔本大学	炎症与免疫学	澳大利亚	1988 年
26	Richard Henderson	Medical Research Council	医学研究理事会	生物化学	英国	1988 年
27	Romuald Schild	Polish Academy of Sciences	波兰科学院	人类学	波兰	1988 年
28	Erwin Neher	Max Planck Institute for Biophysical Chemistry	马克斯·普朗克生物物理化学研究所	细胞和分子神经科学	德国	1989 年
29	N. M. Le Douarin	Collége de France	法兰西学院	细胞与发育生物学	法国	1989 年
30	Christiane Nusslein-Volhard	Max Planck Institute for Developmental Biology	马克斯·普朗克发育生物学研究所	细胞与发育生物学	德国	1990 年
31	Etienne-Emile Baulieu	College de France	法兰西学院	医学生理学与代谢	法国	1990 年
32	Jim Peacock	Commonwealth Scientific and Industrial Research Organization	联邦科学与工业研究组织	植物生物学	澳大利亚	1990 年

续表

序号	姓名	机构外文名	机构中文名	学科领域	国籍	入选时间
33	Marshall Hatch	Commonwealth Scientific and Industrial Research Organization	联邦科学与工业研究组织	植物生物学	澳大利亚	1990 年
34	N. Avrion Mitchison	University of London	伦敦大学	炎症与免疫学	英国	1990 年
35	Allen Kerr	University of Adelaide	阿德莱德大学	植物、土壤与微生物科学	澳大利亚	1991 年
36	Madhav Gadgil	Garware College	加勒韦学院	进化生物学	印度	1991 年
37	P. Borst	The Netherlands Cancer Institute	荷兰癌症研究所	细胞与发育生物学	荷兰	1991 年
38	Tadamitsu Kishimoto	Osaka University	大阪大学	炎症与免疫学	日本	1991 年
39	Ernesto Medina	Venezuelan Institute for Scientific Research	委内瑞拉科学研究所	环境科学与生态学	委内瑞拉	1992 年
40	Robert May	University of Oxford	牛津大学	环境科学与生态学	英国	1992 年
41	Adrienne Clarke	The University of Melbourne	墨尔本大学	植物、土壤与微生物科学	澳大利亚	1993 年
42	Alan Fersht	University of Cambridge	剑桥大学	生物物理学与计算生物学	英国	1993 年
43	Aree Valyasevi	Mahidol University	玛希顿大学	动物、营养和应用型微生物科学	泰国	1993 年
44	Bert Sakmann	Max Planck Institute of Neurobiology	马克斯·普朗克神经生物学研究所	细胞和分子神经科学	德国	1993 年
45	Henry Friesen	University of Manitoba	曼尼托巴大学	医学生理学与代谢	加拿大	1993 年
46	Jose Sarukhan	Universidad Nacional Autonoma de Mexico	墨西哥国立自治大学	进化生物学	墨西哥	1993 年
47	Klaus Hahlbrock	Max Planck Institute for Plant Breeding Research	马克斯·普朗克植物育种研究所	植物生物学	德国	1994 年

续表

序号	姓名	机构外文名	机构中文名	学科领域	国籍	入选时间
48	Klaus Rajewsky	Max-Delbruck Center for Molecular Medicine	马克斯·德尔布鲁克分子医学中心	炎症与免疫学	德国	1994 年
49	Paul Crutzen	Max Planck Institute for Chemistry	马克斯·普朗克化学研究所	环境科学与生态学	德国	1994 年
50	Per Andersen	University of Oslo	奥斯陆大学	细胞和分子神经科学	挪威	1994 年
51	Salvador Moncada	University of Manchester	曼彻斯特大学	医学生理学与代谢	英国	1994 年
52	Derek Denton	The University of Melbourne	墨尔本大学	生理学和药理学	澳大利亚	1995 年
53	Lutz Birnbaumer	Pontifical Catholic University of Argentina	阿根廷天主教大学	生理学和药理学	阿根廷	1995 年
54	Miguel Leon-Portilla	Universidad Nacional Autonoma de Mexico	墨西哥国立自治大学	人类学	墨西哥	1995 年
55	Paul Nurse	The Francis Crick Institute	弗朗西斯·克里克研究所	细胞与发育生物学	英国	1995 年
56	Robert Huber	Max Planck Institute of Biochemistry	马克斯·普朗克生物化学研究所	生物化学	德国	1995 年
57	Colin Renfrew	University of Cambridge	剑桥大学	人类学	英国	1996 年
58	Hartmut Michel	Max Planck Institute of Biophysics	马克斯·普朗克生物物理研究所	生物物理学与计算生物学	德国	1996 年
59	Koichiro Tsunewaki	Kyoto University	京都大学	植物、土壤与微生物科学	日本	1996 年
60	Rolf Zinkernagel	University of Zurich	苏黎世大学	炎症与免疫学	瑞士	1996 年
61	Harald Reuter	University of Bern	伯尔尼大学	生理学和药理学	瑞士	1997 年

续表

序号	姓名	机构外文名	机构中文名	学科领域	国籍	入选时间
62	Kai Simons	Max Planck Institute of Molecular Cell Biology and Genetics	马克斯·普朗克分子细胞生物学与遗传学研究所	细胞与发育生物学	德国	1997 年
63	Suzanne Cory	The University of Melbourne	墨尔本大学	医学遗传学、血液学和肿瘤学	澳大利亚	1997 年
64	Bryan Harrison	The James Hutton Institute	詹姆斯·赫顿学院	植物、土壤与微生物科学	英国	1998 年
65	Maarten Koornneef	Wageningen University and Research Centre	瓦赫宁根大学及研究中心	植物生物学	荷兰	1998 年
66	Peter Doherty	The University of Melbourne	墨尔本大学	炎症与免疫学	澳大利亚	1998 年
67	Richard Henderson	Medical Research Council	医学研究理事会	生物化学	英国	1998 年
68	Romuald Schild	Polish Academy of Sciences	波兰科学院	人类学	波兰	1998 年
69	Akinlawon Mabogunje	Foundation for Development and Environmental Initiatives（FDI）	发展与环境倡议基金会	人类环境科学	尼日利亚	1999 年
70	Enid MacRobbie	University of Cambridge	剑桥大学	植物生物学	英国	1999 年
71	Louis Siminovitch	University of Toronto	多伦多大学	医学遗传学、血液学和肿瘤学	加拿大	1999 年
72	Mary T. K. Arroyo	University of Chile	智利大学	环境科学与生态学	智利	1999 年
73	Michael Berridge	The Babraham Institute	巴伯拉罕研究所	生理学和药理学	英国	1999 年
74	Ramon Latorre	Universidad de Valparaiso	瓦尔帕莱索大学	生理学和药理学	智利	1999 年
75	Satoshi Omura	Kitasato University	北里大学	动物、营养和应用型微生物科学	日本	1999 年

续表

序号	姓名	机构外文名	机构中文名	学科领域	国籍	入选时间
76	Tim Hunt	Okinawa Institute of Science and Technology Graduate University	冲绳科学技术大学院大学	细胞与发育生物学	日本	1999 年
77	Yasuyuki Yamada	Nara Institute of Science and Technology	奈良科学技术大学	植物，土壤与微生物科学	日本	1999 年
78	Armando Parodi	Fundacion Instituto Leloir	卢瓦尔基金会	生物化学	阿根廷	2000 年
79	Eviatar Nevo	University of Haifa	海法大学	进化生物学	以色列	2000 年
80	Shigetada Nakanishi	Suntory Foundation for Life Sciences Bioorganic Research Institute	三得利生命科学基金会生物有机研究所	细胞和分子神经科学	日本	2000 年
81	Willem Levelt	Max Planck Institute for Psycholinguistics	马克斯·普朗克心理语言学研究所	心理与认知科学	荷兰	2000 年
82	David MacLennan	University of Toronto	多伦多大学	生理学和药理学	加拿大	2001 年
83	Enrico Coen	John Innes Centre	约翰·英纳斯中心	植物生物学	英国	2001 年
84	Jorge Allende	University of Chile	智利大学	生物化学	智利	2001 年
85	Tasuku Honjo	Kyoto University	京都大学	炎症与免疫学	日本	2001 年
86	David Schindler	University of Alberta	阿尔伯塔大学	环境科学与生态学	加拿大	2002 年
87	G. Balakrish Nair	Rajiv Gandhi Centre for Biotechnology	拉吉夫·甘地生物技术中心	进化生物学	印度	2002 年
88	Ho-Wang Lee	Hantaan Life Science Foundation	Hantaan 生命科学基金会	微生物生物学	韩国	2002 年
89	Juan Luis Arsuaga	Universidad Complutense de Madrid	马德里康普顿斯大学	人类学	西班牙	2002 年
90	Tak Wah Mak	University of Toronto	多伦多大学	炎症与免疫学	加拿大	2002 年
91	Tomoko Ohta	National Institute of Genetics	国立遗传学研究所	进化生物学	日本	2002 年
92	W. Ford Doolittle	Dalhousie University	达尔豪斯大学	进化生物学	加拿大	2002 年

续表

序号	姓名	机构外文名	机构中文名	学科领域	国籍	入选时间
93	Ada Yonath	Weizmann Institute of Science	魏茨曼科学研究所	生物物理学与计算生物学	以色列	2003 年
94	Avram Hershko	Technion-Israel Institute of Technology	以色列理工学院	生物化学	以色列	2003 年
95	Janet Thornton	European Bioinformatics Institute	欧洲生物信息学研究所	生物物理学与计算生物学	英国	2003 年
96	Juan Carlos Castilla	Pontificia Universidad Católica de Chile	智利天主教大学	环境科学与生态学	智利	2003 年
97	Linda Manzanilla	Universidad Nacional Autonoma de Mexico	墨西哥国立自治大学	人类学	墨西哥	2003 年
98	Luis Herrera-Estrella	Center for Research and Advanced Studies	墨西哥前沿研究中心	植物、土壤与微生物科学	墨西哥	2003 年
99	Martin Raff	University of London	伦敦大学	细胞与发育生物学	英国	2003 年
100	Tadatsugu Taniguchi	University of Tokyo	东京大学	炎症与免疫学	日本	2003 年
101	Zhu Chen	Shanghai Jiao Tong University	上海交通大学	医学遗传学，血液学和肿瘤学	中国	2003 年
102	Ian Wilmut	The University of Edinburgh	爱丁堡大学	动物、营养和应用型微生物科学	英国	2004 年
103	John Krebs	University of Oxford	牛津大学	环境科学与生态学	英国	2004 年
104	John Walker	University of Cambridge	剑桥大学	生物物理学与计算生物学	英国	2004 年
105	Lap-Chee Tsui	Victor and William Fung Foundation	维克多和冯伦德基金会	医学遗传学，血液学和肿瘤学	中国	2004 年
106	Riitta Hari	Aalto University School of Science and Technology	阿尔托大学科技学院	系统神经科学	芬兰	2004 年

续表

序号	姓名	机构外文名	机构中文名	学科领域	国籍	入选时间
107	Svante Paabo	Max Planck Institute for Evolutionary Anthropology	马克斯·普朗克进化人类学研究所	进化生物学	德国	2004 年
108	Venki Ramakrishnan	Medical Research Council	医学研究理事会	生物化学	英国	2004 年
109	Xiaodong Wang	National Institute of Biological Sciences, Beijing	北京生命科学研究所	医学遗传学、血液学和肿瘤学	中国	2004 年
110	Alec Jeffreys	University of Leicester	莱斯特大学	医学遗传学、血液学和肿瘤学	英国	2005 年
111	Chikashi Toyoshima	University of Tokyo	东京大学	生理学和药理学	日本	2005 年
112	David Baulcombe	University of Cambridge	剑桥大学	植物生物学	英国	2005 年
113	Ding-Shinn Chen	Taiwan University	台湾大学	微生物生物学	中国	2005 年
114	Hans Joachim Schellnhuber	Potsdam Institute for Climate Impact Research	波茨坦气候影响研究所	人类环境科学	德国	2005 年
115	Mehmet Ozdogan	Istanbul University	伊斯坦布尔大学	人类学	土耳其	2005 年
116	Pedro Leon Azofeifa	Academia Nacional de Ciencias	国家科学院	遗传学	哥斯达黎加	2005 年
117	Ranulfo Romo	Universidad Nacional Autonoma de Mexico	墨西哥国立自治大学	系统神经科学	墨西哥	2005 年
118	Rino Rappuoli	GSK Vaccines	葛兰素史克	微生物生物学	意大利	2005 年
119	Alberto Frasch	University of San Martin	圣马丁大学	微生物生物学	阿根廷	2006 年
120	Eugenia del Pino	Pontificia Universidad Católica del Ecuador	厄瓜多尔天主教大学	细胞与发育生物学	厄瓜多尔	2006 年

续表

序号	姓名	机构外文名	机构中文名	学科领域	国籍	入选时间
121	Longping Yuan	China National Hybrid Rice Research and Development Center	国家杂交水稻工程技术研究中心	植物生物学	中国	2006 年
122	Monty Jones	Forum for Agricultural Research in Africa	非洲农业研究论坛	植物生物学	加纳	2006 年
123	Rafael Palacios	Universidad Nacional Autonoma de Mexico	墨西哥国立自治大学	遗传学	墨西哥	2006 年
124	Raghavendra Gadagkar	Indian Institute of Science	印度科学研究所	进化生物学	印度	2006 年
125	Thierry Boon	Ludwig Institute for Cancer Research	路德维希癌症研究所	炎症与免疫学	比利时	2006 年
126	Thomas Gamkrelidze	Georgian National Academy of Sciences	格鲁吉亚国家科学院	人类学	格鲁吉亚	2006 年
127	Tullio Pozzan	University of Padua	帕多瓦大学	生理学和药理学	意大利	2006 年
128	Aaron Ciechanover	Technion-Israel Institute of Technology	以色列理工学院	生物化学	以色列	2007 年
129	David Lordkipanidze	Georgian National Museum	格鲁吉亚国家博物馆	人类学	格鲁吉亚	2007 年
130	Ivan Izquierdo	Pontifical Catholic University of Rio Grande do Sul	南里奥格兰德天主教大学	细胞和分子神经科学	巴西	2007 年
131	Masatoshi Takeichi	RIKEN	日本理化学研究所	细胞与发育生物学	日本	2007 年
132	Qifa Zhang	Huazhong Agricultural University	华中农业大学	植物、土壤与微生物科学	中国	2007 年
133	Timothy Richmond	ETH Zurich	苏黎世联邦理工学院	生物物理学与计算生物学	瑞士	2007 年
134	Barry Marshall	The University of Western Australia	西澳大学	微生物生物学	澳大利亚	2008 年
135	Berhane Asfaw	Rift Valley Research Service	埃塞俄比亚 Rift Valley 研究中心	人类学	埃塞俄比亚	2008 年
136	Caroline Dean	John Innes Centre	约翰·英纳斯中心	植物生物学	英国	2008 年

续表

序号	姓名	机构外文名	机构中文名	学科领域	国籍	入选时间
137	E. Anne Cutler	University of Western Sydney	西悉尼大学	心理与认知科学	澳大利亚	2008 年
138	Janet Rossant	University of Toronto	多伦多大学	细胞与发育生物学	加拿大	2008 年
139	Jerry Adams	The University of Melbourne	墨尔本大学	医学遗传学、血液学和肿瘤学	澳大利亚	2008 年
140	John Lawton	University of York	约克大学	环境科学与生态学	英国	2008 年
141	Jules Hoffmann	Centre National de la Recherche Scientifique	国家科研中心	炎症与免疫学	法国	2008 年
142	Peter Haggett	University of Bristol	布里斯托大学	人类环境科学	英国	2008 年
143	Philip Cohen	University of Dundee	邓迪大学	生物化学	英国	2008 年
144	Richard Cowling	Nelson Mandela Metropolitan University	纳尔逊·曼德拉都市大学	环境科学与生态学	南非	2008 年
145	Anne Salmond	The University of Auckland	奥克兰大学	人类学	新西兰	2009 年
146	Ari Helenius	ETH Zurich	苏黎世联邦理工学院	生物化学	瑞士	2009 年
147	Detlef Weigel	Max Planck Institute for Developmental Biology	马克斯·普朗克发育生物学研究所	植物生物学	德国	2009 年
148	Douglas Hanahan	Swiss Federal Institute of Technology, Lausanne	瑞士洛桑联邦理工学院	医学遗传学、血液学和肿瘤学	瑞士	2009 年
149	Eric Lambin	Catholic University of Louvain	天主教鲁汶大学	人类环境科学	比利时	2009 年
150	Glauco Tocchini-Valentini	National Research Council of Italy	意大利国家研究委员会	生物化学	意大利	2009 年
151	Harald zur Hausen	German Cancer Research Center	德国癌症研究中心	医学遗传学、血液学和肿瘤学	德国	2009 年
152	Hee-Sup Shin	Institute for Basic Science	基础科学研究所	细胞和分子神经科学	韩国	2009 年

续表

序号	姓名	机构外文名	机构中文名	学科领域	国籍	入选时间
153	Mu-ming Poo	Chinese Academy of Sciences	中国科学院	细胞和分子神经科学	中国	2009年
154	Nikos Logothetis	Max Planck Institute for Biological Cybernetics	马克斯·普朗克生物控制论研究所	系统神经科学	德国	2009年
155	Pascale Cossart	Institut Pasteur	巴斯德研究所	微生物生物学	法国	2009年
156	Patricia Jacobs	University of Southampton	南安普顿大学	遗传学	英国	2009年
157	Sandra Diaz	Universidad Nacional de Cordoba	科尔多瓦国立大学	环境科学与生态学	阿根廷	2009年
158	Shizuo Akira	Osaka University	大阪大学	炎症与免疫学	日本	2009年
159	Eva Kondorosi	Hungarian Academy of Sciences	匈牙利科学院	植物生物学	匈牙利	2010年
160	Janet Hemingway	Liverpool School of Tropical Medicine	利物浦热带医学院	动物、营养和应用型微生物科学	英国	2010年
161	Larissa Adler-Lomnitz	Universidad Nacional Autonoma de Mexico	墨西哥国立自治大学	人类学	墨西哥	2010年
162	Marc Feldmann	University of Oxford	牛津大学	炎症与免疫学	英国	2010年
163	Paul Schulze-Lefert	Max Planck Institute for Plant Breeding Research	马克斯·普朗克植物育种研究所	植物、土壤与微生物科学	德国	2010年
164	Ravinder Maini	University of London	伦敦大学	炎症与免疫学	英国	2010年
165	Stanislas Dehaene	INSERM	法国国家健康与医学研究院	心理与认知科学	法国	2010年
166	Sten Grillner	Karolinska Institutet	卡罗林斯卡学院	细胞和分子神经科学	瑞典	2010年
167	Susan Trumbore	Max Planck Society for the Advancement of Science	马克斯·普朗克科学促进会	环境科学与生态学	德国	2010年

续表

序号	姓名	机构外文名	机构中文名	学科领域	国籍	入选时间
168	Wolfgang Baumeister	Max Planck Institute of Biochemistry	马克斯·普朗克生物化学研究所	生物物理学与计算生物学	德国	2010 年
169	Zhonghe Zhou	Chinese Academy of Sciences	中国科学院	进化生物学	中国	2010 年
170	Akira Endo	Tokyo University of Agriculture and Technology	东京农业科技大学	医学生理学与代谢	日本	2011 年
171	Alberto Kornblihtt	University of Buenos Aires	布宜诺斯艾利斯大学	生物化学	阿根廷	2011 年
172	Anders Bjorklund	Lund University	隆德大学	细胞和分子神经科学	瑞典	2011 年
173	F. Ulrich Hartl	Max Planck Institute of Biochemistry	马克斯·普朗克生物化学研究所	生物化学	德国	2011 年
174	Jiayang Li	Chinese Academy of Sciences	中国科学院	植物生物学	中国	2011 年
175	Margaret Buckingham	Institut Pasteur	巴斯德研究所	细胞与发育生物学	法国	2011 年
176	Richard Lee	University of Toronto	多伦多大学	人类学	加拿大	2011 年
177	Shinya Yamanaka	Kyoto University	京都大学	医学生理学与代谢	日本	2011 年
178	Stephen O'Rahilly	University of Cambridge	剑桥大学	医学生理学与代谢	英国	2011 年
179	Tom Fenchel	University of Copenhagen	哥本哈根大学	环境科学与生态学	丹麦	2011 年
180	Andrea Rinaldo	École Polytechnique Fédérale de Lausanne	洛桑联邦理工学院	环境科学与生态学	瑞士	2012 年
181	Denis Duboule	University of Geneva	日内瓦大学	细胞与发育生物学	瑞士	2012 年
182	George Coupland	Max Planck Institute for Plant Breeding Research	马克斯·普朗克植物育种研究所	植物、土壤与微生物科学	德国	2012 年
183	Giacomo Rizzolatti	University of Parma	帕尔马大学	系统神经科学	意大利	2012 年
184	Gregory Hannon	University of Cambridge	剑桥大学	生物化学	英国	2012 年

续表

序号	姓名	机构外文名	机构中文名	学科领域	国籍	入选时间
185	Jim Allen	La Trobe University	拉筹伯大学	人类学	澳大利亚	2012 年
186	Leif Andersson	Uppsala University	乌普萨拉大学	动物、营养利应用型微生物科学	瑞典	2012 年
187	Mariano Barbacid	Spanish National Cancer Research Center（CNIO）	西班牙国家癌症研究中心	医学遗传学、血液学和肿瘤学	西班牙	2012 年
188	Mitsuhiro Yanagida	Okinawa Institute of Science and Technology Graduate University	冲绳科学技术大学院大学	遗传学	日本	2012 年
189	Ottoline Leyser	University of Cambridge	剑桥大学	植物生物学	英国	2012 年
190	Philippe Sansonetti	Institut Pasteur	巴斯德研究所	微生物生物学	法国	2012 年
191	Shimon Sakaguchi	Osaka University	大阪大学	炎症与免疫学	日本	2012 年
192	Sonia Guillen	National Museum of Archaeology, Anthropology and History of Peru	秘鲁国家考古、人类学和历史博物馆	人类学	秘鲁	2012 年
193	Uta Frith	University of London	伦敦大学	心理与认知科学	英国	2012 年
194	Brian Charlesworth	The University of Edinburgh	爱丁堡大学	进化生物学	英国	2013 年
195	Christopher Goodnow	Garvan Institute of Medical Research	加文医学研究所	炎症与免疫学	澳大利亚	2013 年
196	Graham Farquhar	Australian National University	澳大利亚国立大学	环境科学与生态学	澳大利亚	2013 年
197	Ian Baldwin	Max Planck Institute for Chemical Ecology	马克斯·普朗克化学生态学研究所	植物生物学	德国	2013 年
198	Kari Alitalo	University of Helsinki	赫尔辛基大学	医学遗传学、血液学和肿瘤学	芬兰	2013 年
199	Marcella Frangipane	Sapienza University of Rome	罗马大学	人类学	意大利	2013 年
200	Michel Georges	University of Liege	列日大学	遗传学	比利时	2013 年

续表

序号	姓名	机构外文名	机构中文名	学科领域	国籍	入选时间
201	Robin Weiss	University of London	伦敦大学	微生物生物学	英国	2013 年
202	Sarah Otto	The University of British Columbia	不列颠哥伦比亚大学	进化生物学	加拿大	2013 年
203	William Bond	University of Cape Town	开普敦大学	环境科学与生态学	南非	2013 年
204	Winfried Denk	Max Planck Institute of Neurobiology	马克斯·普朗克神经生物学研究所	系统神经科学	德国	2013 年
205	Xing-Wang Deng	Peking University	北京大学	植物生物学	中国	2013 年
206	Yigong Shi	Westlake University	西湖大学	生物化学	中国	2013 年
207	Yuk-Ming Lo	The Chinese University of Hong Kong	香港中文大学	医学遗传学、血液学和肿瘤学	中国	2013 年
208	Brenda Schulman	Max Planck Institute of Biochemistry	马克斯·普朗克生物化学研究所	生物化学	德国	2014 年
209	Edvard Moser	Norwegian University of Science and Technology	挪威科技大学	系统神经科学	挪威	2014 年
210	Eske Willerslev	University of Copenhagen	哥本哈根大学	人类学	丹麦	2014 年
211	Hans Clevers	University Medical Centre Utrecht	乌得勒支大学医学中心	细胞与发育生物学	荷兰	2014 年
212	Huanming Yang	BGI, China	华大基因公司	动物、营养和应用型微生物科学	中国	2014 年
213	John Pickett	Cardiff University	卡迪夫大学	动物、营养和应用型微生物科学	英国	2014 年
214	John Skehel	The Francis Crick Institute	弗朗西斯·克里克研究所	微生物生物学	英国	2014 年
215	Julian Davies	The University of British Columbia	不列颠哥伦比亚大学	微生物生物学	加拿大	2014 年

续表

序号	姓名	机构外文名	机构中文名	学科领域	国籍	入选时间
216	K. VijayRaghavan	National Centre for Biological Sciences	国家生物科学中心	细胞与发育生物学	印度	2014 年
217	May-Britt Moser	Norwegian University of Science and Technology	挪威科技大学	系统神经科学	挪威	2014 年
218	Michael Hall	University of Basel	巴塞尔大学	医学生理学与代谢	瑞士	2014 年
219	Robert Scholes	University of the Witwatersrand	威特沃特斯兰德大学	人类环境科学	南非	2014 年
220	V. Narry Kim	Seoul National University	首尔国立大学	生物化学	韩国	2014 年
221	Carlos Nobre	National Institute for Climate Change	巴西国立气候变化研究所	环境科学与生态学	巴西	2015 年
222	James Liao	Academia Sinica, Taiwan	台湾研究院	动物、营养和应用型微生物科学	中国	2015 年
223	Jonathan Jones	The Sainsbury Laboratory	塞恩斯伯里实验室	植物、土壤与微生物科学	英国	2015 年
224	Lalita Ramakrishnan	University of Cambridge	剑桥大学	微生物生物学	英国	2015 年
225	Nahum Sonenberg	McGill University	麦吉尔大学	生物化学	加拿大	2015 年
226	Nancy Ip	The Hong Kong University of Science and Technology	香港科技大学	细胞和分子神经科学	中国	2015 年
227	Nils Stenseth	University of Oslo	奥斯陆大学	进化生物学	挪威	2015 年
228	Rafael Radi	Universidad de la Republica	共和国大学	生物化学	乌拉圭	2015 年
229	Reinhard Jahn	Max Planck Institute for Biophysical Chemistry	马克斯·普朗克生物物理化学研究所	细胞和分子神经科学	德国	2015 年
230	Russell Lande	Norwegian University of Science and Technology	挪威科技大学	进化生物学	挪威	2015 年
231	Satyajit (Jitu) Mayor	National Centre for Biological Sciences	国家生物科学中心	细胞与发育生物学	印度	2015 年

续表

序号	姓名	机构外文名	机构中文名	学科领域	国籍	入选时间
232	Shigekazu Nagata	Osaka University	大阪大学	炎症与免疫学	日本	2015 年
233	Adrian Bird	The University of Edinburgh	爱丁堡大学	细胞与发育生物学	英国	2016 年
234	Anton Berns	The Netherlands Cancer Institute	荷兰癌症研究所	医学遗传学、血液学和肿瘤学	荷兰	2016 年
235	Antonio Lanzavecchia	Institute for Research in Biomedicine	生物医学研究所	炎症与免疫学	瑞士	2016 年
236	Christine Petit	Institut Pasteur	巴斯德研究所	细胞和分子神经科学	法国	2016 年
237	Gabriel Rabinovich	University of Buenos Aires	布宜诺斯艾利斯大学	炎症与免疫学	阿根廷	2016 年
238	Gen Suwa	University of Tokyo	东京大学	人类学	日本	2016 年
239	John O'Keefe	University of London	伦敦大学	系统神经科学	英国	2016 年
240	Philip Hieter	The University of British Columbia	不列颠哥伦比亚大学	遗传学	加拿大	2016 年
241	Stefan Hell	Max Planck Institute for Biophysical Chemistry	马克斯·普朗克生物物理化学研究所	生物物理学与计算生物学	德国	2016 年
242	Stephen West	The Francis Crick Institute	弗朗西斯·克里克研究所	生物化学	英国	2016 年
243	Wolfgang Lutz	International Institute for Applied Systems Analysis	国际应用系统分析研究所	人类环境科学	奥地利	2016 年
244	Zhisheng An	Chinese Academy of Sciences	中国科学院	环境科学与生态学	中国	2016 年
245	Alexander Levitzki	The Hebrew University of Jerusalem	耶路撒冷希伯来大学	医学遗传学、血液学和肿瘤学	以色列	2017 年
246	Arild Underdal	University of Oslo	奥斯陆大学	人类环境科学	挪威	2017 年
247	Carl Folke	The Royal Swedish Academy of Sciences	瑞典皇家科学院	环境科学与生态学	瑞典	2017 年
248	Carol Robinson	University of Oxford	牛津大学	生物化学	英国	2017 年

续表

序号	姓名	机构外文名	机构中文名	学科领域	国籍	入选时间
249	Chien-Jen Chen	Office of the President, Taiwan (ROC)	台湾办公室	人类环境科学	中国	2017 年
250	Dolph Schluter	The University of British Columbia	不列颠哥伦比亚大学	进化生物学	加拿大	2017 年
251	Emmanuelle Charpentier	Max Planck Institute for Infection Biology	马克斯·普朗克感染生物学研究所	微生物生物学	德国	2017 年
252	Gergely Csibra	Central European University	中欧大学	心理与认知科学	匈牙利	2017 年
253	Iain Mattaj	European Molecular Biology Laboratory	欧洲分子生物学实验室	细胞与发育生物学	德国	2017 年
254	Irma Thesleff	University of Helsinki	赫尔辛基大学	细胞与发育生物学	芬兰	2017 年
255	Jonathan Sprent	Garvan Institute of Medical Research	加文医学研究所	炎症与免疫学	澳大利亚	2017 年
256	Joseph Sriyal Malik Peiris	The University of Hong Kong	香港大学	微生物生物学	中国	2017 年
257	Wolf Singer	Ernst Strüngmann Institute for Neuroscience	Ernst Strüngmann 神经科学研究所	系统神经科学	德国	2017 年
258	Anastasios Xepapadeas	Athens University of Economics and Business	雅典经济贸易大学	人类环境科学	希腊	2018 年
259	E. David Penny	Massey University	梅西大学	进化生物学	新西兰	2018 年
260	Eva-Mari Aro	University of Turku	图尔库大学	植物生物学	芬兰	2018 年
261	Gerardo Ceballos Gonzalez	Universidad Nacional Autonoma de Mexico	墨西哥国立自治大学	环境科学与生态学	墨西哥	2018 年
262	Gines Morata	Spanish National Research Council (CSIC)	西班牙国家研究委员会	细胞与发育生物学	西班牙	2018 年
263	Karen Vousden	The Francis Crick Institute	弗朗西斯·克里克研究所	医学遗传学、血液学和肿瘤学	英国	2018 年

续表

序号	姓名	机构外文名	机构中文名	学科领域	国籍	入选时间
264	Michael Reth	University of Freiburg	弗莱堡大学	炎症与免疫学	德国	2018 年
265	Miroslav Radman	Mediterranean Institute for Life Sciences（MedILS）	地中海生命科学研究所	遗传学	克罗地亚	2018 年
266	Pablo Marquet	Pontificia Universidad Catolica de Chile	智利天主教大学	环境科学与生态学	智利	2018 年
267	Panagiotis Karkanas	American School of Classical Studies at Athens	美国雅典古典研究学院	人类学	希腊	2018 年
268	Peter Hagoort	Max Planck Institute for Psycholinguistics	马克斯·普朗克心理语言学研究所	心理与认知科学	荷兰	2018 年
269	Tomas Lindahl	The Francis Crick Institute	弗朗西斯·克里克研究所	生物化学	英国	2018 年
270	Alain Fischer	Institut Imagine	Imagine 研究所	炎症与免疫学	法国	2019 年
271	Alexander Spirin	Russian Academy of Sciences	俄罗斯科学院	生物化学	俄罗斯	2019 年
272	Fiona Watt	King's College	国王学院	细胞与发育生物学	英国	2019 年
273	George Gao	Chinese Academy of Sciences	中国科学院	动物、营养和应用型微生物科学	中国	2019 年
274	Jane Langdale	University of Oxford	牛津大学	植物、土壤与微生物科学	英国	2019 年
275	Janet Pierrehumbert	University of Oxford	牛津大学	心理与认知科学	英国	2019 年
276	Jennifer Graves	La Trobe University	拉筹伯大学	动物、营养和应用型微生物科学	澳大利亚	2019 年
277	Juan Carlos Saez	Valparaiso University	瓦尔帕莱素大学	生理学和药理学	智利	2019 年
278	Kari Stefansson	deCODE genetics	deCODE genetics 公司	遗传学	冰岛	2019 年

续表

序号	姓名	机构外文名	机构中文名	学科领域	国籍	入选时间
279	Luis Jaime Castillo Butters	Pontifical Catholic University of Peru	秘鲁天主教大学	人类学	秘鲁	2019 年
280	Marten Scheffer	Wageningen University and Research Centre	瓦赫宁根大学及研究中心	环境科学与生态学	荷兰	2019 年
281	Moshe Oren	Weizmann Institute of Science	魏茨曼科学研究所	医学遗传学、血液学和肿瘤学	以色列	2019 年
282	Rashid Hassan	University of Pretoria	比勒陀利亚大学	人类环境科学	南非	2019 年
283	Rudolf Zechner	University of Graz	格拉茨大学	医学生理学与代谢	奥地利	2019 年
284	Staffan Normark	Karolinska Institutet	卡罗林斯卡学院	微生物生物学	瑞典	2019 年

附录 8　美国医学科学院院士名单（2018—2019 年）

入选时间	序号	姓名	机构英文名	机构中文名
2018 年	1	Yasmine Belkaid	National Institutes of Health	美国国立卫生研究院
	2	James M. Berger	Johns Hopkins University School of Medicine	约翰斯·霍普金斯大学医学院
	3	Richard E. Besser	Robert Wood Johnson Foundation	罗伯特·伍德·约翰逊基金会
	4	Richard S. Blumberg	Harvard Medical School	哈佛医学院
	5	Azad Bonni	F. Hoffmann La Roche Ltd.	F. 霍夫曼·拉罗什有限公司
	6	Andrea Califano	Columbia University Medical Center	哥伦比亚大学医学中心
	7	Michael A. Caligiuri	The Ohio State University	俄亥俄州立大学
	8	Clifton W. Callaway	University of Pittsburgh	匹兹堡大学
	9	Yang Chai	University of Southern California	南加利福尼亚大学
	10	Giselle Corbie-Smith	University of North Carolina, School of Medicine	北卡罗来纳大学医学院
	11	Peter Daszak	EcoHealth Alliance	生态健康联盟
	12	Michael S. Diamond	Washington University School of Medicine	华盛顿大学医学院
	13	Susan M. Domchek	University of Pennsylvania	宾夕法尼亚大学
	14	Francesca Dominici	Harvard University	哈佛大学
	15	Benjamin L. Ebert	Dana-Farber Cancer Institute	达纳 - 法伯癌症研究所
	16	Jennifer H. Elisseeff	Johns Hopkins University	约翰斯·霍普金斯大学
	17	Robert L. Ferrer	University of Texas Health Science Center at San Antonio	得克萨斯大学圣安东尼奥健康科学中心
	18	Robert M. Friedlander	University of Pittsburgh School of Medicine	匹兹堡大学医学院
	19	Ying-Hui Fu	University of California	加利福尼亚大学

续表

入选时间	序号	姓名	机构英文名	机构中文名
2018 年	20	William A. Gahl	National Human Genome Research Institute	美国国家人类基因组研究所
	21	Joshua A. Gordon	National Institute of Mental Health	美国国家精神卫生研究所
	22	Scott Gottlieb	American Enterprise Institute for Public Policy Research	美国企业公共政策研究所
	23	David A. Hafler	Yale School of Medicine	耶鲁医学院
	24	Evelynn M. Hammonds	Harvard University	哈佛大学
	25	David N. Herndon	Journal of Burn Care And Research，American Burn Association	《烧伤护理与研究杂志》，美国烧伤协会
	26	Steven M. Holland	National Institutes of Health	美国国立卫生研究院
	27	Amy Houtrow	University of Pittsburgh School of Medicine	匹兹堡大学医学院
	28	Jeffrey A. Hubbell	The University of Chicago	芝加哥大学
	29	John P. Ioannidis	Stanford University	斯坦福大学
	30	Robert E. Kingston	Harvard Medical School	哈佛医学院
	31	Ophir D. Klein	University of California	加利福尼亚大学
	32	Alex H. Krist	Virginia Commonwealth University	弗吉尼亚联邦大学
	33	John Kuriyan	University of California	加利福尼亚大学
	34	Sylvia Trent-Adams	U.S. Department of Health and Human Services	美国卫生和公共服务部
	35	Ellen Leibenluft	National Institutes of Health	美国国立卫生研究院
	36	Linda M. Liau	University of California	加利福尼亚大学
	37	Keith D. Lillemoe	Harvard Medical School	哈佛医学院
	38	Xihong Lin	Harvard University	哈佛大学
	39	Catherine R. Lucey	University of California	加利福尼亚大学
	40	Ellen J. MacKenzie	Johns Hopkins University School of Hygiene and Public Health	约翰斯·霍普金斯大学卫生与公共卫生学院

续表

入选时间	序号	姓名	机构英文名	机构中文名
2018 年	41	Martin A. Makary	Johns Hopkins Bloomberg School of Public Health	约翰斯·霍普金斯大学彭博公共卫生学院
	42	Bradley A. Malin	Vanderbilt University School of Medicine	范德堡大学医学院
	43	George A. Mashour	University of Michigan	密歇根大学
	44	Ann C. McKee	Boston University School of Medicine	波士顿大学医学院
	45	Barbara J. Meyer	University of California	加利福尼亚大学
	46	Matthew L. Meyerson	Harvard Medical School	哈佛医学院
	47	Terrie E. Moffitt	Duke University	杜克大学
	48	Sean J. Morrison	University of Michigan Medical School	密歇根大学医学院
	49	Charles A. III Nelson	Children's Hospital Boston	波士顿儿童医院
	50	Kunle Odunsi	Roswell Park Comprehensive Cancer Institute	罗斯韦尔·帕克癌症研究所
	51	Lucila Ohno-Machado	University of California	加利福尼亚大学
	52	Jordan S. Orange	Columbia University College of Physicians and Surgeons	哥伦比亚大学（内外科医师学院）
	53	Lori J. Pierce	University of Michigan School of Medicine	密歇根大学医学院
	54	Daniel E. Polsky	Johns Hopkins University	约翰斯·霍普金斯大学
	55	Josiah D. Rich	Miriam Hospital，Brown University	布朗大学米里亚姆医院
	56	Gene E. Robinson	University of Illinois at Urbana-Champaign	伊利诺伊大学厄巴纳 – 香槟分校
	57	Hector P. Rodriguez	University of California	加利福尼亚大学
	58	Charles N. Rotimi	National Institutes of Health	美国国立卫生研究院
	59	Ralph L. Sacco	University of Miami	迈阿密大学

续表

入选时间	序号	姓名	机构英文名	机构中文名
2018 年	60	Judith A. Salerno	New York Academy of Medicine	纽约医学院
	61	Nanette F. Santoro	University of Colorado School of Medicine	科罗拉多大学医学院
	62	Stuart L. Schreiber	Broad Institute	博德学院
	63	Arlene H. Sharpe	Harvard Medical School	哈佛医学院
	64	M. Celeste Simon	University of Pennsylvania School of Medicine	宾夕法尼亚大学医学院
	65	Albert L. Siu	Mount Sinai Medical Center	西奈山医学中心
	66	Claire E. Sterk	Emory University	埃默里大学
	67	Susan E. Stone	Frontier Nursing University	前沿护理大学
	68	Kara O. Walker	Delaware Department of Health and Services	特拉华州卫生和服务部
	69	Peter Walter	University of California	加利福尼亚大学
	70	Xiaobin Wang	Johns Hopkins Bloomberg School of Public Health	约翰斯·霍普金斯大学彭博公共卫生学院
	71	Ronald J. Weigel	University of Iowa Carver College of Medicine	艾奥瓦大学卡弗医学院
	72	Rachel M. Werner	University of Pennsylvania	宾夕法尼亚大学
	73	Janey L. Wiggs	Harvard Medical School	哈佛医学院
	74	Teresa K. Woodruff	Northwestern University	西北大学
	75	King-Wai Yau	Johns Hopkins University School of Medicine	约翰斯·霍普金斯大学医学院
2019 年	76	Edwin G. Abel	University of Iowa Carver College of Medicine	艾奥瓦大学卡弗医学院
	77	Denise R. Aberle	University of California	加利福尼亚大学
	78	Charles S. Abrams	University of Pennsylvania School of Medicine	宾夕法尼亚大学医学院
	79	Anthony P. Adamis	Genentech	基因泰克公司
	80	Adaora Alise Adimora	The University of North Carolina at Chapel Hill	北卡罗来纳大学教堂山分校

续表

入选时间	序号	姓名	机构英文名	机构中文名
2019 年	81	Julia Adler-Milstein	University of California	加利福尼亚大学
	82	Nita Ahuja	Yale University School of Medicine	耶鲁大学医学院
	83	C. David Allis	The Rockefeller University	洛克菲勒大学
	84	David G. Amaral	University of California	加利福尼亚大学
	85	Vineet M. Arora	No Affiliation	无隶属关系
	86	Carol J. Baker	Baylor College of Medicine	贝勒医学院
	87	Colleen L. Barry	Johns Hopkins Bloomberg School of Public Health	约翰斯·霍普金斯大学彭博公共卫生学院
	88	Elaine E. Batchlor	Martin Luther King，Jr. Community Hospital	马丁·路德·金社区医院
	89	Peter Bearman	Columbia University	哥伦比亚大学
	90	Sangeeta N. Bhatia	Massachusetts Institute of Technology	麻省理工学院
	91	L. Ebony Boulware	Duke University School of Medicine	杜克大学医学院
	92	Charles C. Branas	University of Pennsylvania	宾夕法尼亚大学
	93	David Cella	Northwestern University Feinberg School of Medicine	西北大学范伯格医学院
	94	Deborah J. Cohen	Oregon Health & Science University	俄勒冈健康与科学大学
	95	Dorin Comaniciu	Siemens Corporate Research，Inc.	西门子有限公司
	96	Rui Costa	Columbia University	哥伦比亚大学
	97	Rebecca M. Cunningham	No Affiliation	无隶属关系
	98	Hongjie Dai	Stanford University	斯坦福大学
	99	James T. Dalton	University of Michigan	密歇根大学
	100	Beverly L. Davidson	University of Pennsylvania School of Medicine	宾夕法尼亚大学医学院
	101	George Demiris	University of Pennsylvania	宾夕法尼亚大学
	102	Raymond N. Jr. DuBois	Medical University of South Carolina	南卡罗来纳医科大学

入选时间	序号	姓名	机构英文名	机构中文名
2019 年	103	James H. Eberwine	University of Pennsylvania School of Medicine	宾夕法尼亚大学医学院
	104	Elizabeth C. Engle	Harvard Medical School	哈佛医学院
	105	Deborah S. Estrin	Cornell NYC Tech	康奈尔纽约理工大学
	106	Betty R. Ferrell	City of Hope National Medical Center	希望之城国家医疗中心
	107	Jorge E. Galan	Yale University School of Medicine	耶鲁大学医学院
	108	Tejal K. Gandhi	Institute for Healthcare Improvement	美国医疗保健促进会
	109	Sharon Gerecht	Johns Hopkins University	约翰斯·霍普金斯大学
	110	Margaret A. Goodell	Baylor College of Medicine	贝勒医学院
	111	Laura M. Gottlieb	University of California	加利福尼亚大学
	112	Stephan A. Grupp	University of Pennsylvania School of Medicine	宾夕法尼亚大学医学院
	113	Sanjay Gupta	Emory University School of Medicine	埃默里大学医学院
	114	J. Silvio Gutkind	University of California	加利福尼亚大学
	115	Daphne A. Haas-Kogan	Harvard Medical School	哈佛医学院
	116	Julia A. Haller	Wills Eye Hospital	威尔斯眼科医院
	117	M. Elizabeth Halloran	Emory University，Rollins School of Public Health	埃默里大学罗林斯公共卫生学院
	118	Diane Havlir	University of California	加利福尼亚大学
	119	Debra E. Houry	Center for Disease Control and Prevention	美国疾病预防控制中心
	120	Scott W. Lowe	Memorial Sloan Kettering Cancer Center	纪念斯隆·凯特林癌症中心
	121	Carol M. Mangione	University of California	加利福尼亚大学

续表

入选时间	序号	姓名	机构英文名	机构中文名
	122	Elaine R. Mardis	The Ohio State University，College of Medicine and Public Health	俄亥俄州立大学医学与公共卫生学院
	123	Peter Margolis	Cincinnati Children's Hospital Medical Center	辛辛那提儿童医院医疗中心
	124	Ellen R. Meara	Dartmouth Medical School	达特茅斯医学院
	125	David Meyers	Agency for Healthcare Research and Quality	美国医疗保健研究与质量局
	126	Guo-li Ming	University of Pennsylvania School of Medicine	宾夕法尼亚大学医学院
	127	Kathleen M. Neuzil	University of Maryland School of Medicine	马里兰大学医学院
	128	Craig D. Newgard	Oregon Health & Science University	俄勒冈健康与科学大学
	129	Luigi D. Notarangelo	National Institute of Allergy and Infectious Diseases	美国国家过敏和传染病研究所
	130	Gabriel Nunez	University of Michigan Medical School	密歇根大学医学院
2019 年	131	Andre Nussenzweig	National Cancer Institute	美国国家癌症研究所
	132	Krzysztof Palczewski	University of California	加利福尼亚大学
	133	Julie Parsonnet	Stanford University	斯坦福大学
	134	Jonathan A. Patz	University of Wisconsin-Madison	威斯康星大学麦迪逊分校
	135	Rafael Perez-Escamilla	Yale School of Public Health	耶鲁大学公共卫生学院
	136	Susan E. Quaggin	Northwestern University，Feinberg School of Medicine	西北大学范伯格医学院
	137	Scott L. Rauch	McLean Hospital，Harvard Medical School	哈佛医学院麦克林医院
	138	Mehmet Toner	Harvard University	哈佛大学
	139	Peter A. Ubel	Duke University	杜克大学
	140	Catherine S. Woolley	Northwestern University	西北大学
	141	Catherine J. Wu	Harvard Medical School	哈佛医学院

续表

入选时间	序号	姓名	机构英文名	机构中文名
2019 年	142	Joseph C. Wu	Stanford University School of Medicine	斯坦福大学医学院
	143	Kristine Yaffe	University of California	加利福尼亚大学
	144	Rachel Yehuda	No Affiliation	无隶属关系
	145	Richard A. Young	Whitehead Institute for Biomedical Research	怀特黑德生物医学研究所
	146	John A. Rogers	Northwestern University	西北大学
	147	Anil K. Rustgi	Columbia University	哥伦比亚大学
	148	David G. Schatz	Yale University School of Medicine	耶鲁大学医学院
	149	Dorry L. Segev	Johns Hopkins University	约翰斯·霍普金斯大学
	150	Julie Segre	National Human Genome Research Institute	美国国家人类基因组研究所
	151	Nenad Sestan	Yale University School of Medicine	耶鲁大学医学院
	152	Peter Slavin	Massachusetts General Hospital	马萨诸塞州总医院
	153	Benjamin D. Sommers	Harvard School of Public Health	哈佛公共卫生学院
	154	Beth Stevens	Harvard Medical School	哈佛医学院
	155	Jacquelyn Y. Taylor	New York University	纽约大学
	156	Akiko Iwasaki	Yale University School of Medicine	耶鲁大学医学院
	157	Elizabeth M. Jaffee	Johns Hopkins University	约翰斯·霍普金斯大学
	158	S. Claiborne Johnston	The University of Texas at Austin	得克萨斯大学奥斯汀分校
	159	Rainu Kaushal	No Affiliation	无隶属关系
	160	K. Craig Kent	The Ohio State University	俄亥俄州立大学
	161	Adrian R. Krainer	Cold Spring Harbor Laboratory	冷泉港实验室
	162	Peter K. Lee	Microsoft Corporation	微软公司
	163	Richard S. Legro	Penn State College of Medicine	宾夕法尼亚州立医学院
	164	Michael J. Lenardo	National Institutes of Health	美国国立卫生研究院
	165	Ernst R. Lengyel	The University of Chicago	美国芝加哥大学

附录 9　美国医学科学院外籍院士名单（2018—2019 年）

入选时间	序号	姓名	机构英文名	机构中文名	国籍
2018年	1	Hanan M. Al Kuwari	Weill Cornell Medicine	威尔·康奈尔医学院	卡塔尔
	2	R. Bruce Aylward	World Health Organization	世界卫生组织	瑞士
	3	Francoise Barre-Sinoussi	Institut de Pasteur	巴斯德研究所	法国
	4	Linamara R. Battistella	University of Sao Paulo	圣保罗大学	巴西
	5	Zulfiqar A. Bhutta	Hospital for Sick Children, University of Toronto	多伦多大学病童医院	巴基斯坦
	6	Elias Campo	University of Barcelona	巴塞罗那大学	西班牙
	7	Gabriel M. Leung	The University of Hong Kong	香港大学	中国
	8	Beverley A. Orser	University of Toronto	多伦多大学	加拿大
	9	Joy E. Lawn	London School of Hygiene and Tropical Medicine	伦敦卫生与热带医学院	英国
	10	Carol Propper	Imperial College London	伦敦帝国理工学院	英国
2019年	11	Marina Cavazzana	Paris University Medical School	巴黎大学医学院	法国
	12	Jan de Maeseneer	Ghent University	根特大学	比利时
	13	Ama de-Graft Aikins	University College London	伦敦大学学院	英国
	14	Bartholomeus C. Fauser	University of Utrecht	乌特勒支大学	荷兰
	15	Neil M. Ferguson	Imperial College London	伦敦帝国理工学院	英国
	16	George F. Gao	Chinese Academy of Sciences	中国科学院	中国
	17	Paul S. Myles	Monash University	莫纳什大学	澳大利亚
	18	Stuart W. Reid	Royal Veterinary College	英国皇家兽医学院	英国
	19	Nichola Walds	St. Bartholomew's Hospital Medical College	圣巴塞洛缪医院医学院	英国
	20	John E. Wong	National University of Singapore	新加坡国立大学	新加坡

附录10 美国工程院生物技术领域院士名单

序号	姓名	机构英文名	机构中文名
1	Harry R. Allcock	The Pennsylvania State University	宾夕法尼亚州立大学
2	James Morley Anderson	Case Western Reserve University	凯斯西储大学
3	Kristi S. Anseth	University of Colorado Boulder	科罗拉多大学波尔得分校
4	Aristos Aristidou	Cargill	Cargill 公司
5	Frances H. Arnold	California Institute of Technology	加州理工学院
6	David C. Auth	University of Washington	华盛顿大学
7	Gilda A. Barabino	The City College of New York	纽约城市学院
8	Harrison H. Barrett	University of Arizona	亚利桑那大学
9	James B. Bassingthwaighte	University of Washington	华盛顿大学
10	Georges Belfort	Rensselaer Polytechnic Institute	伦斯勒理工学院
11	Rebecca M. Bergman	Gustavus Adolphus College	阿道夫学院
12	Howard Bernstein	SQZ Biotechnologies	SQZ 生物技术
13	Sangeeta N. Bhatia	Massachusetts Institute of Technology	麻省理工学院
14	Harvey W. Blanch	University of California	加利福尼亚大学
15	Cheryl R. Blanchard	Keratin Biosciences	角蛋白生物科学公司
16	Arindam Bose	Abiologicsb	Abiologicsb 公司
17	Barbara D. Boyan	Virginia Commonwealth University	弗吉尼亚联邦大学
18	William R. Brody	Salk Institute For Biological Studies	索尔克生物研究所
19	Emery Neal Brown	Massachusetts Institute of Technology	麻省理工学院
20	Barry C. Buckland	Biologicb Llc	生物有限责任公司
21	Thomas F. Budinger	E. O. Lawrence Berkeley National Laboratory	劳伦斯伯克利国家实验室
22	James William Burns	Casebia Therapeutics	干酪根疗法
23	Edmund Y.S. Chao	Johns Hopkins University	约翰斯·霍普金斯大学
24	Hongming Chen	Kala Pharmaceuticals	Kala 制药公司
25	Simon R. Cherry	University of California	加利福尼亚大学
26	Shu Chien	University of California	加利福尼亚大学
27	George M. Church	Harvard Medical School	哈佛医学院

续表

序号	姓名	机构英文名	机构中文名
28	Paul Citron	Medtronic，Inc.	美敦力公司
29	Douglas S. Clark	University of California	加利福尼亚大学
30	James J. Collins	Massachusetts Institute of Technology	麻省理工学院
31	Stuart L. Cooper	The Ohio State University	俄亥俄州立大学
32	Arthur J. Coury	Northwestern University	西北大学
33	Harold G. Craighead	Cornell University	康奈尔大学
34	Karl Deisseroth	Stanford University and Howard Hughes Institute	斯坦福大学和霍华德·休斯研究所
35	Scott L. Delp	Stanford University	斯坦福大学
36	Dennis E. Discher	University of Pennsylvania	宾夕法尼亚大学
37	Stephen W. Drew	Drew Solutions	Drew Solutions 公司
38	Lewis S.（Lonnie）	Ge Corporate Research and Development	通用电气公司研发
39	Elazer R.Edelman	Mit /Harvard Medical School	麻省理工学院 / 哈佛医学院
40	David A. Edwards	Harvard University	哈佛大学
41	Jennifer Hartt Elissee	Johns Hopkins University	约翰斯·霍普金斯大学
42	Peter C. Farrell	Resmed	Resmed 公司
43	Katherine Whittaker Ferrara	Stanford University	斯坦福大学
44	Robert E. Fischell	Zygood	Zygood 有限责任公司
45	Stephen P.A. Fodor	13.8，Inc.	13.8 公司
46	Thomas J. Fogarty	Fogarty Institute for Innovation	福格蒂创新研究所
47	F. Stuart Foster	University of Toronto	多伦多大学
48	Yuan-Cheng B.Fung	University of California	加利福尼亚大学
49	George Georgiou	The University of Texas	得克萨斯大学
50	Tillman Ulf Gerngross	Adimab	Adimab 公司
51	David B. Geselowitz	The Pennsylvania State University	宾夕法尼亚州立大学
52	Ivar Giaever	Applied Biophysics，Inc.	应用生物物理公司

续表

序号	姓名	机构英文名	机构中文名
53	Don Peyton Giddens	Georgia Institute of Technology & Emory University Wallace H. Coulter Dept of Biomedical Engineering	佐治亚理工学院和埃默里大学华莱士·考尔特生物医学工程系
54	Maryellen L. Giger	The University of Chicago	芝加哥大学
55	Gary H. Glover	Stanford University	斯坦福大学
56	Steven A. Goldstein	University of Michigan	密歇根大学
57	John C. Gore	Vanderbilt University	范德堡大学
58	Linda Gay Griffith	Massachusetts Institute of Technology	麻省理工学院
59	Prof. David Haussler	University of California	加利福尼亚大学
60	William A. Hawkins Ⅲ	Medtronic	美敦力
61	Adam Heller	Synagile Corporation	Synagile 公司
62	Allan S. Hoffman	University of Washington	华盛顿大学
63	Leroy E. Hood	Institute For Systems Biology	系统生物学研究所
64	Jeffrey Alan Hubbel	The University of Chicago	芝加哥大学
65	Mark S. Humayun	University of Southern California School of Medicine	南加州大学医学院
66	Michael W. Hunkapiller	Pacific Biosciences of California	加利福尼亚太平洋生物科学公司
67	Mir A. Imran	Incube Labs，Llc	Incube 有限责任公司
68	Rakesh K. Jain	Harvard Medical School	哈佛医学院
69	Donald L. Johnson	Grain Processing Corporation	粮食加工公司
70	Trevor O. Jones	International Development Corporation	国际发展公司
71	Willi A. Kalender	University of Erlangen-Nuremburg	埃朗根 – 纽伦堡大学
72	Kazunori Kataoka	University of Tokyo	东京大学
73	Jay D. Keasling	University of California	加利福尼亚大学
74	Kenneth H. Keller	University of Minnesota	明尼苏达大学
75	Brian D. Kelley	Vir Biotechnology	Vir 生物技术
76	Peter S. Kim	Stanford University	斯坦福大学
77	Sung Wan Kim	The University of Utah	犹他大学

续表

序号	姓名	机构英文名	机构中文名
78	Albert I. King	Wayne State University	韦恩州立大学
79	Robert D. Kiss	Sutro Biopharma，Inc.	萨特罗生物制药公司
80	Alexander M. Klibanov	Massachusetts Institute of Technology	麻省理工学院
81	Jindrich Kopecek	The University of Utah	犹他大学
82	Richard Wilker Korsmeyer	Korsmeyer Consulting	Korsmeyer 咨询公司
83	Michael R. Ladisch	Purdue University	普渡大学
84	Robert Samuel Langer	Massachusetts Institute of Technology	麻省理工学院
85	Douglas A.Lauffenburger	Massachusetts Institute of Technology	麻省理工学院
86	Cato T. Laurencin	University of Connecticut Health Center	康涅狄格大学健康中心
87	Raphael C. Lee	The University of Chicago	芝加哥大学
88	Ann L. Lee	Juno Therapeutics，Inc.	Juno 疗法研发
89	Kam W. Leong	Columbia University	哥伦比亚大学
90	Mark J. Levin	Third Rock Ventures Llc	第三岩石风险投资有限公司
91	James C. Liao	Academia Sinica，Taiwan，China	中国台湾研究院
92	Jefferson C. Lievense	Genomatica，Inc.	Genomatica 公司
93	Frances S. Ligler	North Carolina State University And Unc-Chapel Hill	北卡罗来纳州立大学
94	John H. Linehan	Northwestern University Robert R. Mccormick School of Engineering	西北大学罗伯特麦考密克工程学院
95	Nils Lonberg	Bristol-Myers Squibb Company	百时美施贵宝公司
96	John C. Martin	The John C. Martin Foundation	约翰马丁基金会
97	Larry V. McIntire	Georgia Institute of Technology	佐治亚理工学院
98	Edward Wilson Merrill	Massachusetts Institute of Technology	麻省理工学院
99	Antonios Georgios	Rice University	莱斯大学
100	Charles A. Mistretta	University of Wisconsin-Madison	威斯康星麦迪逊大学
101	Samir Mitragotri	Harvard University	哈佛大学
102	David J. Mooney	Harvard University	哈佛大学
103	Van C. Mow	Columbia University	哥伦比亚大学

续表

序号	姓名	机构英文名	机构中文名
104	Mary Pat Moyer	Incell Corporation Llc	因塞尔公司
105	Kyle J. Myers	Food And Drug Administration	食品药品监督管理局
106	Robert M. Nerem	Georgia Institute of Technology	佐治亚理工学院
107	Milton Allen Northrup	Miodx	米奥克斯
108	Matthew O'Donnell	University of Washington	华盛顿大学
109	Bernhard O. Palsson	University of California	加利福尼亚大学
110	Eleftherios Terry Papoutsakis	University of Delaware	特拉华大学
111	P. Hunter Peckham	Case Western Reserve University	凯斯西储大学
112	Nicholas A. Peppas	The University of Texas At Austin	得克萨斯大学奥斯汀分校
113	Norbert Joseph Pelc	Stanford University	斯坦福大学
114	Parker H. "Pete" Petit	Mimedx Group, Inc	Mimedx 集团公司
115	Roderic Ivan Pettigrew	Texas A&M University	得州农工大学
116	Leonard Pinchuk	University of Miami	迈阿密大学
117	Victor L. Poirier	University of South Florida	南佛罗里达大学
118	Priyaranjan Prasad	Prasad Consulting	普拉萨德咨询公司
119	Edwin P. Przybylowicz	Eastman Kodak Company	伊士曼柯达公司
120	Stephen R. Quake	Stanford University	斯坦福大学
121	John Michael Ramsey	University of North Carolina	北卡罗来纳大学
122	Buddy D. Ratner	University of Washington	华盛顿大学
123	Rebecca R. Richards-Kortum	Rice University	莱斯大学
124	Rodolfo R. Rodriguez	Advanced Animal Diagnostics	高级动物诊断公司
125	Howard B. Rosen	Independent Consultant	独立顾问咨询公司
126	Jonathan M. Rothberg	4 Catalyzer	4C 公司
127	Yoram Rudy	Washington University	华盛顿大学
128	Ann Beal Salamone	Rochal Industries, Llc	罗查尔工业有限责任公司
129	W. Mark Saltzman	Yale University	耶鲁大学
130	Gabriel Schmergel	Genetics Institute, Inc.	遗传学研究所
131	Geert W. Schmid-Schoenbein	University of California	加利福尼亚大学

续表

序号	姓名	机构英文名	机构中文名
132	Jerome S. Schultz	University of Houston	休斯敦大学
133	Albert B. Schultz	University of Michigan	密歇根大学
134	Robert A. Scott	Alcon Laboratories，Inc.	爱尔康公司
135	Moshe Shoham	Technion-Israel Institute of Technology	以色列理工学院
136	Molly Shoichet	University of Toronto	多伦多大学
137	Michael L. Shuler	Cornell University	康奈尔大学
138	Darlene Joy Solomon	Agilent Technologies	安捷伦科技
139	Gregory Stephanopoulos	Massachusetts Institute of Technology	麻省理工学院
140	James R. Swartz	Stanford University	斯坦福大学
141	Professor-Esther-S-Takeuchi	Stony Brook University，The State University of New York	纽约州立大学石溪分校
142	David A. Tirrell	California Institute of Technology	加州理工学院
143	Mehmet Toner	Massachusetts General Hospital	马萨诸塞州总医院
144	Susan Hajaran Tousi	Illumina，Inc.	Illumina 公司
145	Ghebre E. Tzeghai	Summit Innovation Labs	尖峰创新实验室
146	Gordana Vunjak-Novakovic	Columbia University	哥伦比亚大学
147	David R. Walt	Brigham and Women's Hospital	布里格姆女子医院
148	Lihong Wang	California Institute of Technology	加州理工学院
149	Daniel I. C. Wang	Massachusetts Institute of Technology	麻省理工学院
150	Yulun Wang	Intouch Health	Intouch 健康
151	Robert Stanton Ward	Exthera Medical Corporation	Exthera 医疗公司
152	John T. Watson	University of California	加利福尼亚大学
153	Watt W. Webb	Cornell University	康奈尔大学
154	Sheldon Weinbaum	The City College of the city University of New York	纽约城市大学城市学院
155	Jennifer L. West	Duke University	杜克大学
156	Blake S. Wilson	Duke University and Duke University Medical Center	杜克大学和杜克大学医学中心
157	Savio L-Y. Woo	University of Pittsburgh	匹兹堡大学

续表

序号	姓名	机构英文名	机构中文名
158	James J. Wynne	Ibm Thomas J. Watson Research Center	IBM THOMAS J. WATSON 研究中心
159	Ioannis V. Yannas	Massachusetts Institute of Technology	麻省理工学院
160	Martin L. Yarmush	Rutgers，The State University of New Jersey	新泽西州立大学
161	Paul G. Yock	Stanford University	斯坦福大学
162	Ajit P. Yoganathan	Georgia Institute of Technology	佐治亚理工学院
163	William D. Young	Clarus Ventures	Clarus Ventures 公司
164	Elias Adam Zerhouni	SANOFI	赛诺菲

附录 11　美国工程院生物技术领域外籍院士名单

序号	姓名	机构英文名	机构中文名	国籍
1	Juan A. Asenjo	University of Chile	智利大学	智利
2	Patrick Couvreur	University of Paris-Sud Xi Chatenay-Malabry，France	巴黎第十一大学	法国
3	Martin Fussenegger	Eth Zurich	苏黎世联邦理工学院	瑞士
4	Joseph Kost	Ben-Gurion University of the Negev beer Sheva	班固利恩大学	以色列
5	Maria-Regina Kula	Heinrich Heine University of Duesseldorf	杜塞尔多夫大学	德国
6	Sang Yup Lee	Kaist（Korea Advanced Institute of Science & Technology）	韩国科学技术高级研究所	韩国
7	Ingemar Lundstrom	Linkoping University	林雪平大学	瑞典
8	Kiran Mazumdar-Shaw	Biocon Limited	比康有限公司	印度
9	Jens Nielsen	Bioinnovation Institute	生物创新研究所	德国
10	Timothy J. Pedley	University of Cambridge	剑桥大学	英国
11	Rui Luis Reis	University of Minho	明浩大学	葡萄牙
12	Molly Morag M-Stevens	Imperial College London	伦敦帝国理工学院	英国
13	Anthony P.F. Turner	Cranfield University	克兰菲尔德大学	英国
14	Mathias Uhlén	Kth Royal Institute of Technology	瑞典皇家理工学院	瑞典
15	Xingdong Zhang	Sichuan University	四川大学	中国

附录12　日本学士院生物技术领域院士名单

入选时间	机构	学部	序号	姓名
1982 年	东京大学	医学、药学、牙医学	1	Sugimura, Takashi
1993 年	东京大学	医学、药学、牙医学	2	Toyoshima, Kumao
1994 年	京都大学	医学、药学、牙医学	3	Imura, Hiroo
1995 年	东京医科大学	医学、药学、牙医学	4	Otsuka, Masanori
	范德堡大学	医学、药学、牙医学	5	Kishimoto, Tadamitsu
	京都大学	农学	6	Yamada, Yasuyuki
2000 年	美国动物卫生研究所	农学	7	Iritani, Akira
	九州大学	农学	8	Wada, Koji
2001 年	北海道大学	农学	9	Shikata, Eishiro
	范德堡大学	农学	10	Inagami, Tadashi
2004 年	东京大学	医学、药学、牙医学	11	Hirokawa, Nobutaka
	东京大学	农学	12	Beppu, Teruhiko
2005 年	京都大学	医学、药学、牙医学	13	Sekiya, Takao
	京都大学	医学、药学、牙医学	14	Honjo, Tasuku
	京都大学	农学	15	Tsunewaki, Koichiro
2007 年	琦玉医科大学	医学、药学、牙医学	16	Suda, Tatsuo
	北海道大学	农学	17	Kida, Hiroshi
2008 年	北卡罗来纳大学	医学、药学、牙医学	18	Suzuki, Kunihiko
2009 年	京都大学	医学、药学、牙医学	19	Nakanishi, Shigetada
2013 年	京都大学	医学、药学、牙医学	20	Yamanaka, Shinya
2014 年	大阪大学	医学、药学、牙医学	21	Akira, Shizuo
2017 年	东京大学	医学、药学、牙医学	22	Miyazono, Kohei
	日本冲绳科学技术研究所	农学	23	Yasumoto, Takeshi
2018 年	京都大学	农学	24	Sasaki, Satohiko
	石川县立大学	农学	25	Maruyama, Toshisuke

附录 13　瑞士医学科学院生物技术领域院士名单

序号	入选时间	姓名
1	1992 年	Ruedi Froesch
2		Ewald Weibel
3	1994 年	Heidi Diggelmann
4		Bernhard Hirt
5		Bernard Mach
6	1995 年	Harald Reuter
7	1996 年	Michel Cuénod
8	1997 年	Max Burger
9		Lelio Orci
10		Charles Weissmann
11	1998 年	Patrick Aebischer
12		Michel Pierre Glauser
13		Rolf Martin Zinkernagel
14	1999 年	Marco Baggiolini
15		Jean Jacques Dreifuss
16		Fritz Melchers Fritz
17		Francis Waldvogel
18		Thomas B. Zeltner
19	2000 年	Adriano Aguzzi
20		Peter Meier-Abt
21		Bernard Rossier
22		Gottfried Schatz
23		Susanne Suter-Stricker
24	2001 年	Dieter Bürgin
25		Paul Kleihues
26		Urs A. Meyer
27		Isabel Roditi
28		Martin Schwab
29		Jean-Dominique Vassalli

续表

序号	入选时间	姓名
30	2002 年	Felix Harder
31		Hans-Rudolf Lüscher
32		Alex Mauron
33		Catherine Nissen-Druey
34		Claire-Anne Siegrist-Julliard
35		Claes Wollheim
36		Kurt Wüthrich
37	2003 年	Suzanne Braga-Schmid
38		Reinhold Ganz
39		Andreas U. Gerber
40		Christian Gerber
41		Pierre Magistretti
42		Ueli Schibler Ueli
43		Marcel Tanner
44	2004 年	Ursula Ackermann
45		Silvia Arber
46		Sebastiano Martinoli
47		Ulrich Sigwart
48		Martin Täuber
49		Denis Duboule
50	2005 年	Petra Hüppi
51		Karl-Heinz Krause
52		Daniel Scheidegger
53	2006 年	Charles Bader
54		Matthias Egger
55		Susan Gasser
56		Lüthy Ruedi
57		Alex Matter
58	2007 年	Thierry Carrel
59		Pierre-Alain Clavien

续表

序号	入选时间	姓名
60		Hedwig Kaiser
61	2007 年	Christian Kind
62		Walter Wahli
63		Sabina De Geest
64		Felix Frey
65	2008 年	Olivier Guillod
66		Heini Murer
67		Jürg Schifferli
68		Alexandra Trkola
69		Anne-Françoise Allaz
70		Nikola Biller-Andorno
71	2009 年	Jean-Pierre Montani
72		Pascal Nicod
73		Jürg Tschopp
74		Verena Briner
75		Patrick Francioli
76	2010 年	Isabelle Mansuy
77		Brigitte Tag
78		Werner Zimmerli
79		Charlotte Braun-Fahrländer
80		Richard Herrmann
81	2011 年	Heinrich Mattle
82		Kathrin Mühlemann
83		Erich Seifritz
84		Dominique de Quervain
85		Hans Hoppeler
86		Ulrich Hübscher
87	2012 年	Andreas Papassotiropoulos
88		Nelly Pitteloud
89		Felix Sennhauser
90		Amalio Telenti

续表

序号	入选时间	姓名
91	2013 年	Bernice Elger
92		Daniela Finke
93		Michael Hall
94		Daniel Lew
95		David Nadal
96		Giuseppe Pantaleo
97		Hans-Uwe Simon
98		Radek Skoda
99		Hanns-Ulrich Zeilhofer
100	2014 年	Cezmi A. Akdis
101		Constance Barazzone Argiroffo
102		Beatrice Beck Schimmer
103		Kim Quang Do
104		Anita Rauch
105		Dominique Soldati-Favre
106	2015 年	Henri Bounameaux
107		Mirjam Christ-Crain
108		Urs Frey
109		Denis Hochstrasser
110		Samia Hurst
111		Christian Lüscher
112		Holger Moch
113	2016 年	Annette Draeger
114		Markus Heim
115		Christoph Hess
116		Aurel Perren
117		Effy Vayena
118		Rainer Weber
119		Barbara Wildhaber

续表

序号	入选时间	姓名
120	2017 年	Eva Bergsträsser
121		Thierry Calandra
122		Laurent Kaiser
123		Frauke Müller
124		Primo Schär
125		Andrea Superti-Furga
126		Bernard Thorens
127	2018 年	Anne Angelillo-Scherrer
128		Claudio Bassetti
129		Max Gassmann
130		Huldrych Günthard
131		Ivan Martin
132		Arnaud Perrier
133		Nicole Probst-Hensch
134	2019 年	Thomas Geiser
135		Silke Grabherr
136		George N. Thalmann

附录 14 中国、美国、日本、瑞士生物技术领域国际顶级奖项获奖人才名单

奖项	序号	姓名	获奖时间	国家	研究领域
诺贝尔生理学或医学奖	1	Emil Theodor Kocher	1909 年	瑞士	生物学与生物化学
	2	Karl Landsteiner	1930 年	美国	免疫学
	3	Thomas Hunt Morgan	1933 年	美国	分子生物学与遗传学
	4	George Hoyt Whipple	1934 年	美国	生物学与生物化学
	5	George Richards Minot	1934 年	美国	生物学与生物化学
	6	William Parry Murphy	1934 年	美国	生物学与生物化学
	7	Otto Loewi	1936 年	美国	药理学和毒理学
	8	Edward Adelbert Doisy	1943 年	美国	生物学与生物化学
	9	Herbert Spencer Gasse	1944 年	美国	神经科学与行为
	10	Joseph Erlanger	1944 年	美国	神经科学与行为
	11	Hermann Joseph Muller	1946 年	美国	分子生物学与遗传学
	12	Carl Ferdinand Cori	1947 年	美国	生物学与生物化学
	13	Gerty Theresa Cori	1947 年	美国	生物学与生物化学
	14	Paul Hermann Müller	1948 年	瑞士	生物学与生物化学
	15	Walter Rudolf Hess	1949 年	瑞士	生物学与生物化学
	16	Edward Calvin Kendall	1950 年	美国	生物学与生物化学
	17	Philip Showalter Hench	1950 年	美国	生物学与生物化学
	18	Tadeusz Reichstein	1950 年	瑞士	生物学与生物化学
	19	Selman Abraham Waksman	1952 年	美国	微生物学
	20	Fritz Albert Lipmann	1953 年	美国	生物学与生物化学
	21	Frederick Chapman Robbins	1954 年	美国	药理学和毒理学
	22	John Franklin Enders	1954 年	美国	临床医学
	23	Thomas Huckle Weller	1954 年	美国	药理学和毒理学
	24	Dickinson Woodruff Richards	1956 年	美国	临床医学
	25	George Wells Beadle	1958 年	美国	分子生物学与遗传学
	26	Joshua Lederberg	1958 年	美国	分子生物学与遗传学
	27	Edward Lawrie Tatum	1958 年	美国	分子生物学与遗传学
	28	Severo Ochoa de Albornoz	1959 年	美国	生物学与生物化学

续表

奖项	序号	姓名	获奖时间	国家	研究领域
	29	Georg von Békésy	1961 年	美国	生物学与生物化学
	30	James Dewey Watson	1962 年	美国	分子生物学与遗传学
	31	Konrad Emil Bloch	1964 年	美国	生物学与生物化学
	32	Charles Brenton Huggins	1966 年	美国	临床医学
	33	Peyton Rous	1966 年	美国	临床医学
	34	George Wald	1967 年	美国	神经科学与行为
	35	Haldan Keffer Hartline	1967 年	美国	神经科学与行为
	36	Har Gobind Khorana	1968 年	美国	分子生物学与遗传学
	37	Robert William　Holley	1968 年	美国	生物学与生物化学
	38	Marshall Warren Nirenberg	1968 年	美国	分子生物学与遗传学
	39	Alfred Day Hershey	1969 年	美国	分子生物学与遗传学
	40	Max Ludwig Henning Delbrück	1969 年	美国	生物学与生物化学
	41	Salvador Edward Luria	1969 年	美国	微生物学
	42	Earl Wilbur Sutherland	1971 年	美国	生物学与生物化学
	43	Gerald Maurice Edelman	1972 年	美国	免疫学
诺贝尔生理学或医学奖	44	Palade George Emil	1974 年	美国	生物学与生物化学
	45	David Baltimore	1975 年	美国	分子生物学与遗传学
	46	Howard Martin Temin	1975 年	美国	分子生物学与遗传学
	47	Renato Dulbecco	1975 年	美国	药理学和毒理学
	48	Baruch Samuel Blumberg	1976 年	美国	临床医学
	49	Daniel Carleton Gajdusek	1976 年	美国	药理学和毒理学
	50	George D. Snell	1976 年	美国	分子生物学与遗传学
	51	Andrzej Wiktor Schally	1977 年	美国	临床医学
	52	Roger Charles Louis Guillemin	1977 年	美国	临床医学
	53	Rosalyn Sussman Yalow	1977 年	美国	生物学与生物化学
	54	Daniel Nathans	1978 年	美国	分子生物学与遗传学
	55	Hamilton Othanel Smith	1978 年	美国	微生物学
	56	Werner Arber	1978 年	瑞士	微生物学
	57	Allan MacLeod Cormack	1979 年	美国	生物学与生物化学
	58	Baruj Benacerraf	1980 年	美国	免疫学
	59	David Hunter Hubel	1981 年	美国	神经科学与行为

续表

奖项	序号	姓名	获奖时间	国家	研究领域
	60	Roger Sperry	1981 年	美国	精神病学 / 心理学
	61	Barbara McClintock	1983 年	美国	分子生物学与遗传学
	62	Joseph Leonard Goldstein	1985 年	美国	生物学与生物化学
	63	Michael Brown	1985 年	美国	分子生物学与遗传学
	64	Stanley Cohen	1985 年	美国	生物学与生物化学
	65	Rita Levi-Montalcini	1986 年	美国	神经科学与行为
	66	Tonegawa Susumu	1987 年	日本	免疫学
	67	George Herbert Hitchings	1988 年	美国	临床医学
	68	Gertrude Belle Elion	1988 年	美国	药理学和毒理学
	69	Harold Elliot Varmus	1989 年	美国	生物学
	70	Michael Bishop	1989 年	美国	微生物学
	71	Edward Donnall Thomas	1990 年	美国	血液学
	72	Joseph Murray	1990 年	美国	外科
	73	Edmond H. Fischer	1992 年	美国	生物学与生物化学
	74	Edwin Gerhard Krebs	1992 年	美国	生物学与生物化学
诺贝尔生理学或医学奖	75	Phillip Allen Sharp	1993 年	美国	分子生物学与遗传学
	76	Richard John Roberts	1993 年	美国	生物学与生物化学
	77	Alfred Goodman Gilman	1994 年	美国	药理学和毒理学
	78	Martin Rodbell	1994 年	美国	临床医学
	79	Eric F. Wieschaus	1995 年	美国	分子生物学与遗传学
	80	Rolf M. Zinkernagel	1996 年	瑞士	免疫学
	81	Stanley Prusiner	1997 年	美国	神经科学与行为
	82	Ferry Murad	1998 年	美国	药理学和毒理学
	83	Louis J. Ignarro	1998 年	美国	药理学和毒理学
	84	Günter Blobel	1999 年	美国	药理学和毒理学
	85	Eric Richard Kandel	2000 年	美国	神经科学与行为
	86	Paul Greengard	2000 年	美国	免疫学
	87	Leland H. Hartwell	2001 年	美国	生物学与生物化学
	88	Paul C. Lauterbur	2003 年	美国	生物学与生物化学
	89	Sir Peter Mansfield	2003 年	美国	生物学与生物化学
	90	Linda B. Buck	2004 年	美国	生物学与生物化学

续表

奖项	序号	姓名	获奖时间	国家	研究领域
诺贝尔生理学或医学奖	91	Andrew Fire	2006 年	美国	分子生物学与遗传学
	92	Craig C. Mello	2006 年	美国	分子生物学与遗传学
	93	Mario Capecchi	2007 年	美国	分子生物学与遗传学
	94	Oliver Smithies	2007 年	美国	分子生物学与遗传学
	95	Ralph Marvin Steinman	2011 年	美国	免疫学
	96	Bruce A. Beutler	2011 年	美国	分子生物学与遗传学
	97	Shinya Yamanaka	2012 年	日本	临床医学
	98	James E. Rothman	2013 年	美国	生物学与生物化学
	99	Satoshi Ōmura	2015 年	日本	生物学与生物化学
	100	You You Tu	2015 年	中国	药理学和毒理学
	101	Yoshinori Ohsumi	2016 年	日本	生物学与生物化学
	102	Jeffrey C. Hall	2017 年	美国	分子生物学与遗传学
	103	James P. Allison	2018 年	美国	免疫学
	104	Tasuku Honjo	2018 年	日本	免疫学
克拉福德奖	105	Daniel H. Janzen	1984 年	美国	环境 / 生态学
	106	Eugene P. Odum	1987 年	美国	环境 / 生态学
	107	Howard T. Odum	1987 年	美国	环境 / 生态学
	108	Edward O. Wilson	1990 年	美国	环境 / 生态学
	109	Paul R. Ehrlich	1990 年	美国	环境 / 生态学
	110	George C. Williams	1999 年	美国	进化生物学
	111	Carl R. Woese	2003 年	美国	微生物学
	112	Wallace Broecker	2006 年	美国	环境 / 生态学
	113	Robert L. Trivers	2007 年	美国	进化生物学和社会生物学
	114	Richard Lewontin	2015 年	美国	分子生物学与遗传学
	115	Sallie W. Chisholm	2019 年	美国	植物与动物科学
达尔文奖	116	Henry Fairfield Osborn	1918 年	美国	古生物学
	117	George Gaylord Simpson	1962 年	美国	植物与动物科学
	118	Sewall Wright	1980 年	美国	分子生物学与遗传学
	119	Ernst Mayr	1984 年	美国	进化生物学
	120	M. Kimura	1992 年	日本	分子生物学与遗传学
	121	Rosemary Carpenter	2001 年	美国	进化生物学
	122	Peter Grant	2002 年	美国	进化生物学

续表

奖项	序号	姓名	获奖时间	国家	研究领域
	123	Nancy Brinker	2005 年	美国	临床医学
	124	Aaron Temkin Beck	2006 年	美国	精神病学 / 心理学
	125	Elizabeth Blackburn	2006 年	美国	临床医学
	126	Jack William Szostak	2006 年	美国	分子生物学与遗传学
	127	Joseph G. Gau	2006 年	美国	分子生物学与遗传学
	128	Allber Starr	2007 年	美国	临床医学
	129	Anthony S. Fauci	2007 年	美国	临床医学
	130	Stanley Falkow	2008 年	美国	微生物学
	131	Brian Druker	2009 年	美国	临床医学
	132	Charles Sawyers	2009 年	美国	临床医学
	133	Shinya Yamanaka	2009 年	日本	临床医学
	134	Arthur Horwich	2011 年	美国	神经科学与行为
	135	Bill Gates	2013 年	美国	临床医学
	136	Blake S. Wilson	2013 年	美国	临床医学
拉斯克奖	137	Richard H. Scheller	2013 年	美国	神经科学与行为
	138	Kazutoshi Mori	2014 年	日本	分子生物学与遗传学
	139	Mahlon DeLong	2014 年	美国	神经科学与行为
	140	Mary-Claire King	2014 年	美国	分子生物学与遗传学
	141	Evelyn M. Witkin	2015 年	美国	分子生物学与遗传学
	142	James Alison	2015 年	美国	免疫学
	143	Stephen J. Elledge	2015 年	美国	分子生物学与遗传学
	144	Charles M. Rice	2016 年	美国	药理学和毒理学
	145	Michael J. Sofia	2016 年	美国	药理学和毒理学
	146	William G. Kaelin Jr.	2016 年	美国	临床医学
	147	Michael Grunstein	2017 年	美国	分子生物学与遗传学
	148	John T. Schiller	2017 年	美国	免疫学
	149	John B. Glen	2017 年	美国	免疫学
	150	Joan Argetsinger Steitz	2018 年	美国	临床医学
	151	Douglas R. Lowy	2018 年	美国	分子生物学与遗传学
	152	C. David Allis	2018 年	美国	分子生物学与遗传学

续表

奖项	序号	姓名	获奖时间	国家	研究领域
拉斯克奖	153	Alfred G. Knudson Jr.	1998 年	美国	临床医学
	154	Peter C. Nowell	1998 年	美国	临床医学
	155	Janet D. Rowley	1998 年	美国	临床医学
	156	Daniel E. Koshland Jr.	1998 年	美国	生物学与生物化学
	157	Clay M. Armstrong	1999 年	美国	分子生物学与遗传学
	158	Bertil Hille	1999 年	美国	分子生物学与遗传学
	159	David W. Cushman	1999 年	美国	临床医学
	160	Miguel A. Ondetti	1999 年	美国	临床医学
	161	Seymour S. Kety	1999 年	美国	神经科学与行为学
	162	Harvey J. Alter	2000 年	美国	临床医学
	163	Willem J. Kolff	2002 年	美国	临床医学
	164	Belding H. Scribner	2002 年	美国	临床医学
	165	James E. Darnell Jr.	2002 年	美国	分子生物学与遗传学
	166	Robert Roeder	2003 年	美国	分子生物学与遗传学
	167	Elwood Jensen	2004 年	美国	生物学与生物化学
	168	Charles D. Kelman	2004 年	美国	临床医学
	169	Matthew Meselson	2004 年	美国	环境 / 生态学
	170	James Spudich	2012 年	美国	分子生物学与遗传学
	171	Thomas E. Starzl	2012 年	美国	临床医学
	172	Donald D. Brown	2012 年	美国	分子生物学与遗传学
	173	Tom Maniatis	2012 年	美国	分子生物学与遗传学
	174	Douglas R. Lowy	2017 年	美国	临床医学
	175	John T. Schiller	2017 年	美国	临床医学
	176	Michael Grunstein	2018 年	美国	分子生物学与遗传学
盖尔德纳国际奖	177	Charles A. Ragan	1959 年	美国	临床医学
	178	Harry M. Rose	1959 年	美国	微生物学
	179	John H. Gibbon Jr.	1960 年	美国	临床医学
	180	William F. Hamilton	1960 年	美国	临床医学
	181	Alexander B. Gutman	1961 年	美国	临床医学
	182	Albert H. Coons	1962 年	美国	临床医学
	183	Henry G. Kunkel	1962 年	美国	临床医学

中国生物技术人才报告

续表

奖项	序号	姓名	获奖时间	国家	研究领域
	184	C. Walton Lillehei	1963 年	美国	临床医学
	185	Irvine H. Page	1963 年	美国	生物学与生物化学
	186	Deborah Doniach	1964 年	瑞士	临床医学
	187	Karl H. Beyer Jr.	1964 年	美国	药理学和毒理学
	188	Seymour Benzer	1964 年	美国	分子生物学与遗传学
	189	Jerome W. Conn	1965 年	美国	临床医学
	190	Julius Axelrod	1967 年	美国	临床医学
	191	Marshall W. Nirenberg	1967 年	美国	生物学与生物化学
	192	Sidney Udenfriend	1967 年	美国	生物学与生物化学
	193	George H. Hitchings	1968 年	美国	生物学与生物化学
	194	J. Edwin Seegmiller	1968 年	美国	临床医学
	195	Belding H. Scribner	1969 年	美国	临床医学
	196	Earl W. Sutherland	1969 年	美国	生物学与生物化学
	197	F. Mason Sones	1969 年	美国	临床医学
	198	Frank J. Dixon	1969 年	美国	临床医学
盖尔德纳国际奖	199	John P. Merrill	1969 年	美国	临床医学
	200	Robert A. Good	1970 年	美国	临床医学
	201	Robert B. Merrifield	1970 年	美国	生物学与生物化学
	202	Vincent P. Dole	1970 年	美国	临床医学
	203	Donald F. Steiner	1971 年	美国	生物学与生物化学
	204	Rachmiel Levine	1971 年	美国	临床医学
	205	Rosalyn S. Yalow	1971 年	美国	生物学与生物化学
	206	Solomon A. Berson	1971 年	美国	生物学与生物化学
	207	Britton Chance	1972 年	美国	生物学与生物化学
	208	Kimishige Ishizaka	1973 年	美国	临床医学
	209	Roscoe O. Brady	1973 年	美国	临床医学
	210	Andrew V. Schally	1974 年	美国	临床医学
	211	Hans J. Muller-Eberhard	1974 年	美国	分子生物学与遗传学
	212	Hector F. Deluca	1974 年	美国	临床医学
	213	Howard M. Temin	1974 年	美国	药理学和毒理学
	214	Roger Guillemin	1974 年	美国	临床医学

续表

奖项	序号	姓名	获奖时间	国家	研究领域
盖尔德纳国际奖	215	Baruch S. Blumberg	1975 年	美国	临床医学
	216	Ernest Beutler	1975 年	美国	血液学
	217	Eugene P. Kennedy	1976 年	美国	临床医学
	218	George D. Snell	1976 年	美国	免疫学
	219	Thomas R. Dawber	1976 年	美国	临床医学
	220	William B. Kannel	1976 年	美国	临床医学
	221	K. Frank Austen	1977 年	美国	临床医学
	222	Victor A. McKusick	1977 年	美国	临床医学
	223	Donald S. Frederickso	1978 年	美国	临床医学
	224	Edwin G. Krebs	1978 年	美国	临床医学
	225	James A. Miller	1978 年	美国	环境 / 生态学
	226	Elwood V. Jensen	1979 年	美国	临床医学
	227	George F. Cahill Jr.	1979 年	美国	临床医学
	228	Walter Gilbert	1979 年	美国	临床医学
	229	Efraim Racker	1980 年	美国	临床医学
	230	H. Gobind Khorana	1980 年	美国	临床医学
	231	Jesse Roth	1980 年	美国	临床医学
	232	Paul Berg	1980 年	美国	临床医学
	233	Elizabeth F. Neufeld	1981 年	美国	分子生物学与遗传学
	234	Joseph L. Goldstein	1981 年	美国	临床医学
	235	Michael S. Brown	1981 年	美国	分子生物学与遗传学
	236	Saul Roseman	1981 年	美国	分子生物学与遗传学
	237	Wai Yiu Cheung	1981 年	美国	分子生物学与遗传学
	238	Gilbert Ashwell	1982 年	美国	临床医学
	239	Gunter Blobel	1982 年	美国	临床医学
	240	Manfred M. Mayer	1982 年	美国	免疫学
	241	Bruce N. Ames	1983 年	美国	临床医学
	242	Donald A. Henderson	1983 年	美国	免疫学
	243	Gerald D. Aurbach	1983 年	美国	临床医学
	244	John A. Clements	1983 年	美国	临床医学
	245	Richard K. Gershon	1983 年	美国	免疫学

续表

奖项	序号	姓名	获奖时间	国家	研究领域
	246	Susumu Tonegawa	1983 年	美国	分子生物学与遗传学
	247	Alfred G. Gilman	1984 年	美国	药理学和毒理学
	248	Harold E. Varmus	1984 年	美国	临床医学
	249	J. Michael Bishop	1984 年	美国	免疫学
	250	Yuet Wai Kan	1984 年	美国	临床医学
	251	Charles Yanofsky	1985 年	美国	分子生物学与遗传学
	252	Mark Ptashne	1985 年	美国	分子生物学与遗传学
	253	Paul C. Lauterbur	1985 年	美国	临床医学
	254	Stanley Cohen	1985 年	美国	临床医学
	255	James E. Darnell	1986 年	美国	分子生物学与遗传学
	256	Jean-Francois Borel	1986 年	瑞士	免疫学
	257	Phillip A. Sharp	1986 年	美国	分子生物学与遗传学
	258	Edward B. Lewis	1987 年	美国	生物学
	259	Eric R. Kandel	1987 年	美国	神经科学与行为
	260	Michael G. Rossman	1987 年	美国	分子生物学与遗传学
盖尔德纳国际奖	261	Robert C. Gallo	1987 年	美国	免疫学
	262	Walter J. Gehring	1987 年	瑞士	分子生物学与遗传学
	263	Robert J. Lefkowitz	1988 年	美国	生物学与生物化学
	264	Thomas R. Cech	1988 年	美国	生物学与生物化学
	265	Yasutomi Nishizuka	1988 年	日本	生物学与生物化学
	266	Lloyd D. Maclean	1989 年	美国	临床医学
	267	Louis M. Kunkel	1989 年	美国	分子生物学与遗传学
	268	Mark M. Davis	1989 年	美国	免疫学
	269	Oliver Smithies	1990 年	美国	分子生物学与遗传学
	270	E. Donnall Thomas	1991 年	美国	临床医学
	271	Francis S. Collins	1991 年	美国	分子生物学与遗传学
	272	Kary B. Mullis	1991 年	美国	生物学与生物化学
	273	M. Judah Folkman	1991 年	美国	临床医学
	274	Robert F. Furchgott	1991 年	美国	药理学和毒理学
	275	Sydney Brenner	1991 年	美国	分子生物学与遗传学
	276	Leland H. Hartwell	1992 年	美国	生物学与生物化学

续表

奖项	序号	姓名	获奖时间	国家	研究领域
	277	Robert A. Weinberg	1992 年	美国	生物学
	278	Alvan R. Feinstein	1993 年	美国	临床医学
	279	Bert Vogelstein	1993 年	美国	临床医学
	280	Mario R. Capecchi	1993 年	美国	分子生物学与遗传学
	281	Michel M. Ter-Pogossian	1993 年	美国	临床医学
	282	Stanley B. Prusiner	1993 年	美国	神经科学与行为
	283	Tony Hunter	1993 年	美国	生物学与生物化学
	284	Don C. Wiley	1994 年	美国	结构生物学
	285	Pamela J. Bjorkman	1994 年	美国	生物学与生物化学
	286	Arthur Kornberg	1995 年	美国	生物学与生物化学
	287	Bruce M. Alberts	1995 年	美国	生物学与生物化学
	288	Roger Y. Tsien	1995 年	美国	分子生物学与遗传学
	289	James E. Rothman	1996 年	美国	生物学与生物化学
	290	Janet D. Rowley	1996 年	美国	分子生物学与遗传学
	291	Randy W. Schekman	1996 年	美国	生物学与生物化学
盖尔德纳国际奖	292	Robert S. Langer	1996 年	美国	生物学与生物化学
	293	Alfred G. Knudson Jr.	1997 年	美国	生物学与生物化学
	294	Corey S. Goodman	1997 年	美国	生物学与生物化学
	295	Erkki Ruoslahti	1997 年	美国	临床医学
	296	Richard O. Hynes	1997 年	美国	生物学与生物化学
	297	Carol Greider	1998 年	美国	临床医学
	298	Elizabeth H. Blackburn	1998 年	美国	生物学
	299	Giuseppe Attardi	1998 年	美国	分子生物学与遗传学
	300	Gottfried Schatz	1998 年	瑞士	生物学与生物化学
	301	Walter Neupert	1998 年	美国	生物学与生物化学
	302	Alexander J. Varshavsky	1999 年	美国	生物学与生物化学
	303	H. Robert Horvitz	1999 年	美国	临床医学
	304	Emil R. Unanue	2000 年	美国	免疫学
	305	Robert Roeder	2000 年	美国	基础医学
	306	Roger D. Kornberg	2000 年	美国	生物学与生物化学
	307	Bertil Hille	2001 年	美国	生理学 / 生物医学

续表

奖项	序号	姓名	获奖时间	国家	研究领域
	308	Clay Armstrong	2001 年	美国	生物学与生物化学
	309	Marc W. Kirschner	2001 年	美国	生物学与生物化学
	310	Roderick MacKinnon	2001 年	美国	分子生物学与遗传学
	311	Eric S. Lander	2002 年	美国	分子生物学与遗传学
	312	Francis Collins	2002 年	美国	临床医学
	313	J. Craig Venter	2002 年	美国	生物学与生物化学
	314	James D. Watson	2002 年	美国	生物学
	315	Maynard V. Olson	2002 年	美国	分子生物学与遗传学
	316	Michael S. Waterman	2002 年	美国	生物学
	317	Philip P. Green	2002 年	美国	基因组学
	318	Robert H. Waterston	2002 年	美国	基因组学
	319	Richard Axel	2003 年	美国	分子生物学与遗传学
	320	Seiji Ogawa	2003 年	日本	神经科学与行为
	321	Wayne A. Hendrickson	2003 年	美国	分子生物学与遗传学
	322	Arthur L. Horwich	2004 年	美国	分子生物学与遗传学
盖尔德纳国际奖	323	George Sachs	2004 年	美国	临床医学
	324	Seymour Benzer	2004 年	美国	分子生物学与遗传学
	325	Andrew Z. Fire	2005 年	美国	分子生物学与遗传学
	326	Craig C. Mello	2005 年	美国	分子生物学与遗传学
	327	Douglas Coleman	2005 年	美国	生物学与生物化学
	328	Jeffrey M. Friedman	2005 年	美国	分子生物学与遗传学
	329	Joan A. Steitz	2006 年	美国	分子生物学与遗传学
	330	Ralph L. Brinster	2006 年	美国	分子生物学与遗传学
	331	Ronald M. Evans	2006 年	美国	生物学
	332	Thomas D. Pollard	2006 年	美国	分子生物学与遗传学
	333	C. David Allis	2007 年	美国	分子生物学与遗传学
	334	Dennis J. Slamon	2007 年	美国	临床医学
	335	Harry F. Noller	2007 年	美国	分子生物学与遗传学
	336	Thomas A. Steitz	2007 年	美国	生物学与生物化学
	337	Gary Ruvkun	2008 年	美国	分子生物学与遗传学
	338	Victor Ambros	2008 年	美国	临床医学

续表

奖项	序号	姓名	获奖时间	国家	研究领域
	339	David Sackett	2009 年	美国	流行病学
	340	Kazutoshi Mori	2009 年	日本	分子生物学与遗传学
	341	Lucy Shapiro	2009 年	美国	发育生物学
	342	Richard Losick	2009 年	美国	分子生物学与遗传学
	343	Shinya Yamanaka	2009 年	日本	临床医学
	344	Gregg L. Semenza	2010 年	美国	临床医学
	345	William Catterall	2010 年	美国	神经科学与行为
	346	William G. Kaelin Jr.	2010 年	美国	临床医学
	347	Howard Cedar	2011 年	美国	生物学与生物化学
	348	Shizuo Akira	2011 年	日本	免疫学
	349	Jeffrey C. Hall	2012 年	美国	生物学
	350	Jeffrey Ravetch	2012 年	美国	分子生物学与遗传学
	351	Michael Rosbash	2012 年	美国	分子生物学与遗传学
	352	Michael W. Young	2012 年	美国	分子生物学与遗传学
盖尔德纳国际奖	353	Daniel W. Bradley	2013 年	美国	药理学和毒理学
	354	Harvey J. Alter	2013 年	美国	药理学和毒理学
	355	King K. Holmes	2013 年	美国	临床医学
	356	Stephen Joseph Elledge	2013 年	美国	分子生物学与遗传学
	357	Harold F. Dvorak	2014 年	美国	临床医学
	358	James Allison	2014 年	美国	免疫学
	359	Napoleone Ferrara	2014 年	美国	分子生物学与遗传学
	360	Satoshi Ōmura	2014 年	日本	生物学与生物化学
	361	Lewis Cantley	2015 年	美国	生物学与生物化学
	362	Lynne E. Maquat	2015 年	美国	临床医学
	363	Shimon Sakaguchi	2015 年	日本	免疫学
	364	Tomoko Ohta	2015 年	日本	分子生物学与遗传学
	365	Yoshinori Ohsumi	2015 年	日本	生物学与生物化学
	366	Anthony Fauci	2016 年	美国	免疫学
	367	Feng Zhang	2016 年	美国	临床医学
	368	Jennifer Doudna	2016 年	美国	生物学与生物化学
	369	Philippe Horvath	2016 年	美国	分子生物学与遗传学

续表

奖项	序号	姓名	获奖时间	国家	研究领域
	370	Rodolphe Barrangou	2016 年	美国	分子生物学与遗传学
	371	Akira Endo	2017 年	日本	生物学与生物化学
	372	David Julius	2017 年	美国	分子生物学与遗传学
	373	Huda Y. Zoghbi	2017 年	美国	分子生物学与遗传学
	374	Christopher J. L. Murray	2018 年	美国	分子生物学与遗传学
盖尔德纳国际奖	375	Edward S. Boyden	2018 年	美国	神经科学与行为
	376	Karl Deisseroth	2018 年	美国	神经科学与行为
	377	John F. X. Diffley	2019 年	美国	临床医学
	378	Ronald Vale	2019 年	美国	生物学与生物化学
	379	Susan Band Horwitz	2019 年	美国	分子生物学与遗传学
	380	Timothy A. Springer	2019 年	美国	分子生物学与遗传学

附录 15 中国、美国、瑞士生物技术领域国际知名青年奖项获奖人才名单

奖项	序号	姓名	获奖时间	国别	研究领域
青年科学家奖	1	Ruixue Wan	2018 年	中国	细胞与分子生物学
	2	Gabriel D. Victora	2013 年	美国	分子和细胞生物学
	3	Weizhe Hong	2013 年	美国	发育生物学
	4	Chelsea Wood	2014 年	美国	环境
	5	Dan Dominissini	2014 年	美国	基因组学和蛋白质组学
	6	Liron Bar-Peled	2014 年	美国	环境生命科学
	7	Simon Johnson	2014 年	美国	转化医学
	8	Allison Cleary	2015 年	美国	肿瘤细胞
	9	Johannes Scheid	2015 年	美国	转化医学
	10	Ludmil Alexandrov	2015 年	美国	基因组学和蛋白质组学
	11	Canan Dagdeviren	2016 年	美国	材料科学与工程
	12	Neir Eshel	2016 年	美国	临床医学
	13	Jared R. Mayers	2017 年	美国	临床医学
	14	Kelley Harris	2017 年	美国	计算生物学
	15	Mijo Simunovic	2017 年	美国	生物学
	16	Christoph A. Thaiss	2018 年	美国	转化医学
	17	Matthew Savoca	2018 年	美国	生态与环境
	18	Tim Wang	2018 年	美国	分子和细胞生物学
国际青年科学家奖	19	Bing Zhu	2012 年	中国	基因组学和蛋白质组学
	20	Chun Tang	2012 年	中国	分子生物学疾病
	21	Feng Shao	2012 年	中国	分子生物学疾病
	22	Hong Zhang	2012 年	中国	基因组学和蛋白质组学
	23	Junjie Hu	2012 年	中国	分子生物学疾病
	24	Nieng Yan	2012 年	中国	基因组学和蛋白质组学
	25	Xiaochen Wang	2012 年	中国	分子生物学疾病
	26	Guohong Li	2017 年	中国	基因组学和蛋白质组学
	27	Hai Qi	2017 年	中国	分子生物学疾病
	28	Ling-Ling Chen	2017 年	中国	基因组学和蛋白质组学

续表

奖项	序号	姓名	获奖时间	国别	研究领域
国际青年科学家奖	29	Qiaomei Fu	2017 年	中国	分子生物学疾病
	30	Wei Xie	2017 年	中国	基因组学和蛋白质组学
	31	Yanli Wang	2017 年	中国	基因组学和蛋白质组学
	32	Ying Liu	2017 年	中国	基因组学和蛋白质组学
	33	Martin Jinek	2017 年	瑞士	基因组学和蛋白质组学
	34	Melanie Blokesch	2017 年	瑞士	生物能量学
	35	Michael Hothorn	2017 年	瑞士	植物结构生物学
世界经济论坛青年科学家奖	36	Antoine Jérusalem	2014 年	美国	材料与生物力学模型
	37	Peter Tessier	2014 年	美国	医学纳米技术
	38	Roger Peng	2014 年	美国	公共卫生应用数学与生物统计学
	39	Adam Abate	2015 年	美国	微流控方法
	40	Amanda Randles	2015 年	美国	生物工程
	41	Erez Aiden	2015 年	美国	生物工程
	42	Jackson Mohlopheni Marakalala	2015 年	美国	肺结核
	43	Mande Holford	2015 年	美国	毒品发现与科学外交
	44	Mark Howarth	2015 年	美国	生物纳米技术
	45	Qihui Shi	2015 年	中国	蛋白质图谱
	46	Fangfang Teng	2015 年	中国	古生物学
	47	Feng Wang	2015 年	中国	生物能源
	48	Weian Zhao	2015 年	美国	干细胞和设备
	49	Peng Yin	2015 年	美国	DNA 的自组装
	50	Qiurong Ding	2016 年	中国	基因组编辑
	51	Karen Davies	2016 年	美国	生物能量学
	52	Ozgur Sahin	2016 年	美国	生物系统
	53	Rob Knight	2016 年	美国	人体微生物群
	54	Cynthia Collins	2017 年	美国	健康－微生物组
	55	Xianting Ding	2017 年	中国	健康－诊断
	56	Fengyu Cong	2017 年	中国	神经科学
	57	Jenny Mortimer	2017 年	美国	糖组件

续表

奖项	序号	姓名	获奖时间	国别	研究领域
	58	Jizhou Song	2017 年	中国	材料科学
	59	Kristen Marhaver	2017 年	美国	环境 – 海洋
	60	Liming Wang	2017 年	中国	神经科学 – 营养
	61	Liping Qi	2017 年	中国	健康
	62	Yongyong Shi	2017 年	中国	健康 – 遗传学
	63	Angela Wu	2018 年	中国	生物工程基因编辑
	64	Xuexin Duan	2018 年	中国	生物医学生物传感
	65	Gregory Engel	2018 年	美国	生物学
世界经济论坛青年科学家奖	66	Marcos Simoes-Costa	2018 年	美国	分子生物学组织修复
	67	Nicola Allen	2018 年	美国	神经科学
	68	Pierre Karam	2018 年	美国	分析化学生物传感器
	69	Na Yang	2018 年	中国	生物物理药物设计
	70	Adriana de Palma	2019 年	美国	生态多样性
	71	Rongqin Huang	2019 年	中国	纳米材料癌症
	72	Ilana Brito	2019 年	美国	系统生物学微生物群
	73	Ying Liu	2019 年	中国	分子生物学疾病
	74	Sabrina Sholts	2019 年	美国	人体健康生物学

致　谢

　　本书在编写的过程中，得到了科技部科技人才交流开发服务中心、中国科学院文献情报中心等单位的大力支持，为编写所需的内容提供了部分数据。北京大学第六医院、首都医科大学、北京大学肿瘤医院、上海生物信息技术研究中心、清华大学、首都医科大学附属北京天坛医院、中国科学院上海生命科学信息中心、国家科技基础条件平台中心、中国科学技术发展战略研究院、解放军总医院转化中心、国药集团、北京市科学技术情报研究所、中国科学技术交流中心、中国科学技术信息研究所、军事科学院军事医学研究院等单位都给予了支持与帮助，在此一并表示感谢。